"十四五"职业教育国家规划教材

学前儿童心理发展

（第二版）

沙　莉　钱国英　主　编
杨彩霞　魏勇刚　副主编

清華大學出版社
北京

内容简介

本书为“十二五”职业教育国家规划教材修订版，本书聚焦 0～6 岁学前儿童心理发展的主要方面，包括学前儿童心理发展的基本问题、学前儿童的生理发展、运动技能与感知觉发展、注意与记忆发展、思维与智力发展、想象发展与游戏、语言发展、情绪发展、人格发展、社会关系与道德发展等内容。本书通过“学前儿童的奇闻趣事”“幼儿园实例评析”和“延伸阅读”“课程思政目标”“小组案例讨论”，以及“有趣的现象”“经典实验”“经典概念”等栏目，将幼儿心理发展的生动案例呈现给学生，激发其学习兴趣。

本书主要作为高职高专或师范院校学前教育专业教材，也可作为幼教工作者、幼儿家长的学习参考用书。扫描章首页二维码可下载课件、教案等教学资源。

图书在版编目(CIP)数据

学前儿童心理发展/沙莉，钱国英主编．—2 版．—北京：清华大学出版社，2022.5（2023.8重印）
ISBN 978-7-302-60466-2

Ⅰ．①学… Ⅱ．①沙… ②钱… Ⅲ．①学前儿童－儿童心理学 Ⅳ．①B844.12

中国版本图书馆 CIP 数据核字(2022)第 051421 号

责任编辑：张 弛
封面设计：刘 键
责任校对：刘 静
责任印制：沈 露

出版发行：清华大学出版社
网 址：http://www.tup.com.cn，http://www.wqbook.com
地 址：北京清华大学学研大厦 A 座 **邮 编**：100084
社 总 机：010-83470000 **邮 购**：010-62786544
投稿与读者服务：010-62776969，c-service@tup.tsinghua.edu.cn
质量反馈：010-62772015，zhiliang@tup.tsinghua.edu.cn
课件下载：http://www.tup.com.cn，010-83470410
印 装 者：三河市人民印务有限公司
经 销：全国新华书店
开 本：185mm×260mm **印 张**：15.75 **字 数**：356 千字
（附小册子 1 本）
版 次：2014 年 8 月第 1 版 2022 年 5 月第 2 版 **印 次**：2023 年 8 月第 2 次印刷
定 价：49.90 元

产品编号：088658-02

第二版前言

学前心理学是学前教育专业的一门核心专业课程，本课程旨在使学生学习学前儿童心理发展的基本特点与规律，培养学生了解和探究学前儿童心理发展的兴趣和愿望，并学习运用这些知识解决实际教育、教学问题的初步能力。

本书的编者团队由高等院校和高等专科学校学前心理学专任教师、研究者以及教研员，幼儿园管理者等构成，所有编者均具有博士学位或高级职称，编者们结合各自丰富的学前心理学教学、科研经验及幼儿园教育实践，在编写过程中力求理论与实践相结合、继承与创新相结合、科学性与可读性相结合。同时还将编者近年来主持并实施的教改项目“合作学习在学前心理学教学中的运用”的相关理念与经验融汇其中。

本书可供高职高专学前心理学课程使用，也可供高等师范院校学前教育专业本科生、中等幼儿师范学校学生以及其他院校学前教育专业学生使用；还可作为幼教工作者、幼儿家长以及对学前儿童心理发展感兴趣人士的学习参考用书。

全书分为“学前儿童心理发展”ABC、学前儿童心理发展的遗传与生理基础、学前儿童动作与感知觉发展、学前儿童注意与记忆发展、学前儿童想象发展与游戏、学前儿童思维与智力发展、学前儿童语言发展、学前儿童情绪发展、学前儿童人格发展、学前儿童社会关系与道德发展共十章内容。

本书在撰写思路与体例风格上力求创新、生动、实用，突出与幼儿教师职业需求的衔接，强调和学生未来实际工作的“对接”。本书图文并茂、板块设计灵活多样，一方面开辟专门的案例分析板块，另一方面将案例以灵活的方式融合进主体内容。

(1) 通过每章开篇“学前儿童的奇闻趣事”、结尾处的“延伸阅读”，一头一尾，以一个个生动、鲜活且真实的幼儿心理发展案例，充分吸引学生学习和探索的兴趣，并拓展学生的视野，在主体知识之后进行相关内容的拓展与延伸，给学生课后的进一步主动学习和探索提供线索与动力。

(2) 通过“学习导航”使学生在每一章的开始对全章的逻辑框架和主要内容有一个提纲挈领的了解，增强学习的系统性和学习效率。

(3) 特别开辟两个案例分析板块：一是“幼儿园实例评析”，采撷与本章内容契合的在幼儿园真实发生的典型案例，集中反映幼儿心理发展特点，示范正确的幼儿教师应对方案。每个案例之后都配有详细的分析和评价；二是“小组案例讨论”(见书末活插页)，该板块既是对前面“幼儿园实例评析”的延伸与巩固，又是“合作学习”理念的体现，该板块与贯穿各章的“讨论与分享”板块有机结合，通过小组讨论和分享，深化学生认识，提高学生分析问题和解决问题的能力，并促进学生的分享与合作。

(4) 通过“有趣的现象”将幼儿心理发展的生动案例、成长点滴，有趣的心理学实验等，以轻松、简洁的形式呈现给学生，使学生对幼儿心理发展有更加生动、真切的了解，并激发其学习兴趣。

(5) 通过“经典实验”“课程思政目标”“复习要点”等板块以灵活多样的形式强化重要知识点，提高学生的综合素养和学习效果。

由此，力求使本书成为一本对学生来说能够帮助他们“知其然、知其所以然，且知何为”，对教师来说能够支撑他们“系统地教、生动地教、互动性地教”的理论联系实际、内容丰富、案例生动、引导互动的学前心理学教材。

本书得以出版是集体智慧的结晶，编写团队成员历经多次商讨与修改，不断充实和完善各方面内容。具体分工如下：第一章由沙莉负责；第二章由任智茹负责；第三章由丁金霞负责；第四章由杨彩霞负责；第五章由沙莉、丁金霞负责；第六章由任智茹、吴红霞负责；第七章由吴红霞负责；第八章由景晓娟负责；第九章由魏勇刚、丁金霞负责；第十章由景晓娟负责。本书第一版由沙莉提出编写提纲，魏勇刚、杨彩霞提出修改意见并完善；全书由沙莉、杨彩霞、魏勇刚统稿；在此基础上，第二版由沙莉、钱国英提出修订提纲，调整部分章节的逻辑顺序，补充前沿学前心理学实验与研究发现，对各章节内容进行全面修改完善，并完成统稿审校工作。首都师范大学学前教育学院刘浩喆、李晗、杜婉绮、杨婉琪在第二版修订过程中参与了内容校对与相关课件制作。

本书在编写过程中得到了来自多方面的支持和帮助。首都师范大学学前教育学院对本书编写至出版给予了大力支持和关心，特别是张征老师在编写提纲拟定、项目申报等过程中提出了宝贵意见。各位编者的家人与亲朋好友奉献出了宝贵的案例资料与图片：小小、小小奚、小奚、小鱼儿、牛牛、宁宁、若华、茜茜、敏麟子、蒜头和葱头小朋友，有了你们生动活泼的影像，给此书平添了更多生机与活力！在此，一并送上最衷心的感谢！

学前儿童心理发展研究是一个有待持续探索、尚存未知的领域，编者在编写过程中屡感才疏学浅，同时各位编者也都承担着繁重的教学科研任务，且成书时间要求紧迫，书中还留有一些遗憾，也一定存在着需要进一步修正完善的问题。在此，恳切地希望各位专家、同行、读者不吝赐教，给本书提出宝贵的意见和建议，以便今后进一步修改完善。

编　者

2022 年 1 月

二、学前儿童动作发展的一般规律 …… 046
三、学前儿童大动作与精细动作的发展 …… 047
第二节　打开心灵的门户——学前儿童感知觉发展 …… 055
一、学前儿童感觉的发展 …… 055
二、学前儿童知觉的发展 …… 059

第四章　学前儿童注意与记忆发展 …… 066
第一节　心灵之锚——学前儿童注意的发展 …… 068
一、什么是注意 …… 068
二、学前儿童注意发展的趋势与年龄特征 …… 069
三、学前儿童注意品质的发展 …… 071
第二节　打开生命的收藏夹——学前儿童记忆的发展 …… 075
一、什么是记忆 …… 075
二、学前儿童记忆的发生与发展 …… 076
三、记忆保持和遗忘规律在学前儿童活动中的应用 …… 082

第五章　学前儿童想象发展与游戏 …… 086
第一节　绽放心灵之花——学前儿童想象的发展 …… 088
一、什么是想象 …… 088
二、儿童想象的类型 …… 089
三、学前儿童想象发展的特点 …… 090
第二节　搭建心灵花园——学前儿童典型游戏及其心理特点 …… 096
一、什么是游戏 …… 096
二、学前儿童游戏的种类 …… 098
三、学前儿童典型游戏之一：象征性游戏 …… 100
四、学前儿童典型游戏之二：表演游戏 …… 103
五、游戏对维护和促进学前儿童心理健康的作用 …… 104

第六章　学前儿童思维与智力发展 …… 108
第一节　具体形象的思考者——学前儿童思维发展 …… 110
一、什么是思维 …… 110
二、学前儿童思维 …… 110
三、学前儿童概念、判断与推理的发展 …… 115
第二节　天才还是迟滞——智力发展与智商 …… 117
一、什么是智力 …… 117
二、智力测验与智商 …… 120
三、哪些因素会影响IQ …… 122

目 录

第一章 “学前儿童心理发展”ABC …… 001

第一节 学前儿童心理——等待挖掘的宝藏 …… 003

一、什么是学前儿童心理发展 …… 003

二、儿童发展研究的主要脉络 …… 005

第二节 是什么塑造了我们——学前儿童心理发展的影响因素 …… 010

一、遗传因素——影响学前儿童心理发展的先天因素 …… 010

二、自然成熟——影响学前儿童心理发展的生理因素 …… 011

三、成长环境——影响学前儿童心理发展的环境因素 …… 012

四、影响学前儿童心理发展的多因素交互作用 …… 014

第三节 学做一名探索者——研究学前儿童心理的思路与方法 …… 015

一、研究学前儿童心理发展的基本思路 …… 015

二、学前儿童心理发展的研究设计 …… 017

三、研究学前儿童心理发展的常用方法 …… 019

第二章 学前儿童心理发展的遗传与生理基础 …… 024

第一节 遗传密码——儿童心理发展的遗传学基础 …… 026

一、学前儿童心理发展的遗传学基础 …… 026

二、遗传与环境的相互作用 …… 028

第二节 神奇的大脑——大脑与神经系统的发展及其可塑性 …… 030

一、大脑结构及其机能发展 …… 030

二、神经系统的可塑性 …… 033

第三节 小松树快快长——学前儿童身体发育 …… 036

一、学前儿童身体发育的主要方面 …… 036

二、学前儿童身体发育的基本规律 …… 038

三、学前儿童身体发育的影响因素 …… 039

第三章 学前儿童动作与感知觉发展 …… 043

第一节 宝贝动起来——学前儿童动作发展 …… 045

一、什么是动作技能 …… 045

第三节　探索儿童智慧——皮亚杰和维果茨基的理论 …… 124
一、皮亚杰和他的认知发展理论 …… 124
二、维果茨基和他的认知发展理论 …… 128

第七章　学前儿童语言发展 …… 133
第一节　0～3 岁学前儿童语言发展 …… 135
一、0～1 岁：前言语阶段 …… 136
二、1～2 岁：言语发生阶段 …… 140
三、2～3 岁：口语萌芽阶段 …… 142
第二节　3～6 岁学前儿童语言发展 …… 143
一、3～4 岁：口语发展初期 …… 144
二、4～5 岁：口语发展中期 …… 146
三、5～6 岁：口语发展成熟期 …… 148
第三节　言语是怎样发生的——模仿强化还是转换生成 …… 150
一、模仿强化说 …… 150
二、转换生成说 …… 152
三、相互作用说 …… 153

第八章　学前儿童情绪发展 …… 158
第一节　认识情绪 …… 160
一、什么是情绪 …… 160
二、情绪的基本功能 …… 162
第二节　学前儿童情绪发展的特点 …… 163
一、儿童情绪的早期发展 …… 164
二、学前儿童情绪理解的发展 …… 166
三、学前儿童情绪调节的发展 …… 170
第三节　快乐宝贝——促进学前儿童情绪健康 …… 172
一、学前儿童情绪能力的促进 …… 173
二、学前儿童常见的情绪问题及对策 …… 175

第九章　学前儿童人格发展 …… 182
第一节　生而不同——人格及其代表性观点 …… 184
一、什么是人格 …… 184
二、人格的代表性观点 …… 185
第二节　最初的底色——学前儿童气质发展 …… 189
一、学前儿童的气质类型 …… 189
二、学前儿童气质的特点 …… 191
二、学前儿童的气质与行为预测 …… 192

第三节 我是谁——学前儿童自我的发展 …… 194
一、学前儿童的自我意识 …… 194
二、学前儿童的自我概念 …… 196
三、学前儿童的自尊 …… 198
第四节 男孩和女孩——性别同一性与性别差异 …… 201
一、性别刻板印象 …… 201
二、学前儿童的性别差异 …… 204
三、性别认同 …… 207
四、双性化人格与儿童的性别角色教育 …… 209
第十章 学前儿童社会关系与道德发展 …… 213
第一节 父母的力量——学前儿童亲子关系的发展 …… 215
一、依恋的发展及其影响因素 …… 215
二、家庭对学前儿童发展的影响 …… 220
第二节 不能没有你——学前儿童同伴关系的发展 …… 223
一、什么是同伴关系 …… 223
二、学前儿童同伴关系的发展 …… 225
第三节 学前儿童道德与社会行为发展 …… 228
一、学前儿童道德发展的基本理论 …… 228
二、学前儿童社会行为的发展 …… 230
三、学前儿童社会交往技能的发展 …… 233
四、学前儿童的道德习得及培养 …… 235
参考文献 …… 239

第一章 “学前儿童心理发展”ABC

第 1 章 “学前儿童心理发展”ABC 课件

学习导航

- 学前儿童的奇闻趣事：斐济“鸡男孩”
- 第一节　学前儿童心理——等待挖掘的宝藏
  - 一、什么是学前儿童心理发展 —— 讨论与分享：概念辨析
  - 二、儿童发展研究的主要脉络
- 第二节　是什么塑造了我们——学前儿童心理发展的影响因素
  - 一、遗传因素——影响学前儿童心理发展的先天因素
  - 二、自然成熟——影响学前儿童心理发展的生理因素
  - 三、成长环境——影响学前儿童心理发展的环境因素
  - 四、影响学前儿童心理发展的多因素交互作用
- 第三节　学做一名探索者——研究学前儿童心理的思路与方法
  - 一、研究学前儿童心理发展的基本思路
  - 二、学前儿童心理发展的研究设计
  - 三、研究学前儿童心理发展的常用方法
- 幼儿园实例评析：我要发火了
- 延伸阅读：“鸡男孩”的重生
- 小组案例讨论：娇蛮的婷婷

【学前儿童的奇闻趣事】

斐济“鸡男孩”

在北京卫视《探索》节目以“野孩子”为主题的系列纪录片中，有一个“鸡男孩”的故事最令人难以置信。追随着人类学家玛丽·安·欧荷塔的探寻之路，我们看到了这样一段不同寻常并引人思考的生命轨迹。

1982年4月6日的斐济《太阳报》上登载了一位名叫苏吉特·库玛的小男孩(见图1-1)的离奇遭遇：一名被遗弃在路边的小男孩有着像鸡一样的行为举止——像鸡一样咯咯叫，像鸡一样打鸣，甚至像鸡一样在地上啄食。他骨瘦如柴，手掌像鸡爪一样向内严重弯曲着。当他被人发现后，苏吉特被送进了当地一所老人院。在那里，有人为他提供住宿、食物，有人帮他洗澡，但他鸡一般的习性一点儿也没有发生改变。他会充满敌意地像鸡一样盯着人看，当有人试图靠近他时，他还会表现出敌意甚至做出攻击性行为。以

至于老人院的工作人员不得不限制他的活动，将他长年累月地用绳子或床单拴在一个固定的地方。而他呢，在老人院度过的25年间，没有在床上睡过觉——总是蹲在地上睡；没有像人一样吃过饭——总是把盘子打翻，在地上将面包和粥拌在一起，一点点地啄食；没有和任何人说过一句话——而是像鸡一样咯咯叫或是打鸣。真是让人难以置信——他是一个人，却像鸡一样度过了几十年！

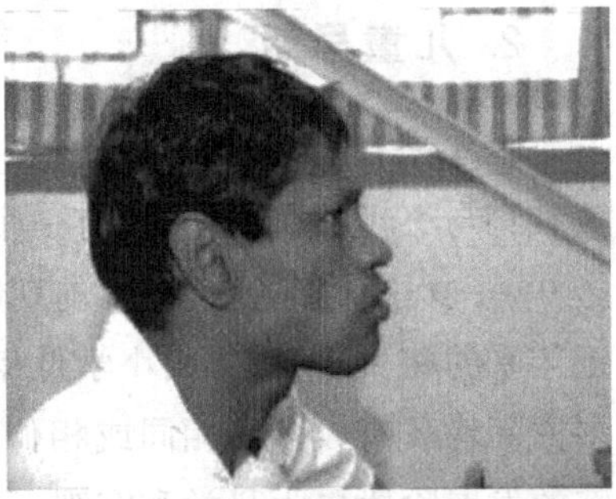

图 1-1 斐济“鸡男孩”苏吉特·库玛

无论是生理、认知、情感，还是从人格发展的意义上来讲，苏吉特的心理发展显然出现了重大偏差。然而，苏吉特何以成为一个名副其实的“鸡男孩”呢？又是哪些因素刻画出了他离奇而令人唏嘘的生命轨迹呢？我们又不禁关切地发问：苏吉特还健在吗？如果他还活着，他会一直这样像鸡一样地活在人世间吗？

（资料及图片来源：北京卫视《探索》栏目纪录片《野孩子》）

第一节 学前儿童心理——等待挖掘的宝藏

从在妈妈子宫内孕育的胎儿，到呱呱坠地的新生儿，从蹒跚学步的婴儿，到能写会画、能说会想的幼儿，再到为步入小学做好准备的儿童；从爬到走，从牙牙学语到学会说话，从混沌不知到成为一个独立的自知自省的个体……作为人类，在人生的这头几年中，我们经历了一连串的奇迹般的变化和成长，而它宛若一座宝藏，充满了无限美好、有趣，或是神奇的片段，等待着人们去发现和探索。那么，就让我们从这里开始，踏上探索学前儿童心理发展的奇妙旅程吧！

一、什么是学前儿童心理发展

学前儿童的年龄范围是什么？心理发展包括哪些方面？儿童发展与学前儿童心理发展是什么关系？在探寻学前儿童心理发展的具体内容之前，我们需要先对这些基本问题有所界定和了解。

（一）学前期与儿童早期

1. 学前期

“学前期”这一概念有广义和狭义之分。广义的学前期指儿童从出生至入小学前这一阶段，它可以划分为三个阶段：婴儿期（0～1岁）、先学前期（1～3岁）和狭义的学前期

(3～7岁)[①]，如图1-2所示。新生儿一般指出生至1个月的儿童。本书中对学前儿童的年龄范围界定采用前者，即广义的学前期。

2. 儿童早期

近年来，联合国教科文组织、经济合作与发展组织等一些国际组织与国外有关学前儿童教育与心理的研究中，还有一个被广泛采用的概念即"儿童早期"(Early Childhood)，主要指0～8岁这一年龄段，即学前期与小学低年级阶段的总和(见图1-2)。此概念的提出基于近年来的相关研究结果：小学低年级儿童与学前儿童相比，在认知、情感、意志及人格发展等多方面均具有较多的相同或相似性，从发展特点与规律的角度来划分，将两者作为一个统整的发展阶段更为科学和客观。本书部分内容会涉及儿童早期，但重点在于探讨学前期儿童的心理发展。

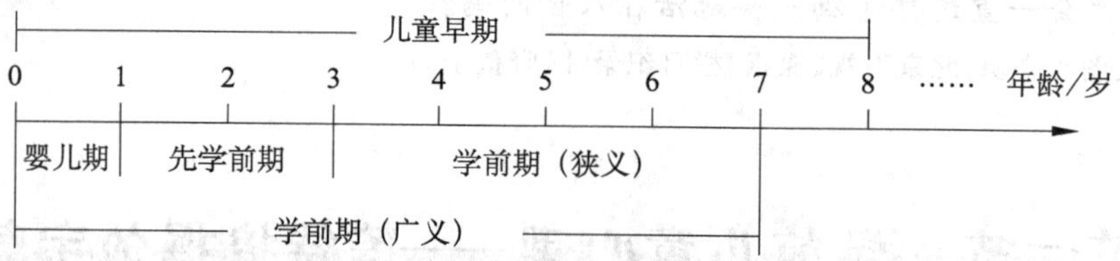

图1-2　儿童早期年龄阶段划分

（二）儿童发展与学前儿童心理发展

广义的儿童发展是指个体身心整体的连续变化过程，不仅是量的变化，更重要的是质的变化，如躯体各部分比例发生变化，心理方面如智慧结构的变化、情绪的变化等。发展不仅指儿童生长成熟的过程，也指成人后衰退消亡的过程。[②]

1. 儿童发展

作为个体毕生发展的重要阶段之一，儿童发展一般指从出生至青年前期，即0～18岁这一成长阶段。[③] 儿童发展不同于成人发展，它在个体发展过程中具有独特的地位，具有以下突出特点：①基础性——儿童的发展是个体一生发展的奠基；②递进性——儿童发展的各个发展领域内在关联、互相促进的递进性发展；③易感性——儿童发展一方面容易朝着积极的方向快速发展，另一方面也容易朝着消极的方向发展。[④]

作为跨学科科学应用领域的儿童发展研究，主要是指研究人类发展和青少年时期变化历程的学科，它是发展科学的一个重要组成部分与分支领域。我们通常把发展分为3个宽泛的领域：生理发展、认知发展、情感与社会发展。[⑤] 这些领域并非截然分开，而是构

① 陈帼眉，冯晓霞，庞丽娟．学前儿童发展心理学[M]．北京：北京师范大学出版社，1995：6.

②④ 秦金亮．儿童发展概论[M]．北京：高等教育出版社，2008：3.

③ 刘金花．儿童发展心理学[M]．上海：华东师范大学出版社，1997：3.

⑤ 劳拉·E.贝克．儿童发展[M]．吴颖，等译．5版．南京：凤凰出版传媒集团，江苏教育出版社，2002：51-52.

成了一个不可分割的统一体。

2. 学前儿童心理发展

学前儿童心理发展是指 0～7 岁婴幼儿心理发展的基本规律与特点，主要包括学前儿童在知、情、意、格四个方面的发展。其中“知”即认知过程，“情”即情绪情感过程，“意”即意志过程，“格”即人格发展。它是个体心理发展的起始阶段，构成个体心理发展的重要基础。

作为一门科学，关于学前儿童心理发展的研究聚焦学前儿童心理发展的规律及其各年龄段的心理特征。它是心理科学的一个分支，同时也归属于儿童发展研究的一部分，如图 1-3 所示。

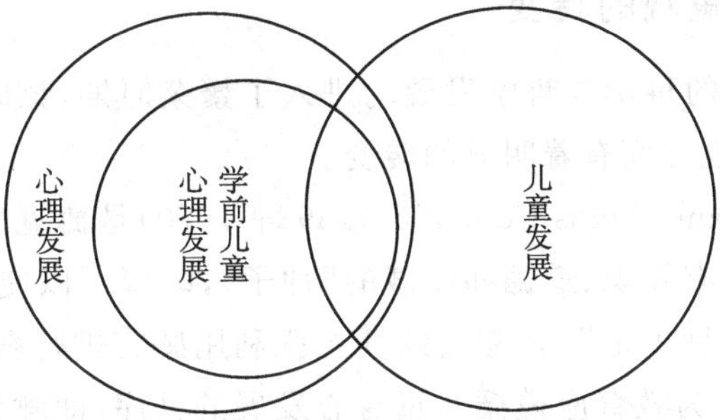

图 1-3 儿童发展与学前儿童心理发展

讨论与分享

谈一谈以下概念的异同：心理发展、儿童发展、学前儿童心理发展。

二、儿童发展研究的主要脉络

儿童发展研究的演变历程大致经历了中世纪至启蒙运动时期的奠基阶段、19 世纪下半叶至 20 世纪上半叶儿童发展科学的初创阶段、20 世纪中叶至今儿童发展研究的逐渐深入与拓展阶段。在儿童发展研究的历史长河中，也烙印下这样一些闪闪发光的名字：约翰·洛克、让-雅克·卢梭、查尔斯·达尔文、斯坦利·霍尔、阿尔弗雷德·比奈、约翰·杜威、詹姆斯·马克·鲍德温、玛利亚·蒙台梭利、约翰·华生、阿诺德·格赛尔、普莱尔、裴斯泰洛齐、皮亚杰、维果茨基……

（一）中世纪至启蒙运动：儿童发展研究的奠基阶段

1. 中世纪的儿童观：“小大人”

中世纪时期，人们对儿童尚缺乏关注，人们将儿童看作发育完成了的成年人的微缩版，此观点被称为“预成说”。这种观念在当时的艺术作品、日常生活和人们的语言中都有所反映，那时候的玩具和游戏并非为了愉悦儿童而设计的。总之，那时的儿童并没有被视作一个独立且独特的个体，也没有得到应有的重视和尊重。

2. 宗教改革运动：儿童原罪论

16 世纪西方的宗教改革运动催生了一种新的儿童观，认为人生来邪恶、固执，儿童是上帝创造的羸弱的生命，他们必须受到美德的熏陶和教育，需要保护和完善，以此来拯救儿童的灵魂。这便是历史上有名的儿童“原罪论”。在这种儿童观的影响下，严厉、约束式的儿童教养方式被奉为最有效的训导堕落儿童的良方。

3. 启蒙运动：儿童观的转变

17 世纪开始，西欧的科学与哲学发展均进入了繁荣时期，该时期人们对儿童的看法也更具人性化，在儿童观方面有着明显的转变。

(1) 夸美纽斯(Johann Amos Comenius，1592—1670)是捷克的大教育家。他认为儿童从出生起就自然地播有知识、道德和虔诚的“种子”，教育可以使这些“种子”发展、成长起来，这就是他著名的“种子论”[①]。夸美纽斯主张利用感官进行教学，认为儿童知识的开端永远来自于感官，并认为教育应遵循儿童身心发展的秩序，即教育要以儿童的天性为根据，他还试图从大脑的不同来解释个体性格的不同，从生理机制上找心理的原因。图 1-4 为夸美纽斯所著的《世界图解》(又译作《图画中见到的世界》《可见的世界》《宇宙奇观》)，是一本带插图的儿童百科全书，也是世界上第一本有图的教科书，是专门为年幼儿童创作的[②]。

图 1-4　夸美纽斯及其著作

(图片来源：百度百科．http://baike.baidu.com.)

(2) 约翰·洛克(John Locke，1632—1704)是该时期著名的教育思想家。他提出了著名的“白板说”，认为人之初生，心灵犹如“一张白纸，上面没有任何记号，没有任何观念”，观念是从经验中得来的。因而从经验出发，洛克极为重视训练的意义，是倡导训练主义最积极的教育家。

---

① 秦金亮．儿童发展概论[M]．北京：高等教育出版社，2008：15.

② 戴本博，张法琨．外国教育史(中)[M]．北京：人民教育出版社，1990.

(3) 卢梭(Jean Jacques Rousseau，1712—1778)是18世纪法国启蒙运动著名思想家。他提出了新的儿童发展观，认为儿童既不是白板，也不是任成人灌输的空空如也的容器，而是具有天赋、生来就有是非观念和追求秩序与健康成长需要的个体。因此，卢梭认为教育要适合儿童的"内在自然"，不能超出儿童的能力和需要。他还提出儿童发展具有阶段性，并将其划分为婴儿期、童年期、青少年期等不同的年龄阶段。卢梭的《爱弥儿》是继《理想国》之后西方最完整、最系统的教育论著，其影响深广，经久不衰，卢梭本人也被后人称为"教育史上的哥白尼"①(见图1-5)。

图1-5 卢梭及其著作

(图片来源：百度百科．http://baike.baidu.com.)

(二) 19—20世纪上半叶：儿童发展科学的初创阶段

1.儿童发展科学的奠基

(1) 裴斯泰洛齐(Johann Heinrich Pestalozzi，1746—1827)是一位伟大的民主主义教育思想家和教育改革家。他热爱儿童，深受卢梭思想的影响。裴斯泰洛齐在儿童发展科学领域内做出了具有先驱性的工作。他对自己不足3岁的孩子用日记法写下了大约一个月的观察日记，现在看来尽管该记录的科学价值很有限，但应看作是儿童心理研究的先声②。

(2)达尔文(Charles Darwin，1809—1882)以进化论而闻名于世，他的理论强调两个相关的原则：自然选择和适者生存，这对儿童发展的研究产生了重大影响。达尔文还长期观察自己孩子的心理发展，撰写了《一个婴儿的传略》，并于1876年出版。后人还从达尔文的观察研究中归纳出这样的结论：从受精卵到成熟，儿童的成长也遵循着同一个进化的总规律③。

(3) 德国生物学家威廉·普莱尔(William Preyer，1882—1888)对早期儿童行为记录做出了突出的贡献。他设计了观察儿童的严格标准，并在规定时间里尽可能完整地记录

①② 秦金亮．儿童发展概论[M]．北京：高等教育出版社，2008：16.

③ 劳拉·E.贝克．儿童发展[M]．吴颖，等译．5版．南京：凤凰出版传媒集团，江苏教育出版社，2002.14.

下所看到的情形。他还将自己的记录与第二个观察员的记录进行对照，核对其准确性。而现在的研究者们所使用的正是这些标准。正是以普莱尔和达尔文为代表的这些儿童传记的先行者们的尝试与探索，在随后的几十年间，儿童发展研究逐渐成了一个日趋独立和规范的研究领域。

2.儿童发展研究的科学化与规范化

(1) 斯坦利·霍尔(G. Stanley Hall，1844—1924)是20世纪初美国最有影响力的心理学家之一，有“儿童研究之父”之称，被公认为儿童发展研究的奠基人，他撰写了第一本系统的关于儿童青少年发展的著作[①]。由于意识到婴儿传记法的局限性，霍尔开始收集有关儿童客观事实的可靠证据，并建立起了儿童研究的规范方法、编制了复杂的问卷，测试儿童在不同年龄段可对自己进行描述的几乎所有特征——兴趣、恐惧、想象中的玩伴、梦、友谊、最喜欢的玩具等(见图1-6)。

(2) 阿诺德·格塞尔(Arnold Gesell，1880—1961)作为霍尔最著名的学生，长期收集了大量有关婴幼儿运动成就、社会行为和特征的具体、规范的信息，并认为对于不同年龄的孩子应寄予不同的期望，生理成熟是制约儿童发展的重要因素。格塞尔也成为20世纪发展最迅速且拥有最广泛读者群的家长读物作者中的灵魂人物[②]。

图1-6 “儿童研究之父”斯坦利·霍尔

(图片来源：百度图片．http://image.baidu.com.)

(3) 法国心理学家阿尔弗雷德·比奈(Alfred Binet，1857—1911)从另一方面建立了研究儿童发展的标准方法——和同事西奥多·西蒙(Theodore Simon)共同创制了第一个智力测验。比奈抓住了儿童思维的复杂性，把智力定义为良好的判断、计划和关键反应能力，并编制了一系列能够比较不同儿童智力进步状况的不同年龄级别的测验项目。比奈测验在儿童发展研究历程中的贡献和影响不可小觑，它掀起了轰轰烈烈的心理测验运动的大幕，同时对至今仍存在争论的有关遗传与环境的儿童发展基本命题的争论起到了推波助澜的作用[③]。

(4) 詹姆斯·马克·鲍德温(James Mark Baldwin，1861—1934)是美国著名心理学家。他既是儿童观察家，又是一位儿童发展理论家。他认为先天与后天因素对儿童发展同样重要，多种因素共同作用于儿童的发展。他还指出，在发展过程中，儿童与其所处的社会环境相互作用，形成了一个密不可分、相互交织在一起的网络。这一看法与当前心

① 黛安娜·帕帕拉，萨莉·奥尔兹，露丝·费尔德曼．儿童心理百科：孩子的世界(0～3岁)[M]．陈福美，郭素然，郝嘉佳，等译．11版．北京：人民邮电出版社，2011:5.

②③ 劳拉·E.贝克．儿童发展[M]．吴颖，等译．5版．南京：凤凰出版传媒集团，江苏教育出版社，2002:16-17.

理学界普遍接受的观点基本一致。

（三）20 世纪中叶至今：儿童发展研究的深入与拓展阶段

1. 精神分析学说

20 世纪三四十年代，为了治疗遭受严重情感压抑和行为问题的儿童，儿童发展专家们必须探索并回答儿童是怎样发展的及其原因等问题，人格发展的精神分析学说备受关注。该理论强调每一个儿童都具有一段独特的发展历程，这一历程由其生理欲望和社会期望冲突的一系列阶段构成。该学说最具影响力的人物即弗洛伊德和艾里克森。

（1）弗洛伊德(Sigmund Freud，1856—1939)(见图 1-7)是一位精神科临床医生，他对整个西方世界所产生的巨大影响是其他许多理论家难以比拟的。他认为，个体的早期经验塑造了人格，并将人格发展划分为性心理发展的五个阶段，即口唇期(出生～1 岁)、肛门期(1～3 岁)、性器期(3～6 岁)、潜伏期(6～11 岁)和生殖期(12 岁以后)。弗洛伊德认为个体的发展按阶段进行，并且童年早期的经验和冲突对日后成年的兴趣、行为和人格有着重要影响[①]。当然，今天很少有发展学家是弗洛伊德理论忠实的追随者，实际上弗洛伊德的许多假设除了用访谈或临床法，是不可能用其他方法得以验证的。

图 1-7 奥地利心理学家、精神分析学派代表人物弗洛伊德

(图片来源：百度百科．http://baike. baidu. com.)

（2）艾里克森(Erik Erikson，1902—1994)是另一位极具影响的精神分析学家，他强调个体在发展过程中与他人的社会互动。艾里克森的人格发展阶段论认为，个体发展包括八个阶段，每个阶段都要应对和解决一种危机或冲突，虽然没有一种危机是可以完全解决的，但个体必须至少足够重视每个阶段的危机，从而应对下一个阶段发展的需求。艾里克森将个体心理社会性发展八个阶段的主要冲突归纳为：信任对不信任、自主性对羞愧怀疑、主动对内疚、勤奋对自卑、同一性对角色混乱、亲密对疏离、繁殖对停滞、自我完善对失望[②]。

2. 行为主义

行为主义心理学派的创始人华生(John B. Watson，1878—1958)(见图 1-8)力图建立一种客观的心理学，认为心理学研究对象应该是可以直接观察到的现象，即刺激和反应，而不是不可见的内心活动。他还认为，可以通过研究构成环境的刺激来全面理解个体发展的过程，并且通过有效地控制环境，就有可能塑造个体的任何行为。他否定了儿童的素质、

① David R. Shaffer，Katherine Kipp. 发展心理学[M]. 邹泓，等译．北京：中国轻工业出版社，2011：40.

② Robert S. Feldman. 发展心理学：探索人生发展的轨迹[M]. 苏彦捷，等译．北京：机械工业出版社，2013.11 12.

年龄特征及内部状态等对儿童发展的作用，其观点显然具有片面性和局限性①。华生曾宣称："给我一打健全的婴儿，在我所设计的世界里抚养他们，不论他们的天赋、喜好、倾向和能力等如何，我保证可以任选其一，将其培养成为任何我选择的行业专家——医生、律师、艺术家、商人，甚至是乞丐和小偷。"

图 1-8　行为主义心理学家华生

（资料来源：百度百科．http://baike.baidu.com.）

3. 社会学习理论

班杜拉（Albert Bandura，1925—2021）是社会学习理论的创始人之一，该理论对儿童和成人如何获得新的行为方式提出了进一步的观点。20 世纪 50 年代，社会学习理论成为儿童发展研究中的主要力量②。班杜拉认为，儿童行为的获得不是由强化决定的，而是由观察决定的。观察学习有两种：一种是直接的模仿与反模仿，即儿童以后在环境有利的条件下准确地复制模式行为，或者是将观察到的模式行为及其结果作为一种教训接受下来，指导自己以后不做类似的事情；另一种观察学习则是抑制和抑制接触，例如儿童看了带有暴力镜头的影片后，对妹妹表现得不那么亲密了，而是发脾气、叫嚷。这个儿童虽然并不是有意识地模仿电影里的行为，但却在不自觉地回复以前的某些同类行为，即原先受到抑制的攻击性行为已经被解除③。班杜拉的研究对儿童社会发展领域中的很多方面产生着持续而重要的影响。

第二节　是什么塑造了我们——学前儿童心理发展的影响因素

长久以来在学前儿童心理发展领域的研究和相关理论中，一直存在着几个基本的重要命题，如学前儿童的心理发展进程是连续的还是不连续的？所有学前儿童的心理发展是否存在着一种共同的模式，还是同时有多种不同的可能模式？学前儿童是否在早年间就已经确立起稳定的终身行为模式，还是不断地在发生变化？以及先天遗传和后天环境，哪个方面的因素在发展中起到决定性作用，等等。本节我们就来探讨其中一个备受关注的命题：影响学前儿童心理发展的因素——先天遗传还是后天环境？

一、遗传因素——影响学前儿童心理发展的先天因素

遗传是一种生物现象，即祖先的一些生物特征通过遗传物质传递给后代。遗传的生

① 陈帼眉．学前心理学[M]．北京：人民教育出版社，2003：418.

② 劳拉·E．贝克．儿童发展[M]．吴颖，等译．5 版．南京：凤凰出版传媒集团，江苏教育出版社，2002：25.

③ 刘金花．儿童发展心理学[M]．修订版．上海：华东师范大学出版社，1997：361-362.

物特征主要是指那些与生俱来的解剖生理特征，如机体的构造、形态、感官和神经系统的特征等，其中对心理发展具有重要意义的是神经系统的结构和机能的特征，这些遗传的生物特征也称为遗传素质①。

（一）遗传因素对心理发展的基本作用

遗传素质是学前儿童心理发展最初的自然物质前提，正是在遗传素质的物质基础上，儿童心理得以形成和发展。遗传因素对学前儿童心理发展的基本作用主要体现在以下两个方面。

第一，遗传因素提供了人类发展的最基本的自然物质前提。人类在进化过程中，机体得到高度发展，特别是脑和神经系统高级部位的结构和机能达到了高度发达的水平。人的天然的族类特征是正常儿童出生时均具有的遗传素质。这种人类所共有的遗传因素是使儿童在成长过程中有可能形成人类心理的前提条件，也是使儿童有可能达到社会所需要的心理水平的最初的基本生物条件。

而有些儿童由于遗传缺陷会造成先天的身心发育不全、智力障碍等难以克服的先天遗传性疾患，由于正常遗传素质的缺失，其心理发展也不可能达到正常人类个体的水平。和人类基因相似程度极高的黑猩猩，经过精心训练其心理和行为发展也会表现出一定的智商水平，但其智力发展的极限也不过只相当于人类幼儿的水平。可见，正常的人类遗传素质是学前儿童心理形成与发展必不可少的基本物质前提。

第二，遗传因素奠定了学前儿童心理发展个别差异的最初基础。“世界上没有两片相同的树叶”这句话我们都耳熟能详，但如果从生命之初遗传素质的获得来看，“完全相同的两片树叶”确实是存在的，那就是具有相同遗传素质的同卵双生子。当然，这并不意味着这两个个体的终生发展都如出一辙，因为影响一个人心理发展的因素还远不止遗传素质这一点。

（二）遗传因素对心理发展不同方面的影响不同

遗传因素对学前儿童心理发展不同方面的影响并非完全相同。一般认为，特殊能力的发展受遗传素质的影响大一些。如一些著名的音乐家、运动员、画家等之所以能取得辉煌的成就，固然取决于后天的培养训练和自身努力，但也不能否认这是充分利用和发挥了遗传素质所提供的有利条件的结果。因此从某种意义上来讲，遗传素质为学前儿童规划了最优的发展方向，因此拥有不同遗传素质的儿童，其最适宜的发展方向也是不同的。遗传素质也在一定程度上影响着个体个性的形成。儿童高级神经活动过程的特征——强度、平衡性、灵活性，奠定了其气质类型的基础，为儿童智力品质和性格的形成与发展染上了一层底色。

二、自然成熟——影响学前儿童心理发展的生理因素

生理成熟即儿童身体生长发育的程度或水平。所有儿童都会经历生理成熟的过程，

① 陈帼眉．学前心理学[M]．北京：人民教育出版社，2003：402．

但成熟的进度和具体时间是有差异的。

（一）生理成熟的顺序

儿童的生理成熟或发展是具有一定顺序的，如头部发育最早，其次是躯干，接着是上肢，然后才是下肢。最先发育和成熟的是神经系统，然后是骨骼肌肉，最后才是生殖系统。生理成熟的顺序性为儿童心理活动的出现与发展的顺序性提供了基本的前提条件。幼儿还不会坐的时候，就让他独自站起来是不可能的，还不会走时就更不可能会跑。一般来说，出生的头几年即婴幼儿期是生长发育非常迅速的时期，此时儿童心理的变化和发展也很快，此后发展速度放慢，到了青春期则又出现一个生长迅速的阶段。

（二）生理成熟对学前儿童心理发展的制约作用

生理成熟对学前儿童的心理发展起着制约性的作用。美国心理学家格赛尔曾做过一个著名的双生子爬楼梯的实验，用以证明生理成熟对儿童学习技能有着明显的制约作用。

双生子 T 和 C 在不同年龄开始学习爬楼梯。先让 T 在出生第 48 周起开始接受爬楼梯训练，每天练习 10 分钟，连续练 6 周；而 C 则在出生后第 53 周才开始学习爬楼梯，但 C 仅训练了 2 周，就赶上了 T 的水平。也就是说，由于儿童的生理成熟还没有达到所需要的水平，即使提前学习也并没有多大作用，技能的学习在某种程度上依赖于儿童生理的成熟水平。学前儿童心理发展依赖于儿童大脑与神经系统的成熟程度。

三、成长环境——影响学前儿童心理发展的环境因素

环境即学前儿童周围的客观世界，既包括自然环境，也包括社会环境。

（一）自然环境

阳光、空气、水、花草树木，以及胎儿在妈妈子宫内的环境，都是保证婴幼儿身心健康发展的自然环境因素。学前儿童的身心健康成长离不开良好的自然环境，他们需要呼吸新鲜的空气，沐浴阳光，保证饮水安全和健康，亲近大自然……

妈妈的宫内环境对于婴幼儿发展也相当重要。孕期疾病、滥用药物、酗酒，或是遭受环境污染等，都有可能通过子宫进而影响胎儿的宫内环境（见图 1-9），最终造成出生缺陷或严重疾患。20 世纪 50 年代，日本一家工厂将汞含量很高的废料释放到熊本县某地为当地居民提供水源的河湾内。在此时段出生的许多儿童心智发育迟缓，而且还表现出其他严重症状，如言语不正常、咀嚼吞咽困难、动作不协调等。对死去的儿童进行的尸检发现，他们的大脑已大面积受损①。

① 劳拉·E. 贝克. 儿童发展[M]. 吴颖，等译. 5 版. 南京：凤凰出版传媒集团，江苏教育出版社，2002：137.

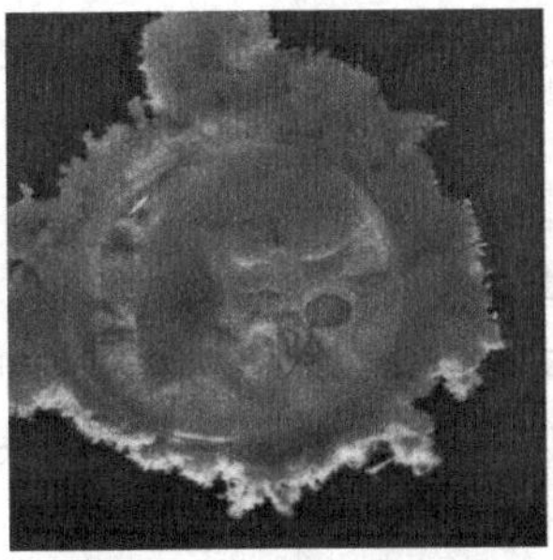
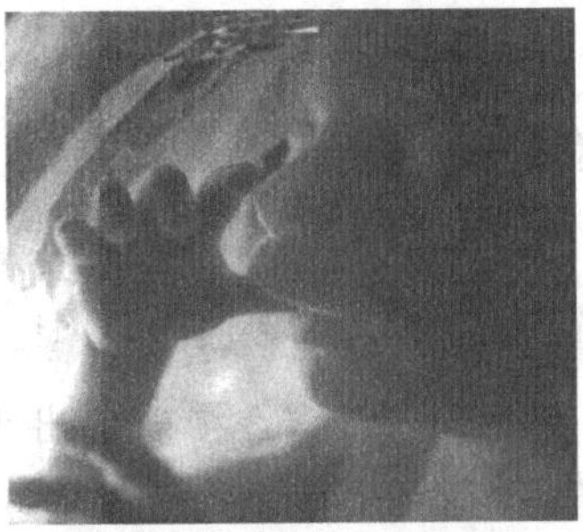

图 1-9 婴儿出生前的宫内环境也是一种自然环境

（图片来源：百度图片 . http://image. baidu. com. ）

（二）社会环境

学前儿童赖以发展的社会环境既包括他生活于其中的家庭环境、同伴群体，也包括幼儿园、社区，以及社会传媒与文化等。社会环境对学前儿童心理发展有哪些重要影响呢？主要体现在以下两个方面。

1. 社会生活条件使儿童心理发展由可能变为现实

遗传素质仅仅为学前儿童心理发展提供了基本的物质前提，也就是为个体的心理发展提供了可能性。然而，如果没有必要的环境尤其是社会生活条件，个体正常的心理发展也不会成为现实。野孩子的成长过程就是典型案例。20 世纪 20 年代，在印度的加尔各答-米德纳波尔，人们发现了狼孩卡玛拉和阿玛拉，由于长期和狼生活在一起，他们表现出了和狼一样的生活习性与行为举止，也不会人类的语言。即使日后他们被收留在福利院里，并有人教他们说话，离开人世前他们也只掌握了几十个单词（见图 1-10）。德国黑森狼孩、立陶宛熊孩、伊朗羊孩等，也都是类似的情形。

图 1-10 印度狼孩

（图片来源：百度图片 . http://image. baidu. com. ）

可见，正常而必要的人类社会生活条件、家庭环境、教育环境等，在儿童心理发展的过程中必不可少，它是使儿童身上所具有的遗传因素成为一种正常发展的极为重要的条件。社会生活条件和教育水平也深刻影响和制约着学前儿童心理发展的方向与水平。

2. 教育对儿童心理发展至关重要

教育来自多方面，既包括来自家庭的教育，也包括来自教育机构的教育。教育之所以能对幼儿的心理发展产生很大影响，其重要原因在于它是一种有目的、有系统地对学前儿童施加影响的过程，因而它能更为充分且有效地利用各种因素促进幼儿的发展[①]。

① 陈帼眉. 幼儿心理学[M]. 北京：北京师范大学出版社，1999：12.

【经典实验】

阿尔伯特实验[①]

华生首先让阿尔伯特(11个月)接触一只小白兔,阿尔伯特毫无害怕的表现,似乎想用手去触摸它。兔子出现后,紧接着就出现一个使婴儿害怕的响声(用铁锤敲击一段钢轨发出的),实验发现,经过多次兔子和响声的结合,阿尔伯特对任何有毛的东西感到害怕,如老鼠、制成标本的动物,甚至有胡子的人。说明人的行为是可以通过"刺激-反应"联结这种学习获得的。

(资料来源:刘昊,张凤.幼儿的认知与学习[M].合肥:安徽教育出版社,2015.)

学前儿童在幼儿园等托幼机构中与教师的互动、参加各种教育活动和游戏等均对其心理发展产生影响。在家庭环境中,学前儿童与父母和兄弟姐妹的互动、家庭的经济状况、家庭成员组成结构、家庭氛围,以及家庭教养方式等,也都潜移默化地对学前儿童的心理发展产生着持久而深刻的影响。在儿童早期,父母和其他主要照料者是这个时期环境影响的"活性要素"。大量研究结果表明,儿童如果在值得信赖的密切关系所组成的环境中发展和生长,这些关系能够为他们提供关爱和温暖的照顾,提供安全感、敏感的互动并鼓励他们进行探索;而如果没有形成这种关系的儿童发展则可能受阻,甚至由此产生长期而严重的后果[②]。

四、影响学前儿童心理发展的多因素交互作用

实际上,无论遗传、成熟还是环境,特别是教育,这些因素都是学前儿童心理发展的必要条件,它们之间的关系是较为复杂的,且相互制约、彼此影响。

特别是近年来,来自行为遗传学、分子遗传学和对脑发展的研究都表明,发展是天性和养育的整合。发展心理生物学的研究表明,天性和养育两者在个人成长过程中都既是稳定性也是可塑性的来源。更重要的是,无论从"经验—预期性"脑的成长的角度,还是基因和环境间的互动作用的角度来看,天性和养育的交互作用都为个体发展提供了重要动力[③]。而学前儿童的心理发展也正是在天性和养育的多因素交互作用过程中得以进行的。

---

① 该实验的开展时间在20世纪20年代,彼时尚未建立健全的实验伦理观念与审查制度。现在看来,该实验显然有悖于伦理。该实验曾在学界引发有关实验道德底线的广泛讨论。此后,美国心理学协会及其他国家的相关组织先后制定了有关实验伦理的规范与审查制度,禁止任何人进行违反伦理的实验。

② 杰克·肖可夫,黛博拉·菲利普斯.从神经细胞到社会成员:儿童早期发展的科学[M].方俊明,李伟亚,译.南京:南京师范大学出版社,2007:6.

③ 杰克·肖可夫,黛博拉·菲利普斯.从神经细胞到社会成员:儿童早期发展的科学[M].方俊明,李伟亚,译.南京:南京师范大学出版社,2007:45.

第三节 学做一名探索者——研究学前儿童心理的思路与方法

学前儿童的心理犹如一座神秘而瑰丽的宝藏，尽管人们已经在探寻这座宝藏的道路上行走了很长时间，发现了学前儿童心理发展的诸多特点和规律。但在学前儿童心理发展的广阔领域中，仍有太多神奇而未知的方面有待我们通过更多、更深入的研究去挖掘和探寻。

一、研究学前儿童心理发展的基本思路

根据所属学科和研究领域，不同学者对科学研究的步骤有许多严格的划分。国内一些学者将典型的研究过程划分为五个步骤，即确定问题、查阅文献、收集资料、分析资料和推导结论①。国外学者将包括学前儿童心理发展研究在内的心理学研究过程划分为以下七个主要步骤②（见图 1-11）。

（一）形成研究思想与假设

研究过程的第一步就是确定要研究的一个问题。选题的来源有很多，例如对学前儿童日常行为的观察，或是阅读学前儿童发展研究的相关资料或文献。围绕有待研究的问题，需建立一个研究框架，并形成一个明确的、可检验的研究假设。

（二）选择研究设计

在缩小了研究问题的范围并形成了可以检验的基本假设后，就必须确定一个设计，该研究设计可以有助于攻克研究问题。例如，可以确定你计划做一个相关性的研究，还是一个实验研究，以及确定选择什么样的研究场所，是进行实验室研究，还是现场观察等。还需要考虑很多实际问题，如所需要的设备、材料等。有时还可能需要在小范围内做一个小规模的研究，即“领航研究”，以确保所选定的研究程序和材料准备等在实际操作中能达到预想的效果。

（三）选择被试

确定研究对象也很重要，必须决定如何选取被试，以及如何在研究过程中使被试参与其中。例如，所研究对象是通过大规模的随机抽样、分层抽样获得，还是选取具有代表性、典型性的个案。在学前儿童心理发展的研究中，还特别应当注意研究本身一定要以

① 袁振国．教育研究方法[M]．北京：高等教育出版社，2000：3.

② 肯尼斯·S 博登斯，布鲁斯·B. 阿博特．研究设计与方法[M]．袁军，等译．6 版．上海：上海人民出版社，2008：20.

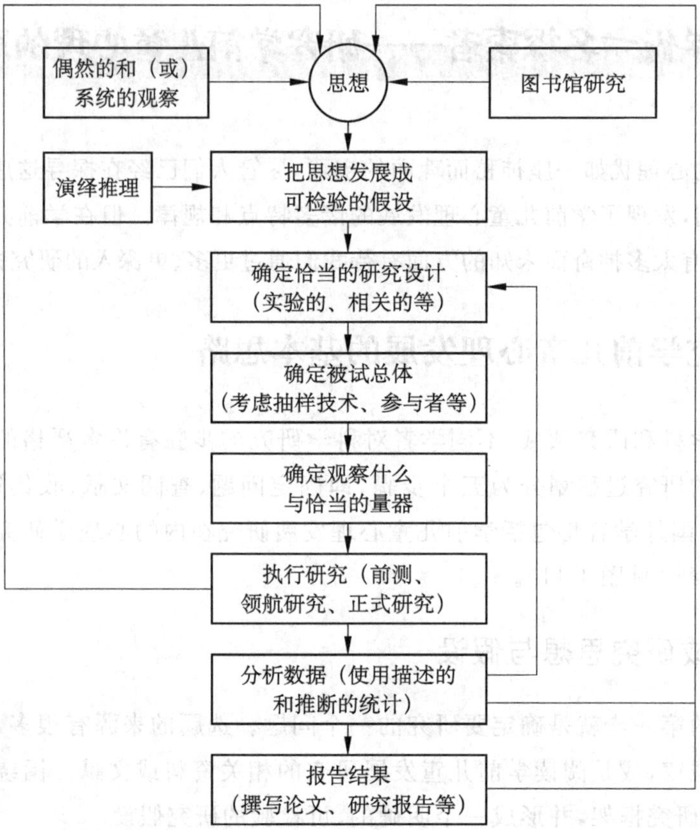

图 1-11　学前儿童心理发展研究的一般过程

（资料来源：肯尼斯·S. 博登斯，布鲁斯·B. 阿博特. 研究设计与方法[M]. 袁军，等译. 6 版. 上海：上海人民出版社，2008.）

维护儿童的正当权益、保护儿童身心健康、符合基本的道德伦理为前提条件。

（四）确定观测什么与合适的测量工具

确定要观测什么通常由所要考察的问题来决定。例如，如果想研究家长打骂孩子的行为对幼儿的攻击性行为的影响，那么就可以设计相关的访谈；如果想研究媒体传播的暴力内容对上述行为的影响，那么除了对家长进行访谈外，还可以通过实验，检验暴力视频诱发幼儿攻击性行为的情况。当明确了要观测的内容，接下来就是要确定最适宜的测量工具，例如，是用现成的量器，还是自己设计、开发一种新的测量工具。

（五）实施研究

在此步骤中，就要正式地让被试参与到研究中，观测他们的行为，并规范、详细地记录数据；或运用研究工具如调查问卷，来对被试进行系统调查访问。总之，通过实施过程，旨在记录、收集有价值的数据和资料，以备日后整理与分析。

（六）分析结果

数据收集完后，必须对数据进行汇总整理与分析。在分析数据的过程中也需要确定采用什么方式来分析，通常要根据不同数据的类型来确定最合适的分析方法。不过一般来说，一些提供概要性描述的统计量都是需要计算的，如平均值、标准差之类的数据。

（七）报告研究结果

数据分析结束后，已经接近研究过程的最后一步了。接下来就需要将研究结果以一篇正式论文或研究报告的形式展示出来。研究报告或论文的基本风格与格式应尽可能科学化、规范化，目前被广泛采纳和认可的撰写方式即美国心理学协会(American Psychlilgical Association，APA)的风格。

实际上，上述过程既是一个研究的阶段性结束，又是下一个新的研究的开始。因为研究结束时，往往会发现研究中尚存在这样或那样的不足和问题，研究过程本身也会带给研究者一些新的灵感和启发，因而激发研究者产生新的研究思想和主题，这就好比新的研究“种子”，它会孕育出下一轮研究，再次启动整个研究过程①。

二、学前儿童心理发展的研究设计

选择研究设计是整个研究过程中非常重要的一环，它因研究问题的不同而各异，同时也决定着整个研究的路径与风格、被试的选取、具体研究方法的运用等重要方面。从时间跨度上来划分，学前儿童发展研究设计一般可分为横断设计、追踪设计、序列设计和微观发生设计四类。依据研究目的的不同，学前儿童发展研究还可以分为描述性研究、相关研究和实验研究。

（一）横断设计

横断设计是在同一时间点上研究不同年龄阶段的被试。在横断研究中，各年龄段的被试来自不同的同辈群体。这里的同辈是指由那些生长在相似的文化环境和历史背景下的同一年龄段的人组成的群体。通过比较不同年龄段被试的差异，研究者常常可以鉴别出发展的某些方面是否有着与年龄相关的变化。

横断设计的主要优点是研究者能够在短时间内从不同年龄段的儿童那里收集数据，快捷而便利。但也有其局限性：一是容易出现“同辈效应”。也就是说根据横断设计发现的年龄差异并不总是由年龄和发展造成的，即不同时代的儿童群体由于所处社会文化、历史条件和遭遇历史事件的不同而表现出在发展上的有所差异；二是横断设计仅仅是在某个时间点上来考察被试，无法解释个体的早期经验对儿童以后发展的影响②。

---

① 肯尼斯·S. 博登斯，布鲁斯·B. 阿博特. 研究设计与方法[M]. 袁军，等译. 6版. 上海：上海人民出版社，2008：21-24.

② 秦金亮. 儿童发展概论[M]. 北京：高等教育出版社，2008：24.

（二）追踪设计

追踪设计是在某一段时间内对同一群被试进行反复观察，通过反复测试同一群被试，研究者可以评估样本中每个人的各种特性的稳定性与连续性，也可以通过寻找共同特点，如大多数儿童在某些时间点上会经历的某些特定变化，从而确定常态的发展趋势和过程。

追踪设计也有自身的缺陷。一是耗时长、资金与精力投入大；二是研究意义或价值会随时间推移大打折扣，例如一项长达 10 年或 20 年的追踪项目，很有可能在开始时是一个非常令人兴奋的课题，而当研究结束时其研究结果已经因时代变迁而变得没有太大价值了；三是可能出现“练习效应”，反复的访谈和测试，可能会使被试对测试内容越来越熟悉，进而越来越会做测试题，这样一来测试成绩的提高可能与发展的正常模式并不相关[①]。

（三）序列设计

为了同时吸取横断设计与追踪设计的优点，研究者发展出序列设计，即通过选择不同年龄的被试并对其进行追踪的研究设计方法。例如，当我们想研究 2～8 岁儿童口语表达能力的发展时，就可以从 2008 年开始测量一个 2 岁的样本（2006 年出生）和一个 4 岁的样本（2004 年出生）的口语表达能力，而后在 2010 年和 2012 年再次测量两个样本的口语表达能力，这样我们对 2006 年的被试从 2 岁追踪到 6 岁，对 2004 年出生的被试从 4 岁追踪到了 8 岁（见图 1-12）。

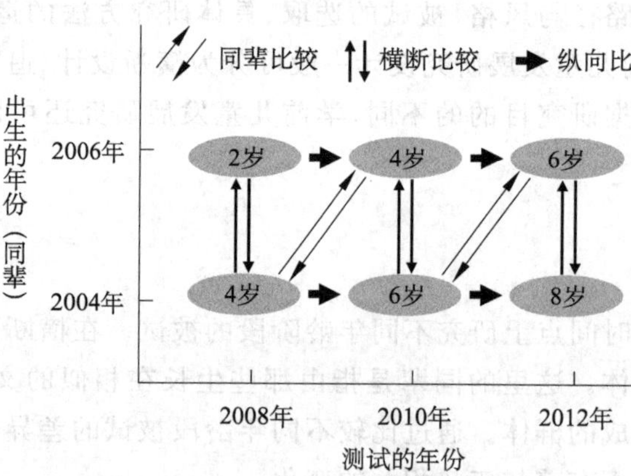

图 1-12　序列设计示例

（资料来源：David R. Shaffer，Katherine Kipp. 发展心理学[M]. 邹泓，等译. 北京：中国轻工业出版社，2011.）

序列设计有三个优点：第一，可以同时进行横断比较和追踪比较，如果在两种比较中所获得的随年龄变化的发展趋势相一致，那么就可以确信这些趋势代表了真实的发展变化；第二，序列设计使我们能够通过比较生于不同年份的同龄儿童的发展，进而评估同辈效应是否对研究结果产生影响；第三，在序列设计中，可以花更短的时间，获得更多的追

① David R. Shaffer，Katherine Kipp. 发展心理学[M]. 邹泓，等译. 北京：中国轻工业出版社，2011：28.

踪数据[①]。例如，在上述口语表达能力的序列设计中，实际上只用了4年的时间，却获得了标准追踪研究需6年（2～8岁）才能获取的发展数据。

（四）微观发生设计

微观发生设计主要用于探索促进个体发展变化的过程。其设计思路是：在儿童将要发生重要的发展变化时，反复地向他们呈现某种可能引起发展变化的任务，并监控儿童行为变化的过程。例如，认知发展学家通过对儿童数小时、数天或数周的密集研究，仔细地分析了他们的问题解决行为，尽可能详尽地了解了儿童的思考和策略使用是如何发展变化的[②]。

虽然微观设计提供了一种独特的机会让研究者去观察和记录发展中的实际变化过程，但该设计方法也有一定局限性。首先，对大量儿童进行如此细致的研究是非常困难的，费时费力；其次，微观研究需要对儿童进行反复观察，这可能会导致“练习效应”进而影响到研究结果；最后，为了引发儿童的某样行为，对其进行密集的实验刺激，这一过程可能会与真实生活中的发展有差异。

事实上，每一种研究设计都有其优势和局限性，也并不存在某一种研究儿童发展所谓最佳、最有效的设计方案，需要根据研究主题来确定最适宜的研究设计，并且研究设计的多样性无疑会增加研究结论的科学性与说服力。

三、研究学前儿童心理发展的常用方法

学前儿童发展研究的方法是在借鉴多学科方法的基础上形成的，具体研究方法包括观察法、调查法、实验法、个案研究法、测量法、人种志法和心理生理学方法等，以下主要介绍前四种较为常用的研究方法。

（一）观察法

观察法是研究学前儿童心理发展中最为常用的方法之一，它是指研究者通过感官或一定的仪器设备，有目的、有计划地观察儿童的心理和行为表现的方法。根据观察条件的不同，可将观察法划分为自然观察法和实验室观察法。自然观察法是指在日常生活环境中观察个体行为，通常是指在家庭、学校、幼儿园或游戏场所对儿童的行为进行观察并予以记录。实验室观察法是一种经过严密设计的观察方法，适合于研究在自然情景中很少发生或不被社会所允许的行为[③]，也称为结构观察。在一个结构观察研究中，可以设置一种能够引发这种行为的情境，让每个被试都处于这样的情境中，然后通过一个隐蔽的摄像机或单向玻璃来观察被试的行为[④]。

---

① David R. Shaffer，Katherine Kipp. 发展心理学[M]. 邹泓，等译. 北京：中国轻工业出版社，2011：28.

② David R. Shaffer，Katherine Kipp. 发展心理学[M]. 邹泓，等译. 北京：中国轻工业出版社，2011：29.

③ 秦金亮. 儿童发展概论[M]. 北京：高等教育出版社，2008：26.

④ David R. Shaffer，Katherine Kipp. 发展心理学[M]. 邹泓，等译. 北京：中国轻工业出版社，2011：13.

观察记录的方式也可分为两类：正式记录和非正式记录。正式的观察记录要求事先做好计划进行系统观察，并进行结构较为严密的记录，主要包括图表法（追踪、社交图形）、抽样法（时间抽样法、事件抽样法、快照法）、结构化叙事法和等级评定量表法；非正式的观察记录则有着非计划性、非系统性的特点，不要求有严密的结构，主要包括非结构化的叙事观察、日记记录、轶事记录等①。表 1-1 所示为时间抽样法与事件抽样法的比较。

表 1-1　时间抽样法与事件抽样法的比较

项　目	时间抽样法	事件抽样法
定义	针对那些开始和结束的时间不太明确，或延续很久，无法完整记录整个过程，只能截取一段时间来观察的事件	以事件发生始末为观察范围，从事件一开始就进行记录，直至结束，如吃饭、争吵、看电视等
所选的样本	发生在特定时间段内的特定行为	只观察事先选择好的特定事件
是否在现场记录	因其记录频繁而复杂，必须在现场记录	可以在现场记录，也可以回来后再整理
文字记录或符号记录	通常是在设计好的观察项目上，用符号做记录，也可以将编码表和叙述性描述结合起来	可以用文字记录，也可以用设计好的观察项目，以符号来做记录
量的统计或质的分析	大多以量的统计来了解行为发生的次数、类别、程度等	既可以用质的分析，深入解释事件的原因及过程，也可以用量的统计来了解行为发生的次数、类别、程度等

（资料来源：王烨芳．学前儿童行为观察与分析[M]．南京：江苏教育出版社，2012.）

（二）调查法

调查法是围绕某一主题，采用问卷、谈话等多种形式收集资料，并对所获得的资料进行定量、定性分析的一种研究方法②。调查法主要包括问卷法、访谈法等。

采用访谈或问卷技术的研究者向儿童或儿童的父母等询问一系列有关儿童的行为、情感、信念或思维方式等有特点的问题，然后把问题写在纸上，要求被试把答案也写在纸上，这种形式就是问卷法③。当然，目前也有很多研究者采用电子问卷的形式，即用电子邮件将问卷发放给相关被试或通过网络让被试在线填答。问卷法是一种在较短时间内收集大量被试数据资料的有效方法，但它只适合于书面语言表达能力达到一定程度的被试。但如果问卷设计不当，可能会导致被试做出不真实的回答；如果问卷的回收率过低，也会影响结论的可推论性。所提出的问题是问卷设计的关键，在设计问题时要考虑问题的类型是否合适、是否符合研究目的与假设、表述是否清晰明确等。

访谈法则是要求被试口头回答调查者提出的问题，可分为结构访谈和非结构访谈。结构访谈要求所有研究对象都必须依照一定次序来回答事先设计好的相同问题；非结构

① 王烨芳．学前儿童行为观察与分析[M]．南京：江苏教育出版社，2012：31-58.

② 李生兰．学前教育学[M]．上海：华东师范大学出版社，2006。

③ David R. Shaffer，Katherine Kipp．发展心理学[M]．邹泓，等译．北京：中国轻工业出版社，2011：10.

访谈则事先不制定标准程序或问题，以自由交谈为主。实际研究过程中，研究者较多采用的是介于结构访谈和非结构访谈之间的半结构访谈，即使访谈有一定的标准和程序，又赋予访谈过程必要的灵活性与自由度。访谈法的优点在于能有针对性地收集数据，研究有更大自由度，可追问或重复。其缺点则是不适用于年龄太小或不能清楚了解他人说话内容的儿童。同时访谈法不可能针对大样本进行，结果的可推广性差，访谈资料也难以量化。

（三）实验法

对学前儿童进行实验，就是通过控制和改变儿童的活动条件，以发现由此引起的心理现象的恒定变化，从而揭示特定条件与心理现象之间的联系①。常用的实验法主要有实验室实验法和自然实验法两种。

1. 实验室实验法

实验室实验法最主要的优点就是能严格控制条件，可以重复进行，可以通过特定的仪器设备探测一些不易观察到的情况，取得有价值的科学资料，如利用微电极技术研究新生儿对语音和其他声音刺激的辨别能力。但实验室实验法的不足之处在于，幼儿在实验室环境内往往产生不自然的心理状态，因此可能导致实验结果具有一定局限性。

2. 自然实验法

自然实验法的整体情境是自然的，但某种或某些条件是有目的、有计划地加以控制的，即在儿童的日常生活、游戏、学习和劳动等正常活动中，创设或改变某种条件来引起被研究儿童心理的变化。该方法的优点在于能够使儿童在实验过程中的心理状态比较自然，而研究者又可以控制儿童心理产生的条件；其缺点是由于强调在自然活动条件下进行实验，难免出现各种不易控制的因素。

（四）个案研究法

个案研究法是指对某一个体进行研究的方法。个案研究也会使用行为或神经心理学的测量、传记、自传或纪录片等方法。个案研究所提供的信息既实用又有深度，它可以追溯行为的来源，也可以检验治疗效果，还可以为进一步的研究指明方向。个案研究的另一个优点是灵活性：针对研究过程中出现的问题，研究者可以自由地选择解释的角度和方法②。当然，个案研究也存在局限性，如不能将某个个案研究发现的信息应用到其他个体身上；由于无法验证结论，个案研究也不能对行为做出确定的解释。

---

① 陈帼眉．学前心理学[M]．北京：人民教育出版社，2003：16.

② 黛安娜·帕帕拉，萨莉·奥尔兹，露丝·费尔德曼．发展心理学：从生命早期到青春期（上册）[M]．李西营，等译．10版．北京：人民邮电出版社，2013：55.

【幼儿园实例评析】

我要发火了

刚接这个班时，李老师就从托班老师那里了解到了豆豆的种种劣迹。从托班起，他就总是欺负比他小的孩子，不是推倒了宁宁，就是咬了小凡。一次，当李老师要求他改正缺点时，豆豆便用手做出一把枪的样子说："我要叫警察把你抓起来。"甚至摆出奥特曼的架势要杀死李老师。当李老师问起关于他的家庭时，他的心情顿时低落下来："豆豆的家就是婆婆的家，爸爸妈妈的家是弟弟的家。我是婆婆的孩子，弟弟是爸爸妈妈的孩子。"豆豆的表现让李老师既吃惊又难过。

李老师批评他不该欺负小孩子，问他："你这样做，对吗？""不对！"豆豆回答得倒是很干脆。"那你应该怎么做呢？"李老师继续问。"改！你们一天到晚就知道叫我改，要做好孩子，你们都烦死了！"豆豆突然大喊起来。

李老师呆住了，这孩子究竟是怎么了？豆豆就像疯了一样大声喊道："我要发火了！我改了很多缺点，爸爸妈妈喜欢我；弟弟不用改缺点，爸爸妈妈照样喜欢他，不公平！"李老师耐心地劝他："爸爸妈妈同样喜欢你。老师也非常喜欢你。"豆豆边哭边说："不对！要是我不听话不改缺点，你们就不喜欢我！"李老师轻轻地擦去他的眼泪，对他说："还有什么，你说给老师听吧。"豆豆哭了一会儿，终于平静下来……

李老师也从其他老师和家长那里了解到了一些情况：豆豆是一对双胞胎兄弟中的哥哥，他平时和外公外婆生活在一起，周末时，父母要么带着弟弟来看他，要么把他接回自己家。由于弟弟一直与父母生活，很受宠爱，而外公外婆虽然对豆豆疼爱有加，但缺乏基本的教养方法，态度较粗暴。虽然爸爸妈妈心中对两个孩子都是一视同仁的，但实际情况却令他们做不到这一点。内疚之余，只能通过买大量的食品、玩具来弥补对豆豆的爱的缺失。

了解到了这些，李老师的心中已经大概有了办法，那就是一定要和豆豆的家长好好沟通，改善豆豆的家庭教养方式，通过家园合作，共同让豆豆感受到爱和温暖，帮助豆豆改掉身上的坏习惯。

（资料来源：徐慧．幼儿教育心理实践活动案例[M]．北京：高等教育出版社，2009.）

案例评析

学前儿童的发展受到遗传、成熟、环境等多方面因素的影响。其中家庭环境的影响尤为深远而重要。豆豆爱欺负同伴，对老师蛮横无理，同时又满腹委屈……李老师的做法值得称赞。她并没有简单粗暴地一味批评和惩罚豆豆，而是用心去了解、分析，探究豆豆种种不良行为背后的真正根源。因为，在学前儿童心理发展的过程中，"头疼医头，脚疼医脚"的方法经常是行不通的。况且我们知道，儿童发展是受到多种因素制约和影响的。因此，从这个意义上来讲，很多看起来是孩子的问题，追根溯源，其原因却恰恰在孩子之外。

这个案例中的豆豆就是一个典型印证，豆豆内心的负面情绪，以及非正常教养方式引起的被冷落感和疏离感，都需要有一个发泄或抚慰的途径，而豆豆的发泄就是欺负小孩子。李老师的做法正是基于对学前儿童心理发展的科学认识，抓住了问题的症结所在。

【延伸阅读】

“鸡男孩”的重生

还记得在本章开篇故事中所提到的斐济“鸡男孩”吗？你一定想知道：这个“鸡男孩”现在还活着吗？如果他还健在，仍然还在像鸡一样的生活吗？他有没有可能在教养的影响下回到正常人的生活呢？答案马上揭晓！

在“鸡男孩”苏吉特二十几岁的时候，他有幸被一位名叫伊丽莎白的澳大利亚儿童心理学家收养。伊丽莎白把苏吉特带到她自己的家里，像对待自己的孩子一样照顾他、教养他，经过8年的努力，当苏吉特再次出现在人们的视野中时，已经不是那个只会蹲在地上啄食的“鸡男孩”了。他身上类似鸡的行为逐渐减少，能够主动与人接触，并试着发出人类的语音，努力用语言和其他人互动。他会经常和伊丽莎白一起在公园中漫步、运动，他的脸上也时常浮现出幸福的笑容……

尽管苏吉特的身上还残留着一些鸡的特征，比如他的手指仍像鸡爪那样弯曲着，见到食物或遇到危险时，他也还会本能地发出“咯咯”声。但无论如何，在伊丽莎白的精心照料和教育下，苏吉特已经脱胎换骨，不再是一个野孩子，不再是一个“鸡男孩”了。伊丽莎白使他重获新生！

【课程思政目标】

促进幼儿身心全面和谐发展是学前教育追求的目标，也是时代赋予我国学前教育的重大任务。为促进幼儿发展，保障幼儿身心健康，首先要了解其身心发展特点和一般规律。幼儿阶段是儿童各种素质结构发展的奠基阶段，是儿童健康心理开始形成的敏感期，该时期幼儿的心理发展对其今后的成长发挥着奠基性的重要作用，这一点已经成为人们的共识。通过本章的学习，既有助于掌握幼儿身心发展的特点、一般规律和影响因素，又能了解和尊重幼儿的个体差异，关心爱护幼儿的心理发展和身心健康，树立正确的儿童观，热爱学前儿童教育事业。对学前儿童心理发展的探索，也有助于培养教育工作者探索未知、追求真理的责任感和使命感，以及尊重科学的精神。

【复习要点】

◆ 你会解释吗？

学前期　学前儿童心理发展　追踪设计　序列设计　观察法　调查法　实验法

◆ 你能回答吗？

1. 儿童发展具有哪几个突出特点？
2. 儿童发展研究经历了哪几个主要阶段，其代表人物有哪些？
3. 影响学前儿童心理发展的因素是什么？
4. 研究学前儿童心理发展的一般过程是怎样的？
5. 研究学前儿童心理发展的常用方法包括哪几种？

第二章　学前儿童心理发展的遗传与生理基础

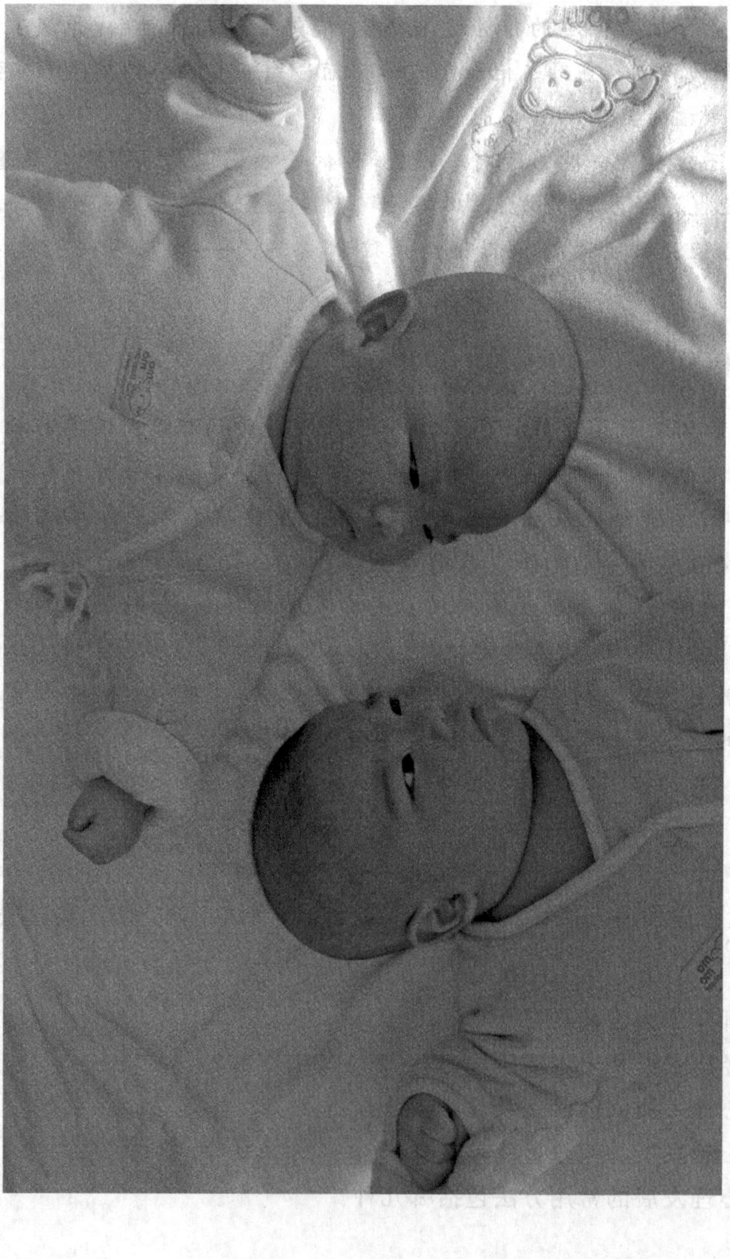

第 2 章　学前儿童心理发展的遗传与生理基础课件

学习导航

- 学前儿童的奇闻趣事：双胞胎吉姆兄弟的故事
- 第一节　遗传密码——儿童心理发展的遗传学基础
  - 一、学前儿童心理发展的遗传学基础
  - 二、遗传与环境的相互作用
- 第二节　神奇的大脑——大脑与神经系统的发展及其可塑性
  - 一、大脑结构及其机能发展
  - 二、神经系统的可塑性 —— 前沿发现：用舌头“看”世界的人
- 第三节　小松树快快长——学前儿童身体发育
  - 一、学前儿童身体发育的主要方面
  - 二、学前儿童身体发育的基本规律
  - 三、学前儿童身体发育的影响因素
- 幼儿园实例评析：长不高的彤彤
- 延伸阅读：“左撇子”和大脑偏侧优势
- 小组案例讨论：不爱喝水的鹏鹏

【学前儿童的奇闻趣事】

双胞胎吉姆兄弟的故事

1939年，双胞胎吉姆兄弟出生于俄亥俄州皮奎市，随后被两对夫妇分别领养，后来一个叫吉姆·斯普林格，另一个叫吉姆·路易斯，两边的养父母无意中给他们起了同样的名字。1978年，39岁的斯普林格与兄弟相见，他们在彼此身上找到了一连串的巧合与相同之处。两人都是身高1.8米，体重82公斤。年少时，他们都养过名叫“玩具”的狗，都随家人到佛罗里达州的圣皮特海滩度过假。长大后，他们都与名叫琳达的女人结过婚又离了婚，第二任妻子又都叫贝蒂。他们给儿子起的名字都是詹姆斯·艾伦（虽然拼写中有一个字母之差）。他们都当过业余警察，都喜欢在家里做木工活儿，都爱犯严重的头痛。虽然他们的发型不同——斯普林格额前有刘海，而路易斯梳了个大背头——微笑的表情却一样，都是把嘴咧向一边；他们说话的嗓音也完全分不出彼此。

明尼苏达大学的心理学家小托马斯·布沙尔听说两个吉姆的事，立刻把他们请进了

自己的实验室。他领着一帮人给两兄弟做了一系列测试，确证了他俩的相似之处。虽然这对双胞胎分别设计了各自的人生，却似乎仍走了同样的路。

“我记得他们刚来的时候，大家一起坐在桌边，”布沙尔说，“我见他俩手上的指甲都被咬到了根儿。我暗想，没有心理学家问过那对双胞胎，是不是连咬指甲的习惯都一样。可事实就在眼前明摆着。”

第一节 遗传密码——儿童心理发展的遗传学基础

一、学前儿童心理发展的遗传学基础

每一个物种都有一套把物种特征从上一代传给下一代的机制。这套机制可以通过遗传法则来解释。每个人也都有一套继承自父母的“遗传密码”，而且是确定无误的人类密码，因此，才会有“种瓜得瓜，种豆得豆”的说法。

（一）遗传的基础

每个人的生命都始于单细胞，单细胞包含了我们所有的遗传密码。在遗传密码的指导和组织下，单个细胞成长为亿万个细胞组成的个体，每个细胞中都含有原始密码的复制品。密码由基因来承载。

1. DNA 与基因

每一个人类细胞的细胞核里都含有染色体。染色体是由脱氧核糖核酸(Deoxyribonud eic acid，DNA)组成的线状结构体。DNA 是一个螺旋状梯子形状的具有双螺旋结构的复杂分子，它包含着遗传信息。基因是遗传信息的基本单位，是 DNA 分子具有遗传效应的片段。基因指导着细胞自我复制并合成蛋白质；蛋白质进而作为细胞的组成成分调整和引导身体的发育过程[①]。这些蛋白质是形成人类机体各种特征的生物基础。图 2-1 展示了细胞、染色体、基因和 DNA 的关系。

每个基因都有其自身的功能，在特定染色体上都有自己固定的位置。1985 年，美国科学家率先提出了人类基因组计划，旨在阐明人类基因组 30 亿个碱基对的序列，发现所有人类基因并搞清其在染色体上的位置，破译人类全部遗传信息。美国、英国、法国、德国、日本和中国 6 国先后参加人类基因组对 23 对染色体 DNA 大规模测序的国际合作，最终绘制了一张类似化学元素周期表的人类基因组精确图谱。2001 年 2 月 12 日，六国

① 约翰·W. 桑特洛克．儿童发展[M]．桑标，等译．11 版．上海：上海人民出版社，2009：67.

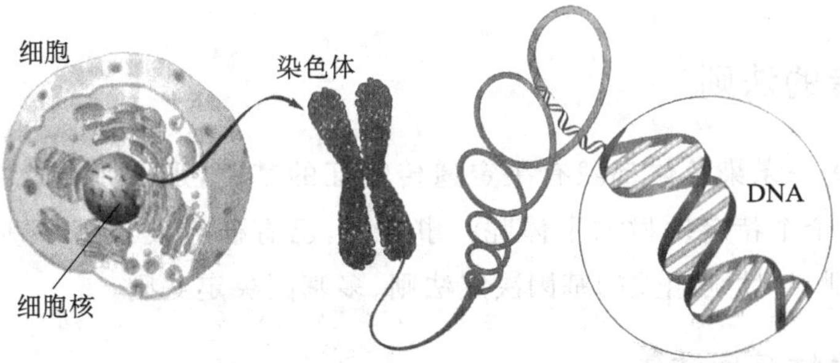

图 2-1　细胞、染色体、基因和 DNA

注：图左，细胞和细胞核；图中，染色体和基因位于细胞核中，染色体由 DNA 分子组成的线状结构体构成；图右，基因是包含有遗传密码的 DNA 片段，DNA 的结构是呈螺旋状排列的两列分子链。

（图片来源：约翰·W. 桑特洛克．儿童发展[M]. 桑标，等译．11 版．上海：上海人民出版社，2009.）

的科学家共同参与的国际人类基因组公布了人类基因组图谱及初步分析结果。这个被誉为生命科学"登月计划"的研究项目取得了重大进展，为人类揭开自身奥秘奠定了坚实的基础①。国际人类基因组测序协作组织（IHGSC）最新分析得出的最出人意料的结果是人类基因组含有 2 万～2.5 万个蛋白编码基因。

2. 染色体

基因是如何努力地让自己从上一代传到下一代，并最终进入身体的亿万细胞中的呢？有丝分裂、减数分裂和受孕这三个过程有助于回答上述问题。

（1）有丝分裂

人类体内的所有细胞（除去精子和卵子）都有 23 对 46 条染色体。染色体都是成对出现，这是因为每一对染色体都是包括从父亲和母亲那里各自继承的一条染色体。这些细胞通过有丝分裂的过程来复制。在有丝分裂中，细胞核（包括染色体）进行自我复制，然后进行细胞分裂，形成两个新细胞，每个新细胞中都包含与母细胞相同的 DNA，以相同的 23 对染色体进行排列。

（2）减数分裂

减数分裂是生物细胞中染色体数目减半的分裂方式。在减数分裂过程中，精子或卵子分裂时，染色体只能复制一次，细胞连续分裂两次，这样形成四个细胞，每个细胞中都仅有母细胞中一半的遗传物质。因此，到减数分裂结束时，每个卵子或精子都有 23 对未配对的染色体。

（3）受孕

受孕是由一个卵子和一个精子结合形成一个单独的细胞，即受精卵。在受精卵里，来自卵子和精子的未经交配的染色体结合成为一组配对的染色体，配对的两条染色体中一条来自母亲的卵子，一条来自父亲的精子。通过这种方式，父母亲各自贡献给后代一

① 约翰·W. 桑特洛克．儿童发展[M]. 11 版．桑标，等译．上海：上海人民出版社，2000:83.

半的遗传物质。

（二）遗传的法则

已经知道，每一条染色体都载有决定遗传特征的基因，那么是什么决定了基因型的表达而创造出一个个特定外显的个体呢？事实上，已有研究发现了一些遗传法则，即显性-隐性基因法则、与性别相关的基因决定法则、多基因决定法则。

1. 显性-隐性基因法则

在某些情况下，一对基因中总有一个能发挥它的影响作用，这是显性基因，它压制着另一个称为隐性基因的潜在作用。如果从父母那里同时继承了某种遗传特性的隐性基因，那么后代就会表现出这种遗传特性。如果仅从父母中的一方继承这种基因，那么就不会知道后代携带着这种基因。在显性-隐性基因世界里，棕发、远视、酒窝基因是显性基因，而金发、近视和雀斑则是隐性基因。

2. 与性别相关的基因决定法则

X染色体遗传是指由X染色体携带的变异基因遗传。大多数变异基因是隐性的。男性只有一条X染色体。当X染色体发生了变异，男性没有作为备份的复制染色体，因此他很可能就携带了与X染色体相关的疾病。而女性则拥有很可能没有发生变异的第二条X染色体，结果女性患有X染色体的遗传疾病的机会就要比男性少。因而，患有X染色体相关疾病的大多为男性，一条X染色体发生了变异而没有表现出遗传疾病的女性称为“携带者”。

3. 多基因决定法则

遗传的传递过程实际上总是比我们能够想象到的要复杂得多。几乎没有哪一个心理特征是由单一基因或基因对作用的结果，大多数都是由多种不同基因交互作用而产生的结果，这样的遗传法则称为多因素决定。当许多基因交互作用影响一个特征时，就发生了多因素遗传。人类大约有2万～2.5万个基因，因此可能存在的基因组合是数不胜数的。

二、遗传与环境的相互作用

（一）遗传对儿童心理发展的影响

就像在第一章所提到的那样，遗传因素是儿童心理发展的基础，在个体身上体现遗传素质，主要包括机体的构造、形态、感官和神经系统的特征等通过基因传递的生物特性，其中最主要的是大脑和神经系统的解剖特点。遗传素质是心理发展的生理基础和自然条件。人类的许多行为是由遗传构造、生理成熟和神经功能所支配的。

（二）遗传与环境的关系

遗传在很大程度上决定着个体心理和行为的发展潜质，但发展的结果却是遗传-环境互动的结果。行为遗传学家桑德拉·斯卡尔（Sandra Scarr）提出了遗传-环境的三种关系，如表2-1所示。

表2-1　遗传-环境的关系

遗传-环境的关系	特　征	举　例
被动关系	儿童从父母处继承了遗传倾向，父母也提供了与他们自身遗传倾向相匹配的环境	有音乐天赋的父母通常会生出有音乐天赋的孩子，也会为孩子提供丰富的音乐环境
唤起式关系	儿童的遗传倾向引发了支持这种特性的环境刺激，这样，基因唤起了环境的支持	乐观、外向的儿童会引起别人的微笑和友好反馈
主动关系	儿童主动在能反映自身兴趣和天赋的环境中寻找自身的“位置”，这样就与他们的遗传类型相吻合	如果儿童在读书、体育或者音乐等方面有天赋，那么图书馆、运动场和乐器店就会成为这些儿童孜孜以求的环境

（资料来源：约翰·W. 桑特洛克．儿童发展[M]．桑标，等译．11版．上海：上海人民出版社，2009.）

1. 被动的遗传-环境关系

当与儿童有遗传关系的亲生父母为儿童提供一个养育环境的时候，被动的遗传-环境关系就产生了。例如，父母可能先天就比较聪明，爱好读书并且善于阅读。这样，他们也更可能给自己的孩子提供阅读的书籍并且陪伴孩子读书。最终，孩子由于遗传了阅读的天赋并且处于有书可读的环境中，也变成了一位爱好阅读的孩子。

2. 唤起式的遗传-环境关系

当儿童的特征或行为引起某种类型的环境时，唤起式的遗传-环境关系产生了。比如，积极的、面带笑容的儿童比消极的、面无表情的儿童会得到更多的社会刺激和反馈；善于合作、注意力集中的儿童比不善于合作、注意力分散的儿童更容易得到成人更多愉快的、指导性的反馈。

3. 主动的遗传-环境关系

当儿童找到与自己相容、充满刺激的环境时，主动的遗传-环境关系就产生了。在这种关系中，儿童找到了适合自己能力的环境。在这种环境中，儿童对周围环境主动、有所选择地做出反应，或学习或忽略。他们对环境的主动选择与其特定的遗传类型有关。比如，外向的儿童倾向于选择与人互动的社会环境，而内向的儿童则不是。有音乐天赋的儿童愿意参加音乐活动，以便尽情发挥自己的才能。

（三）遗传与环境交互作用的结论

遗传与环境共同作用形成一个人的智力水平、气质类型、身高、体重、运动、语言、社会交往等方面的能力。同时，遗传和环境的作用不能简单地以加法来计算，也就是说，不能说百分之多少的遗传因素和百分之多少的环境因素造就了每一个人，也不能说基因的作用只是在出生以前发生，之后就只是携带着这些遗传物质来到世界上。在人的一生中，根据环境的贫瘠或富有，基因会在许多不同环境条件下产生蛋白质，或者有时也不会产生蛋白质。

实际上，真正的发展是在复杂的环境中发生的，这样的环境包括生物学因素（如病毒、难产、细胞的生物学变化）和教育环境（父母的养育、家庭的变化、学校教育和社区环境）。遗传和环境的相互作用很广泛，两者相互作用影响发展的具体方式仍然有待进一步研究。

第二节　神奇的大脑——大脑与神经系统的发展及其可塑性

一、大脑结构及其机能发展

（一）大脑的结构

人类的大脑是所有器官中最复杂的部分，并且是所有神经系统的中枢。虽然它看起来是一整块，但实际上却复杂得多。人脑可分为脑核、脑缘系统和大脑皮质三部分，如图 2-2 所示。

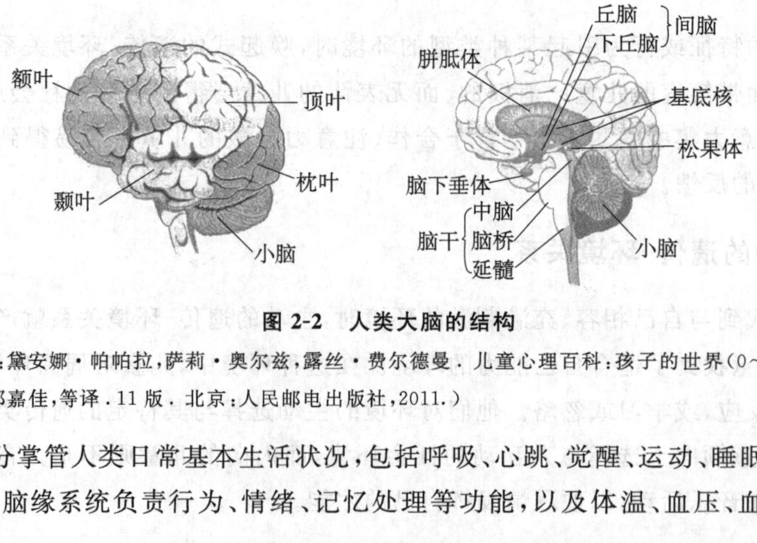

图 2-2　人类大脑的结构

（图片来源：黛安娜·帕帕拉，萨莉·奥尔兹，露丝·费尔德曼．儿童心理百科：孩子的世界（0～3 岁）[M]．陈福美，郭素然，郝嘉佳，等译．11 版．北京：人民邮电出版社，2011.）

脑核部分掌管人类日常基本生活状况，包括呼吸、心跳、觉醒、运动、睡眠、平衡、早期感知系统等；脑缘系统负责行为、情绪、记忆处理等功能，以及体温、血压、血糖等其他日常活动等；大脑皮质负责人脑较高级的认知和情绪功能，它分为左脑和右脑两部分，每部分又由额叶、顶叶、枕叶、颞叶组成。

构成大脑皮质的四个脑叶的主要组成细胞是脑神经元。胎儿在母亲体内成长期间，脑神经元会不断增加，平均每分钟增加 250 000 个脑神经元，到了出生时，可达近 100 亿个脑神经元。在大脑皮质生长的过程中，适当的听觉、体觉、视觉的刺激有助于脑部胶原神经细胞的发展，这也就是通常所说的 0～3 岁的早期教育。0～3 岁是人脑部发展最重要的阶段，在这个阶段，大脑正在构建整个脑神经网络的基础，基础越完备，后续学习就越会事半功倍。

（二）大脑与神经系统的发育

大脑是心理的器官；心理是大脑的机能，是大脑对客观事物与现实的主观反映。因此，个体大脑的结构和机能的发展，直接影响到个体心理的发展。[①]

1. 形成低级神经系统

胚胎形成的第四周，神经系统就开始形成。胎儿首先发展起来的是神经系统的低级部位。第 8 周，胚胎的大脑皮层就可以分辨出来；第 26 周，胎儿的大脑皮层已呈现六层结构。大脑皮层的细胞主要是在怀孕后的第 15～18 周形成。到出生后 6 个月甚至更长时间，脑细胞就停止增殖，但脑细胞的发育仍在继续进行。图 2-3 所示为胎儿的大脑发育过程。

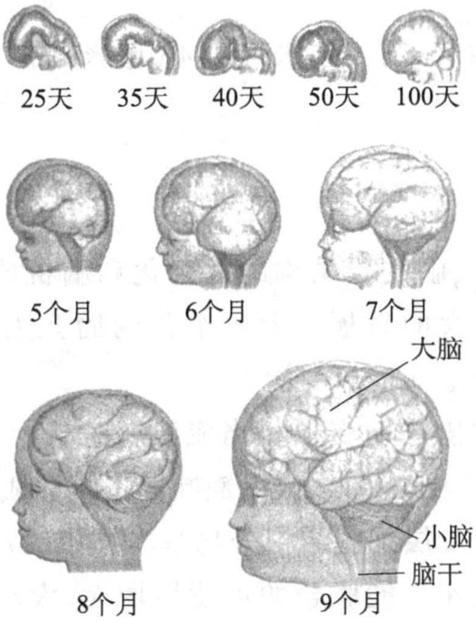

图 2-3　胎儿的大脑发育过程

（图片来源：黛安娜·帕帕拉，萨莉·奥尔兹，露丝·费尔德曼．发展心理学：从生命早期到青春期（上册）[M]．李西营，等译．10 版．北京：人民邮电出版社，2013：149.）

① 王振宇．儿童心理学[M]．南京：江苏教育出版社，2000：25.

2. 脑重

人的大脑平均重量约为 1400 克，新生儿脑重约 350 克，约占成人脑重的 25%；出生第一年脑重增长速度最快，第一年末达到 50%；2.5～3 岁时脑重增加到约 900 克，大约是成人脑重的 75%。5 岁时，达到成人的 90%。12 岁即基本达到成人脑重的平均重量 1400 克。脑重量增加的速度是先快后慢的。12 岁以后仍有少量增加，但速度较慢，直到 20 岁才停止增长。① 如图 2-4 所示为人类大脑重量增长曲线。

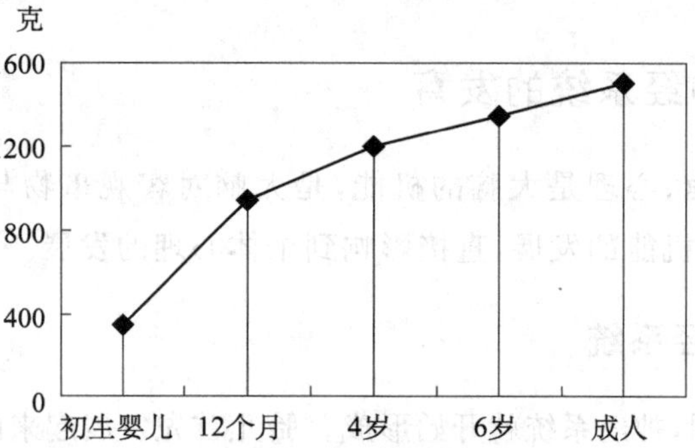

图 2-4　人类大脑重量增长曲线

（图片来源：http://baby.sina.com.cn/yyedu_4/.）

3. 颅骨的生长

新生儿头围平均为 34 厘米，第一年末可达 46 厘米；第二年末可达 48 厘米；10 岁左右可达 52 厘米。

4. 大脑皮层结构

大脑的发育主要表现为大脑皮层结构的复杂化和脑机能的完善化。大脑两半球皮层表面在出生前后已有相当大的发展。七八个月的胎儿大脑两半球表面占成人脑的 10%～11%，新生儿则占 42%。

到了 7 岁时，大脑两半球皮层已变得相当成熟。此时，儿童皮层区表面的大小占相应于成人皮层区表面大小的 80%～90%。除额叶区还不够成熟外，儿童皮层区细胞结构的发育也达到了成人的水平，皮层细胞结构分化基本结束。从 7 岁到 11 岁期间，神经细胞突起的分支继续增大，神经元机能联合的可能性增大，大脑两半球皮层的机能开始完善。约到 12 岁，额叶区神经元之间的联系以及这一皮层区与其他皮层区之间的联系已经成熟，这标志着大脑结构在形态机能上的成熟过程已基本结束，但大脑结构机能活动的确定类型约到 16 岁时才形成。

---

① 秦金亮．儿童发展概论[M]．北京：高等教育出版社，2008：49.

（三）大脑与神经系统机能的发展

随着神经系统结构的发展，它的机能也能得到发展。新生儿的神经活动，主要在皮层下部位进行。他们利用先天遗传的无条件发射来适应环境。这些基本反射包括食物反射和防御反射等。此外，新生儿还具有一些特有的反射能力，如抓握反射、巴宾斯基反射、惊跳反射、游泳反射等，其作用还不太清楚，可能与人类进化过程中的某些机能有关。

新生儿不仅出现无条件反射，而且也能在一定的条件下形成条件反射。在有关的研究中观察到的第一个条件反射活动，是婴儿被抱成通常的哺乳姿势时，呈现出寻找、张嘴、吸吮等一系列食物性反应。虽然关于这一反应出现的具体时间到底是第几天并不很一致，但是研究表明，实验所产生的第一个条件反射的类型是一致的，都是由触觉-平衡觉的复合物刺激而引起的。但是也并不是所有的新生儿都能相当早地形成条件反射，这表明新生儿的大脑机能还不够完善。确切地说，新生儿是无条件反射占优势，条件反射开始最初出现。随着大脑皮层机能的发展和环境的影响，婴儿的条件反射逐渐复杂化。这种复杂化不仅表现在条件反射的性质（如形成速度、持续时间等）上，还表现在复合刺激物的成分上。最初形成条件反射的复合刺激物是触觉-平衡觉成分，以后逐渐加入视觉成分，再接着加入听觉成分。最后，大约在 5 个月大小，一切感觉系统的刺激都能组成复合的刺激物，引起条件反射。

大脑皮层机能的发展，不仅表现在兴奋过程中，还表现在抑制过程中。新生儿的大部分时间处于生理性睡眠之中，这是一种保护性抑制。在生命的最初半年中，大脑皮层相继开始形成各种内抑制。有实验表明，分化抑制大约在第 1 个月的后期形成，消退抑制在 3 个月到 3 个半月，延缓抑制在 3 个半月到 4 个半月左右形成。

在儿童条件反射的过程中，有一个重要的刺激物逐渐占据主导地位，那就是词语。巴甫洛夫把人的词语称为第二信号，相对于第一信号是现实的具体信号来讲，第二信号是现实的抽象信号，它是现实的概括化，是第一信号的信号。对第一信号发生反应的皮层机能系统叫作第一信号系统，对第二信号发生反应的皮层机能系统叫作第二信号系统。第二信号系统是在婴儿的个体发展过程中逐渐形成的。从出生后的下半年开始，婴儿的第二信号系统开始活动。它能将第一信号系统的声音刺激与实际事物联系起来，逐渐获得词语信号。以后，随着儿童活动的丰富和扩大，词语条件联系也日益增加。词语一旦作为一个独立的条件刺激物参与儿童的高级神经活动，便开始了儿童心理发展的崭新阶段。

二、神经系统的可塑性

（一）神经系统可塑性的表现

神经系统的可塑性表现为三个不同的层次：大脑结构的功能重组、细胞层次的神经可塑性以及神经可塑性的基因与分了机制。

1. 大脑结构的功能重组

大脑的结构和功能在发育的过程中逐渐成形，但是大脑具有重组这些功能组织的潜力，并能在经验的塑造下改变其结构。例如，手指的灵巧性有助于小提琴演奏者的技巧发挥，并得到正向加强——如增加音乐练习的频率。而这些经验不但可以再造肌肉和肌腱等外部器官，同时也能改变大脑控制手指运动的结构，使手指的灵巧性进一步提高。再比如，人类大脑的躯体感觉皮层与全身的各个部分分别相连。身体各部分在脑区的投射面积并不是与身体各部分的实际大小成正比，而是取决于它们在机能方面的重要程度。

2. 细胞层次的神经可塑性

细胞层次的神经可塑性主要体现在突触可塑性，包括突触在形态上和功能上的修饰。此外，大脑新神经元在不断地形成。①

(1) 突触形态上的修饰

神经元超过 95%的兴奋性突触在树突和棘上。在发育期间树突和棘生长迅速，在成年时树突和棘仍表现有相当的可塑性。通常，通过染色以后，根据树突长度和棘密度可以大致估算出突触的数量。研究发现，丰富的环境刺激，可以影响大鼠的脑大小、皮层厚度、神经元大小、树突分支、棘密度、单个神经元上突触数、胶质细胞数和神经元形态等许多参数。

(2) 突触功能上的修饰

Hebb 指出，神经细胞之间的联系会因持续的刺激而增强，这一假设因突触传递的长时程增强(Long Term Potentiation，LTP)现象的发现而得到证实。1973 年，Bliss 第一次发现用强直刺激后，继后刺激可在海马结构引起刺激反应的易化现象，并可持续 10 小时以上，这一现象称为突触传递的长时程增强，即 LTP 现象。研究发现，这种突触功能的可塑性变化与学习记忆密切相关。

(3)新神经元的生成

有研究证据显示，哺乳动物包括灵长目动物的大脑，能够为嗅球、海马结构甚至额叶皮层和颞叶皮层产生出新的神经细胞。推测这一过程是为了增加大脑的神经可塑性，特别是涉及学习和记忆的功能。受伤大脑的神经细胞生成速率显著加快，有助于皮层的更新和功能的恢复。

【前沿发现】

用舌头“看”世界的人

埃里克在 13 岁时双目失明，然而 30 年后，他竟然和朋友一起攀登上了犹他州令人

① 秦金亮．儿童发展概论[M]．北京：高等教育出版社，2008：53.

敬畏的恺撒顿岩。是一项独特的新技术和人类大脑的可塑性助了他一臂之力。埃里克佩戴了一种视觉模拟装置，在他佩戴的太阳镜上有一架摄影机，摄影机将采集到的图像信号传向挂在埃里克臀部的计算机，计算机把图像转化成一个低分辨率的图片，这些粗略的图像通过一个舌部显示器被传递给埃里克身体上最敏感的部分——舌头。舌部显示器的表面布满了数百个微小的电子刺激器，如果摄影机看到一个清晰的轮廓，刺激器的对应部分则会不停地刺激埃里克的舌头，并最终形成图像，传递给埃里克的大脑。大脑为埃里克勾勒出周围的空间景象。在失明30年后，埃里克大脑的视觉部分及其视觉想象力开始重新运转和发挥作用，并且现在，他的舌头代替了他的双眼，帮助埃里克观察周围的世界。

（资料来源：http://www.56.com/u21/v_ODA4ODg2NTk.html.）

3. 神经可塑性的基因与分子机制

神经可塑性的本质还可以追溯到调控学习记忆的分子及相关基因的表达。著名发展认知神经科学家Johnson指出，脑发育并不仅仅是一个展开基因图谱的过程，也并非只是一种对外界输入的被动反应，而是在分子、细胞和器官水平上的一种活动依赖性过程。基因、脑和行为之间存在着交互的影响。

（二）神经可塑性与早期经验的相互作用

1. 神经突触的发展变化与心理发展关键期

婴儿出生时，突触连接数目相当于成人的1/10；幼儿3岁时，突触连接的数量大致是成人的2倍；到了14岁，儿童的突触连接数量与成人大致相当，这一现象被称为神经突触的倒U形变化。儿童在发育过程中拥有的突触连接数量为什么会超过最终所需要的数量，之后又逐渐下降呢？研究者推测，在早期，一方面由于基因调控神经发育；另一方面由于幼儿每次新的体验都会导致脑内突触连接数量的增加，使得突触密度显著增大。但突触之间也存在竞争，当经验越来越丰富时，神经网络就会通过突触筛选，用最优化的方式来建立适合于该功能的高效通路。其中，经验在突触修剪过程中扮演了非常重要的角色。比如，从小接受音乐训练的儿童，由于音乐信息不断刺激，许多突触形成并对其进行传导和加工。在不断练习的经验后，能够高效处理这些信息的突触连接就会加强，那些低效的突触通常就会被淘汰。突触修剪的过程有利于提高大脑信息加工的效率①。

2. 神经可塑性与丰富环境刺激

最新的神经发育理论都非常强调脑发育的活动依赖性，认为大脑发育并不是一个完

① 秦金亮．儿童发展概论[M]．北京：高等教育出版社，2008：54-56.

全由基因控制的预订性过程，而是一个动态的、不断受外界输入（信息）影响的过程。在大脑发育和行为发展之间，存在着一种双向的交互作用。在出生前后，大脑神经网络根据电信号的输入而不断地进行重构。出生前大脑网络中的输入主要是来自内部的自发活动；而在出生之后，随着幼儿各种感觉习惯的成熟，外界环境刺激的输入对大脑网络构建所起的作用逐渐增强。

丰富环境的刺激和丰富的经验可以促进神经突触形成，有利于大脑与行为的双向建构。因此，为儿童创设一个充满生机、丰富多彩的生活环境，让他们的活动经验、大脑结构和认知能力不断地发展，这是早期教育的迫切任务。儿童需要感受多姿多彩的外界环境，包括各种颜色、气味和声音的刺激。食物、玩具、音乐和家务活动是早期育儿的刺激方式。随着年龄的增长，唱儿歌、讲故事、做游戏和观察自然等活动有助于丰富幼儿的生活情境，使其大脑认知能力得到充分发展。游戏有利于发展儿童的知觉辨别能力、交流能力、精细动作和大动作的控制能力，以及想象力等。体育活动则有助于促进大脑机能的平衡发展，有利于发散思维、直觉思维和逆向思维的开发，并具有开发创造性思维能力的功能①。

第三节　小松树快快长——学前儿童身体发育

一、学前儿童身体发育的主要方面

生长是整个身体各个器官及全身在大小、长短和重量上的增加与变化，这种变化是机体在量的方面的变化，可以用度量衡测量出来，比如手脚变大、四肢变长、体重增加等。发育是指构成机体的细胞、组织、器官与系统在结构与功能上的成熟与完善，是机体在质的方面的变化，比如，扁桃体作为人体最大的淋巴结，在4～10岁时达到发育高峰。身体的生长发育是儿童心理发展的物质基础和前提，良好的身体素质为人的一生发展奠定了基础和方向。

（一）身高体重的变化

儿童身高的生长发育最为明显的就是使整个身体状况都发生了变化。身高和体重是儿童身体生长发育的重要标志，它们标志着内部器官如呼吸系统、消化系统、排泄系统及骨骼系统的发育状况。

根据教育部2012年最新发布的《3～6岁儿童学习与发展指南》相关标准，3～6岁学

① 秦金亮．儿童发展概论[M]．北京：高等教育出版社，2008：54-56.

前儿童身高和体重的参考值如表 2-2 所示。

表 2-2　3～6 岁学前儿童身高和体重参考标准

年龄	3～4 岁	4～5 岁	5～6 岁
男孩	身高:94.9～111.7 厘米 体重:12.7～21.2 公斤	身高:100.7～119.2 厘米 体重:14.1～24.2 公斤	身高:106.1～125.8 厘米 体重:15.9～27.1 公斤
女孩	身高:94.1～111.3 厘米 体重:12.3～21.5 公斤	身高:99.9～118.9 厘米 体重:13.7～24.9 公斤	身高:104.9～125.4 厘米 体重:15.3～27.8 公斤

（资料来源:教育部网站 . http://www. moe. edu. cn/publicfiles/business/htmlfiles/moe/s3327/201210.）

（二）骨骼肌肉的生长发育

骨骼系统在出生后就一直迅速地生长发育,骨龄是身体发育成熟程度的一个最重要指标。2～6 岁之间,大约有 45 个新骨骺出现在骨骼的不同部位。出生之初,女孩的骨龄比男孩的超前,随着年龄的增大,随着青春期的快速生长,女孩的骨龄较男孩发育平均提前 2 年。

幼儿肌肉组织的发育是很明显的。在幼儿的体重增长中,75%是源自于肌肉发育的结果。4 岁幼儿肌肉发育的速度甚至赶得上整个身体生长的速度。3 岁时,幼儿身体的大肌肉群比小肌肉群发达,因此幼儿喜欢整天不停地活动。幼儿的小肌肉群在 5～6 岁时才开始发育,所以他们能够从事一些精细的动作活动,如写字、手工制作等,从而进一步促进小肌肉群的发育。

（三）身体各系统的发育

儿童从出生到 20 岁,身体各器官组织系统的发育速度是不同的,因此表现为不同的发展曲线,如图 2-5 所示。

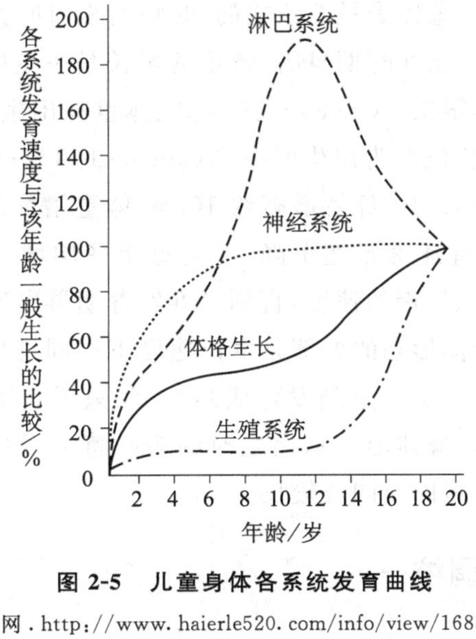

图 2-5　儿童身体各系统发育曲线

（图片来源:儿童安全健康网 . http://www. haierle520. com/info/view/1683. html.）

在图 2-5 中,体格生长代表身高、体重、骨骼肌肉的发展趋势。它有两个生长加速期:婴儿期和青春期。在生殖系统曲线中,整个童年时期生殖系统的发育速度都很慢,几乎没什么发展;进入青春期,生殖系统加速发展。淋巴系统的发育曲线从婴儿期到整个童年期,以惊人的速率增长,到青少年期陡然下降,这是由于淋巴系统有助于儿童在各系统发育不成熟的情况下增强机体对疾病的抵抗力,而随着儿童各系统发育的逐渐成熟和对疾病的抵抗力的增强,淋巴系统逐渐退缩。最后,神经系统发育曲线说明,神经系统尤其是大脑在整个生命的前几年,发展速率都是领先的,其成长曲线都高于其他曲线所代表的有机体各个器官、系统的发展速率。

二、学前儿童身体发育的基本规律

(一)程序性与阶段性

生长发育是连续的,按照一定程序且不可跨越的发展变化过程。整体来说,婴幼儿身体发育的程序是由上而下,由中心至末梢。头部最先发育,然后是躯干、上肢,最后才是下肢。比如,婴儿的动作发展程序是抬头、转头、翻身、直坐、站立、行走,这充分体现了生长发育的程序性。同时,生长发育又有一定的阶段性,每一个阶段都具有一定的特点。同样是以婴儿动作发展为例,3 个月左右会抬头,8 个月左右会爬,1 岁左右开始站立行走,这体现了生长发育的阶段性。每个阶段具有独特的特点,同时前后阶段还会相互影响。

(二)速度呈波浪式

婴幼儿生长发育的速度整体是呈波浪式的,时快时慢;同时从身体形态来看,身体各部分的生长速度也不相同。胎儿时期身高、体重的增长是一生中最快的阶段。婴幼儿时期,头两年的身体增长仍然很快。0～1 岁,是身高、体重在出生后增长最快的一年,这一年身高增长 20～25cm,增长值约为出生时身高(50cm)的 1/2;体重增加 6～7kg,约为出生时体重(3kg)的 2 倍。1～2 岁,身体增高约 10cm,体重增加约 2.5～3.5kg,速度也是较快的。2 岁以后,生长发育速度迅速下降,身高每年平均增加 4～5cm;体重每年增加 1.5～2kg,并保持相对平稳、较慢的速度,直到青春发育期再出现第二次发育高峰。

在生长发育过程中,身体形态的各部分生长速度不相同,因此,身体各部分的增长幅度也不同。具体而言,一个人从出生到发育成熟,头颅只增长了 1 倍,躯干增长 2 倍,上肢增长 3 倍,下肢增长 4 倍,身体形态从出生时的头颅特大、躯干较长、双腿短小发育到成人时的头颅较小、躯干较短以及四肢较长。

(三)不平衡但协调统一

婴幼儿各器官系统的发育呈现不平衡的特点,婴幼儿的肌肉、骨骼、心脏、呼吸器官和消化器官的发育速度与身高、体重相一致；而在身体各系统中，神经系统尤其是大脑最先发育，出生时脑重约350g，相当于成人脑重的25%；6岁时脑重已达到成人的90%。淋巴系统在出生后发育很迅速，以增强婴幼儿的机体免疫功能；而生殖系统到儿童末期才加快发育。

婴幼儿各器官系统的发育虽然不均衡，但却是统一协调的，各系统间相互影响，相互制约，构成统一的整体。例如，适度锻炼不仅能够促进运动系统的发育，而且也能够促进呼吸系统和神经系统的发育，而神经系统的发育则可以更好地协调运动系统的活动。

（四）具有个体差异

虽然生长发育有一定的普遍性规律可遵循，但因受到遗传、营养、疾病、药物、教育等内外环境的影响，婴幼儿在身体形态与机体功能等方面都可能存在个体差异。不过，每个婴幼儿生长发育所经历的过程是比较稳定的。

三、学前儿童身体发育的影响因素

婴幼儿的生长发育是内在的先天遗传与外在的后天环境中各种因素相互作用的过程与结果。先天遗传决定生长发育的可能性，而后天环境则影响生长发育的现实性。

（一）内在因素

1. 遗传

染色体上的基因是决定生物体性状遗传的物质基础，是影响机体生长发育的内在因素。父母的遗传基因会影响子女的种族特点、身高、体型以及面部特征。

2. 性别

一般男孩的身高要比女孩高，体重要比女孩重，青春期发育则是男孩晚于女孩。

3. 内分泌

脑垂体、甲状腺、肾上腺等内分泌器官及激素也都会影响人体的生长发育。大脑发育不全或内分泌器官发育异常会严重影响婴幼儿的生长发育。比如，内分泌器官功能紊乱会导致激素分泌量的异常，从而抑制或者加速机体的生长发育。

（二）外在因素

1. 营养

营养是生长发育的物质基础，足够的热量、优质的蛋白质、各种维生素、矿物质以及微量元素等都是生长发育所必需的。营养丰富且平衡的膳食能促进生长发育，而营养缺乏或不合理的膳食则影响生长发育，且易导致疾病。长期营养不良，不仅会影响骨骼生长，而且可能对大脑发育造成永久性的影响。

2. 体育锻炼

体育锻炼是促进幼儿生长发育和增强体质的重要因素。适宜的体育锻炼可以促进机体的新陈代谢、骨骼和肌肉的发育，增强骨骼强度和肌肉力量；可以增强呼吸系统、消化系统和循环系统的功能，特别是利用日光、空气、水等自然因素进行锻炼，可增强幼儿的适应力与抵抗力，并有助于培养勇敢、坚强、不怕困难的个性品质。

3. 疾病

疾病对婴幼儿生长发育有着直接的影响。其影响程度取决于病变涉及的部位、病程的长短与疾病的严重程度。疾病会干扰正常的能量代谢，增加对各种营养物质的消耗，有些疾病还能严重影响器官的功能。例如，婴幼儿腹泻，不仅影响营养物质的吸收，而且会消耗体内原有物质，长期腹泻可导致机体营养不良，体重减轻；而患佝偻病的婴幼儿则抵抗力低下，更易患消化不良、感冒等疾病，严重的甚至会引起骨骼发育障碍。

4. 生活制度

科学、合理的生活制度有助于幼儿形成良好的生活习惯，获得适宜的户外、游戏、学习活动和睡眠时间，以及摄入丰富的营养。科学、合理的生活制度能够使婴幼儿身体各部分的活动与休息得到适宜的交替，消除疲劳，保证机体的正常代谢，从而促进婴幼儿生长发育。

5. 其他因素

良好的生活环境有益于婴幼儿的身心健康，并能使他们保持愉悦、积极的生活状态。经济贫困、文化落后、疾病流行、家庭问题等社会与生活环境会严重影响婴幼儿的身心健康。此外，季节、气候、环境污染、药物等因素也会影响婴幼儿的生长发育。比如，春季身高增长最快，秋季体重增长最快；炎热的夏季则有体重减轻的可能；大量摄入铅、汞等会影响智力发育，大气污染则易引发呼吸系统疾病。

【幼儿园实例评析】

长不高的彤彤

新学期，龚老师新接了一个班。第一次进班，龚老师就注意到了彤彤。彤彤 4 岁多了，可是从个头上看，也就像个 3 岁的孩子，和同班的小朋友相比，彤彤明显矮上半头，整个人看上去瘦瘦小小的。时间长了，龚老师发现彤彤不吃菠菜、不吃胡萝卜、不吃木耳……非常挑食，而且还特别爱把大拇指放进嘴里吸吮，户外活动时彤彤也不怎么积极。

在龚老师的建议下，妈妈带彤彤专门做了一次微量元素的化验，一切正常。龚老师心里有了数，一定要帮助他改掉这些不好的习惯！

就先从克服挑食开始吧。彤彤是个男孩子，又喜欢看“大力水手”的动画片，龚老师就提醒他：“彤彤，你是不是也特别想像大力水手那么有劲儿啊？那你知道大力水手强壮的秘诀吗？”彤彤摇摇头。“他最爱吃什么呀？”彤彤想了想，小声说：“菠菜。”

“对了！老师还知道一个秘密。”“什么秘密？”彤彤睁大了眼睛。

“大力水手以前也很瘦，个子也不高，一开始也不爱吃菠菜；可是后来他听说菠菜有营养、长身体，就试着吃，吃着吃着反而越来越爱吃了，身体也长得棒棒的了。”龚老师绘声绘色地讲给彤彤。

彤彤将信将疑，趁这个时机，龚老师用彤彤的筷子夹起两片菠菜送到彤彤嘴边，“来，今天彤彤也尝试一下，以后也长大个儿好不好？”这次彤彤没有抵抗，一下子就吃了进去。

过了两天，户外活动的时候，龚老师又带着彤彤特意到饲养区观察小白兔。小白兔是彤彤最喜欢的小动物了，借着这个机会，龚老师又引导彤彤：“胡萝卜有好多营养，关键是，你看，小白兔就最爱吃胡萝卜，吃完了胡萝卜小白兔长得又健康又可爱！彤彤吃了一定也更加健康、人见人爱，是不是呀？”

经过一个学期的引导，彤彤挑食的坏习惯改善多了，小脸儿和身上也都长肉了。家长也特别高兴，连连称赞“还是老师有办法!”。

案例评析

学前儿童的身体发育是心理发展的重要基础，它受多方面因素的影响，营养和良好的生活习惯等都非常重要。挑食和“电视控”是现代社会儿童成长中的突出问题。案例中的彤彤就是这样，已经明显延缓了他的正常身体发育。一定要引起父母和老师的关注。一方面根据幼儿认知发展的具体形象性、拟人性的特点，利用他们喜欢的动画人物、小动物等生动地加以展示和引导；另一方面还要做好家园配合，多让幼儿进行户外活动，少看电视和计算机，多一些同伴和成人的陪伴。

【延伸阅读】

“左撇子”和大脑偏侧优势

生活中我们常说的“左撇子”实际上和本章中大脑功能定位有着密切联系。较强的手偏利反映着大脑某一侧具有更强的优势。惯用右手的人占90%，对他们而言，语言和手控制都定位在左半球。对于10%的“左撇子”而言，语言更多的则是为大脑两个半球所共享。很多“左撇子”可以左右开弓，也就是说尽管他们喜欢用左手，但有时候也可以非常熟练地动用他们的右手。

“左撇子”是遗传的吗？研究者在这一问题上还未达成一致。但有一些研究表明，双胞胎比普通兄弟姐妹更易于表现出相反的手偏利。另外，手偏利也和胎儿在妈妈子宫中所处的位置相关联。绝大多数胎儿的躺卧方式——朝向左边——有可能增进其身体右侧对体位的控制。

另一种看法是,实践和文化对偏手倾向的影响也很大。比如,在坦桑尼亚、非洲等地,孩子如果过多地使用左手,就会受到惩罚。坦桑尼亚人中的"左撇子"所占比例还不足该国人口的1%。

手偏利在五六个月的时候就能显现出来,直到2岁才稳定下来。"左撇子"儿童不平常的偏侧优势很可能会具有一定的优势。惯用左手的儿童和双手均用的儿童比那些惯用右手的同龄人更容易发展出出众的表达才能和数学才能。

(资料来源:劳拉·E.贝克.儿童发展[M].吴颖,等译.5版.南京:凤凰出版传媒集团,江苏教育出版社,2002.)

【课程思政目标】

随着社会的发展,人们的物质文化生活日益丰富,对下一代的培养与教育问题逐渐成为社会所关注的焦点。在学前儿童的成长过程中,先天与后天的各种因素对儿童心理发展产生着重要影响。其中,遗传与生理成熟为个体身心发展提供了前提条件和物质基础。我们提倡适龄婚育、优生优育,就是希望能提供给幼儿相对较好的遗传素质,从而为今后的发展打下良好基础。学前期是幼儿身体发育和机能发展极为迅速的时期,在此阶段,幼儿身心发育尚未成熟,成人应遵循幼儿身心发展规律,增强幼儿体质,提升健康水平,精心呵护和照顾幼儿。与此同时,环境为个体身心发展提供了可能性,通过先天与后天环境对幼儿身心发展影响之争的探讨,有助于认识到后天成长环境中关键因素的重要性,为成为有扎实学识的教育工作者做好知识上的储备。

【复习要点】

◆ 你会解释吗?

遗传　DNA　基因　神经可塑性　身体发展规律

◆ 你能回答吗?

1. 你认为遗传对儿童心理发展的影响大不大?有什么影响?

2. 在学前儿童心理发展过程中,遗传和环境这两方面,哪一个影响更大?为什么?请谈一谈你的观点。

3. 神经可塑性在细胞层次上体现在哪些方面?

4. 通过学习,你了解到都有哪些因素会影响学前儿童的身体发育?

第三章 学前儿童动作与感知觉发展

第 3 章 学前儿童动作与感知觉发展课件

学习导航

- 学前儿童的奇闻趣事：四岁听力“超男”
- 第一节　宝贝动起来——学前儿童动作发展
  - 一、什么是动作技能
  - 二、学前儿童动作发展的一般规律
  - 三、学前儿童大动作与精细动作的发展
    - 前沿发现：爬行在儿童认知发展中的作用
    - 有趣的现象：重复做动作
    - 讨论与分享：幼儿总爱来“帮忙”
- 第二节　打开心灵的门户——学前儿童感知觉发展
  - 一、学前儿童感觉的发展
  - 二、学前儿童知觉的发展
    - 经典实验：感觉剥夺实验
    - 有趣的现象：孩子为何爱抓东西放嘴里
    - 经典实验：婴儿知觉实验
    - 经典实验：视觉悬崖实验
    - 讨论与分享：昨天、今天和明天
- 幼儿园实例评析：请你像我这样做
- 延伸阅读：什么是“感觉结合失调”
- 小组案例讨论：老师，您看我画得棒不棒

【学前儿童的奇闻趣事】

四岁听力“超男”

四岁男孩毕家瑞是瓦房店交流岛人，在当地小有名气，这一切皆因他超常的听力。当有人按动手机或固定电话的拨号按键后，他能靠听力准确地说出号码。因为这个“特异功能”，小家瑞还上了中央电视台《想挑战吗》栏目。

毕家瑞妈妈陈女士回忆，2009 年的一天，当时只有 4 岁的毕家瑞正在床下玩耍，而当她坐在床上给家瑞爸打电话并拨完一串完整的手机号码之后，小家瑞竟然能一个不差地听出手机号码。陈女士并没有立刻相信儿子，随即她又将手机背对着儿子并按动了一串电话号码，结果，小家瑞又听出来了！

发现孩子的“神奇本领”后，毕家瑞父母带着小家瑞前往中央电视台参加节目，节目组选取了 5 部电话，并让 5 个人每人按动 6 个键，并宣布“听错一个就算挑战失败”，结果，毕家瑞一口气准确地说出了 30 个号码，现场一片爆棚。

陈女士向《IT 时报》记者表示，如今毕家瑞已经 8 岁，读小学了，而且他的听力一如既往地超凡，除了可以听出电话号码外，钢琴的每个琴键他都能“听出来”。“看键不看谱，看谱不看键。”陈女士说，“现在儿子主修钢琴，并表现出过人天赋，今年已经连续夺得了辽宁省和全国比赛的第一名了，希望今后他能在音乐方面有所造诣。”

家瑞的爸妈还描述了这孩子的很多奇特之处，他从 3 岁才学会讲话，对发动机、电话的声音格外敏感，有人怀疑家瑞耳朵的构造有特殊之处。家瑞爸妈希望解开儿子听力超常之谜。

2008 年 9 月 25 日，这个小神童在父母的陪同下来到大连医科大学附属第二医院，医院耳鼻喉科的孙秀珍主任为小家瑞做了耳声发射、电测听等多项检查，她发现家瑞的外耳、中耳都没有任何异常，构造与常人无异，并非是特异功能。只是在音色辨认上十分出色、非常敏感，就好像音乐专业的人能辨认出钢琴弹奏的不同音符一样。医生认为，这也与先天遗传因素有关，小家瑞可能继承了父母最优良的基因，今后，他可能在音乐方面有非凡发展。

（资料来源：王俊．四岁男孩可听手机拨号声说出号码[N]．新商报，2009-8-11.）

第一节 宝贝动起来——学前儿童动作发展

动作是人类最重要的一种基本能力，也是个体进行实践活动不可缺少的重要工具①。早期儿童与环境的相互作用，是通过动作来完成的。婴儿各种运动、动作的发展是其活动发展的直接前提。在发展早期，个体的动作相当贫乏，需要较多的时间去习得人类特有的各种适应性动作，并不断提高动作与外界联系的有效性，从而更好地适应环境。因此，动作也是儿童心理发展的外在表现，可视为个体早期的外显智力②。

一、什么是动作技能

动作技能又称“运动技能”，指人体运动中掌握和有效地完成专门动作的一种能力。运动技能是人类一种习得的能力，是人类有意识、有目的地利用身体动作去完成一项任务的能力。婴儿在 1 周岁之前，已在肌肉协调初步成熟的基础上开始发展动作技能。伍尔福克（A. E. Woolfolk）等把运动技能定义为“完成动作所需要的一系列身体运动（Movements）的知识和进行那些运动的能力”。加涅认为，“运动技能是协调运动的能力”，“运动技能实际上有两个成分：一是描述如何进行运动的规则；二是因练习与反馈而

① 林崇德．发展心理学[M]．北京：人民教育出版社，1995：150-156.

② 董奇，陶沙，曾琦，J. 凯帕斯．论动作在个体发展早期心理发展中的作用[J]．北京师范大学学报（哲学社会版），1997(4)：48-55.

逐渐变得精确和连贯的实际肌肉运动”①。

哈罗（A. J. Harrow）在《“教育目标分类学”第三分册：动作技能领域》一书中对动作技能的构成成分做了分析，认为动作技能一般包括三个方面的成分：动作或动作组、知觉能力与体能。

动作或动作组是完成运动技能的基础。就其难易程度而言，动作又可以分为反射动作、基本—基础动作和技巧动作。反射动作是最简单的单元动作，基本—基础动作是由一系列的反射动作组成的，跑、跳、滚、抓等动作都是基本—基础动作。技巧动作又是由一系列的基本—基础动作组合而成的。

知觉能力也是完成动作技能任务必需的、重要的条件。知觉的部分缺失往往会造成不能完成某些动作技能。知觉能力包括动觉、听觉、视觉、触觉辨别的能力，其中手眼协调、手脚协调、身体平衡对完成任务有重要意义。某些专业或行业的技巧动作有特殊的知觉要求，如对飞行员的距离知觉能力和注意分配能力有很高要求。知觉的另一个重要作用是发现并有效地利用反应所需的线索。知觉测验往往作为专业运动技能测验的一项重要内容。

体能主要包括耐力、力量、韧性、敏捷性等。体能是运动技能的重要组成部分，是完成动作技能的前提和保障。每一动作任务的完成都需要相应体能的支持，离开体能，动作任务就不可能高质量地完成，就会大打折扣。例如，有的孩子虽然已经掌握了拍球的动作要领，也能完成基本动作，但如果耐力、力量、敏捷性差，拍球的动作就会变形，就难以高质量地完成拍球的动作任务。

二、学前儿童动作发展的一般规律

学前儿童动作发展有先后顺序吗？学前儿童动作发展遵循怎样的规律呢？我们先来看看学前儿童动作发展的一般顺序与规律。

（一）首尾规律

首尾规律是指动作发展遵循由头部到尾端，由上肢到下肢的顺序。婴幼儿动作的发展，先从上部动作然后到下部动作。婴儿最先出现眼和嘴的动作，然后是手的动作，上肢的动作又早于下肢的动作；婴儿先学会抬头，然后俯撑、翻身、坐和爬、最后学会站和行走。也就是离头部最近的动作先发展，靠足部近的动作后发展。这种趋势也表现在一些动作本身的发展上，例如：婴儿学爬行，先是学会借助于手臂匍匐爬行，然后才逐渐运用大腿、膝盖和手进行手膝爬行，最后才是手足爬行，这就是首尾规律。

（二）近远规律

近远规律是指由身体中心向四肢远端发展动作技能的规律。婴儿动作的发展先从

① 张大均．教育心理学[M]．北京：人民教育出版社，1999．

头部和躯干的动作开始，然后发展双臂和腿部的动作，最后是手部的精细动作。也就是靠近中央部分（头颈、躯干）的动作先发展，然后才发展边缘部分（臂、手、腿、足等）的动作。例如，婴儿看见物体时，先是移肩肘，用整个手臂去接触物体，以后才学会用腕和手指去接触并抓取物体。这种从身体的中央部位到身体边远部位的发展规律，就是近远规律。图 3-1 所示为人类身体和运动发展的直线倾向。

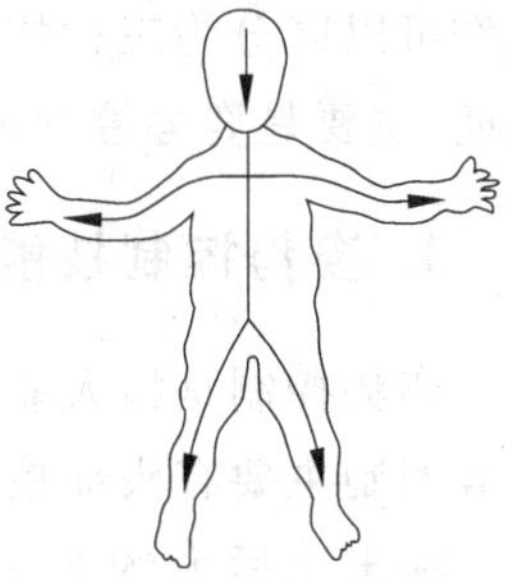

图 3-1　人类身体和运动发展的直线倾向

（三）大小规律

大小规律是指先发展大肌肉粗大动作，再发展小肌肉精细动作。婴儿动作的发展，先是从活动幅度较大的粗大动作开始，而后才学会比较精细的动作，也就是从大肌肉动作到小肌肉动作。所谓大肌肉动作是指抬头、坐、翻身、爬、走、跑、跳、平衡、踢等，即大肌肉群所组成的动作。大肌肉动作常伴随强有力的大肌肉伸缩、全身运动神经的活动，以及肌肉活动的能量消耗；小肌肉动作如吃饭、穿衣、画画、剪纸、玩积木、翻书、穿珠等。从四肢动作而言，婴儿先学会臂与腿的动作，以后才逐渐掌握手和脚的动作，通常是先用整个手臂去够物体，然后才会用手指去抓。这种动作发展规律称为大小规律。

（四）无有规律

无有规律指动作发展由无意识的活动发展出有意义的探索行为。儿童动作发展的方向是越来越多地受心理、意识支配，动作发展的规律也服从于儿童心理发展的规律——从无意向有意发展的趋势。例如，三四个月大的婴儿无意地抚摸着被褥，或无意抓到身边的玩具等，由于抚摸、抓握的动作不断重复，婴儿逐渐意识到同一个动作总是会引起同一结果，从而形成关于事物关系的感觉，大概到第 5 个月后，有意识的行为越来越多。

（五）泛化集中规律

泛化集中规律是指婴儿出生后的动作发展从泛化的全身性动作向集中的专门化动作发展。婴儿最初的动作是全身性的泛化动作；这种动作是笼统的、弥散性的、无规律的。例如，满月前的婴儿，在受到痛刺激以后，会边哭闹边全身活动；而后，婴儿的动作逐渐分化，向局部化、准确化和专门化的方向前进。这就是从整体到局部发展的泛化集中规律。

三、学前儿童大动作与精细动作的发展

（一）学前儿童大动作发展

大动作指涉及全身大肌肉的动作如翻身、坐立、爬行、走、跑、跳、钻、投、抛、攀等。大

动作可以区分为三种技能：姿势控制技能、位移技能和物体操作技能。在学前儿童的发展期，主要是姿势控制技能和位移技能的发展，物体操作技能在幼儿中后期开始发展。

1. 姿势控制技能的发展

姿势控制是指人能保持身体平衡，并在环境中维持一个特定的身体方位。婴儿期的姿势控制主要有头部控制（抬头、转头）、翻滚、坐立和站立。

在出生后大约 2～3 周时，在俯卧位时，婴儿能将头抬离支撑面并将头转向旁边。2～3 月时，不仅能抬起头，而且能使胸部抬离支撑面；3 个月时，婴儿能够自主将头竖立，因此可以竖立搂抱婴儿了；4～5 月时，能双臂支撑在支撑面以托起头部和胸部；6 个月以后能够仰卧位把头抬离支撑面。

在出生后的约 3 个月时，婴儿能够由侧卧位翻滚为仰卧位；4 个月时能够从仰卧位翻滚为侧卧位，成熟的随意翻滚动作模式大约在 7 个月时出现。

5 个月左右，婴儿能够首次尝试独立坐，但驼背并前倾；6 个月时婴儿就能够稳定地独立坐着了，到了七八个月时婴儿就能够独立从俯卧位撑起竖直坐立了。

双脚站立是人类生命中最重要的发展里程碑，它大约出现在十个半月，但缺乏支持时只能站立几秒钟。

2. 位移技能的发展

位移技能包括爬行、行走、跑步和跳跃。

(1) 爬行。爬行是在俯卧状态下手臂和腿交互动作达到位移的一种技能。成熟的爬行是手膝交替成对角线爬行，但婴儿刚开始爬行时是腹地爬行，即胸腹着地、手伸向前方拖动身体前进，腿脚几乎不起作用。腹部着地爬行一般出现在出生后的 7～8 个月，大约 9 个月时，婴儿会用手膝爬行了，头颈抬起，胸腹部离开地面，即用手和膝盖爬行，最后发展为两臂和两腿均伸直，用手和脚爬行。

【前沿发现】

爬行在儿童认知发展中的作用

陶沙、董奇等对爬行经验在婴儿迂回行为和客体永久性方面的作用进行了深入研究。迂回行为是指个体在面临空间障碍，不能直接达到目的的情况下，换用间接途径达成既定目的。绕过障碍物取得物体就是一种典型的迂回行为。他们将 8～11 个月的婴儿分为会爬和不会爬的两组，完成同一项测查任务：将婴儿感兴趣的玩具放置在透明有机玻璃下的中心区域，婴儿能从透明的盒子顶面看到玩具，但不能从盒子顶面直接够到玩具，而想要够取玩具就必须采取迂回行为，从正对着他但不能直接看到的开口够取盖在盒子下的小玩具。实验结果表明，会爬的婴儿在迂回任务中表现得比不会爬的婴儿更出色。研究者认为，爬行动作的获得与婴儿迂回行为的发展可能有功能上的联系，即爬行通过向婴儿提供大量的相关经验，从而促进婴儿迂回行为的发展。

客体永久性是指主体对客体存在与否的认识不依赖于直接感知，而形成了有关客体存在的稳定内部认识。作为婴儿认知与情绪发展的基础，客体永久性是婴儿期心理发展的重要成就之一。在一项研究中，研究者对比了不会爬、不会爬但使用学步车、手膝爬的3组8.5个月的婴儿客体永久性发展水平。发现不会爬但使用学步车的婴儿和手膝爬行婴儿的发展水平高于不会爬的婴儿，其中尤以爬行经验在9周以上的婴儿表现最佳。这一研究结果说明，爬行等运动经验与客体永久性水平的关系不仅仅来自成熟对两者的制约。爬行等运动经验对婴儿客体永久性的发展具有明显促进作用。对爬行动作滞后到13个月才出现的婴儿进行研究，结果表明，没有一定运动经验，即1岁内婴儿的表现并不一定随其年龄增长而提高。从这些研究我们可以看出爬行经验对儿童认知发展确有重要作用。婴儿通过爬行获得了自由移动的能力，并获得大量经验信息，这些信息促进了感知觉的发展，从而提高了儿童的认知能力。Siegel等的研究发现婴儿助行器弊大于利。这是因为婴儿助行器减少了儿童爬行的机会，也就减少了儿童本应获得的经验，从而影响了认知能力的发展。可以说，儿童通过爬行获得了运动经验，促进了感知觉的发展，影响了认知能力的发展。

（资料来源：李红，何磊．儿童早期的动作发展对认知发展的作用[J]．心理科学进展，2003，11(3).）

(2) 行走。行走动作的发展一般开始于出生后的11个月左右，到3岁时才能真正地协调行走，而行走的成熟模式到7岁以后才能完全表现。

独立行走之前婴儿总是扶着家具或父母的手练习行走，这个阶段常被称为“扶物行走”，在正常发展的婴儿中，这个动作出现在9～15个月期间。

1～2岁是典型的蹒跚学步期，儿童行进时身体僵硬、不平稳，为了保持身体平衡，有明显的左右摇晃动作；步子很小、腿抬得很高；着地时前腿膝关节弯曲、脚尖先着地；躯体前倾、手臂弯曲且处于腰以上部位，手臂紧张。

2岁以后，行进时身体平稳、较少有肌肉紧张现象；“高抬腿”现象消失、出现从脚跟到脚尖的着地动作；手臂放在身体两侧但依然有左右摇摆现象。

3岁以后，成熟的行走动作模式的要素都已经出现，腿部动作连贯，每步只有轻微颠簸；在脚跟到脚尖的着地过程中，身体重心移动自如，但身体重心移动时胯部有轻微扭动；同手同脚现象消失，但手臂与腿脚同步动作的协调性还不够流畅、灵活性和平衡性还有待发展。

到7岁时，幼儿的行走动作达到了成人的水平，步长保持一致、两腿的间距小、脚尖着地现象很少出现，行走有节奏而流畅，灵活性、平衡性已经达到较高水平，行走过程中遇到障碍物也很少跌跤和摔倒。

(3) 跑步和跳跃。跑步和跳跃是位移技能的高级形式。跑步动作的发展从产生到获得成熟的奔跑模式可以分为四个阶段，第一阶段大约在2～3岁，儿童跑步采用小步伐并且把大腿抬得很高，同时扬着手和架着肩以保持身体平衡，是一种高位保护跑，也称为快速的摇摆走。腾空极小、全脚掌着地，脚趾外展、摆动腿外展，手臂的摆动对跑步没有助力作用。3～4 岁的大多数儿童跑步处于第二阶段，属于中位保护跑。腾空时间增加，经常出现全脚掌着地，步幅加大，膝关节折叠至少呈 90°角，大腿有侧摆导致摆动腿的脚越过身体中线置于身体后侧；手臂摆动的方向与同侧髋部和腿的方向相反；身体直立，腿接近完全伸展。跑步过程中稳定性差，容易摔倒。进入第三阶段，儿童在 4～6 岁，跑动时手臂落在身体两侧成低位保护，伴随着腿的动作前后摆动，肘关节在前摆时弯曲，后摆时伸展，开始发挥跑步中的助力作用；腾空时间继续增加，步幅增大、步频减少，腾空时支撑腿伸展、脚跟或前脚掌着地；跑动时身体前倾，还不能完全实现从脚跟到脚趾的着地和身体从正直向水平前倾的转变。第四个阶段，跑步具有成熟模式的所有特征，手臂屈臂、有力而协调地摆动，从脚跟过渡到脚尖着地或者脚前掌着地，跑动时身体侧前倾。研究确认 60%的男孩在 4 岁时就能达到第四阶段跑的水平，60%的女孩在 5 岁时达到第四阶段跑的水平①。

跳跃作为一种位移技能，形式较多，包括双脚纵跳和立定跳远、跨步和单脚跳以及连续前滑跳和侧滑步等。现在以立定跳远为例说明儿童跳跃技能的发展。立定跳远属于典型的跳跃技能，包括起跳、腾空和落地三个步骤，整个动作过程中不仅需要力量而且要协调好身体的各个部位以及掌握平衡，因此难度较大。儿童 2 岁时出现跳的动作，但 3 岁后动作还不够协调；4 岁以后，上下肢的配合逐渐协调，落地时能缓冲；5、6 岁后幼儿可以掌握各种跳跃动作的技能，动作的灵活性、协调性有了很大提高。

3. 物体操作技能的发展

物体操作技能是操作或者控制诸如球、棒等物体的动作技能，它是粗大动作和精细动作相整合，以粗大动作为基本要素的一类动作技能。它包括投掷、接球、踢球、拍球、滚球和挥击等。现以投掷为例说明学前儿童粗大操作技能的发展。

投掷动作是一项复杂的粗大动作技能，投掷时不仅需要身体不同部位相互协调用力，将肌肉收缩产生的力量传递作用于投掷物，而且要手眼协调将物体投中目标。投掷动作虽然具有相对固定的发展阶段，但男女达到成熟动作模式的年龄具有较大差异。樊江波等对 3～11 岁儿童投掷沙包动作的发展进行了研究，结果表明，3～11 岁儿童在投掷沙包动作的发展中性别差异大，投掷沙包的各肢体动作在 3 岁阶段都达到了“成熟中期”阶段。在 50%以上的统计结果中，根据每个动作模式数据显示，3～11 岁投掷沙包动作的发展分为以下三个阶段。

(1) 第一阶段：3 岁

原地直臂持沙包于体侧，正向投掷方向，上肢经前向上弧形上举置身体或脑后，展肩；投掷时，身体成块状转动，上肢以肩关节为轴形成鞭打动作(低于 50%)，脚跟提起，但没有迈步；投后，上肢于身体同侧，脚跟自然回落。

(2) 第二阶段：4～5 岁

原地直臂持沙包于体侧，上肢经前向上弧形上举置身体或脑后，侧向投掷方向(低于

① Greg Payne，耿培新，梁国立．人类动作发展概论[M]．北京：人民教育出版社，2008：9.

50%)，展肩；投掷时，身体成块状转动，上肢以肩关节为轴形成鞭打动作，脚跟提起，异侧脚向前迈一大步(低于50%)；投后，上肢于身体同侧，脚跟自然回落。

(3) 第三阶段：6～11岁

直臂持沙包于体侧，走向投掷线时(一年级原地)，上肢经前向上弧形上举置身体或脑后；侧向投掷方向，展肩；投掷时，身体成块状转动，上肢以肩关节为轴形成鞭打动作，脚跟提起，异侧脚向前迈一大步；投后，上肢于身体异侧，蹬地脚自然跟进。①

教育部2012年最新发布的《3～6岁儿童学习与发展指南》中有关学前儿童动作发展的第一项目标即"具有一定的平衡能力，动作协调、灵敏"。学前儿童具体动作发展目标如表3-1所示。

表3-1　学前儿童具体动作发展目标

3～4岁	4～5岁	5～6岁
1. 能沿地面直线或在较窄的低矮物体上走一段距离 2. 能双脚灵活交替上下楼梯 3. 能身体平稳地双脚连续向前跳 4. 分散跑时能躲避他人的碰撞 5. 能双手向上抛球	1. 能在较窄的低矮物体上平稳地走一段距离 2. 能以匍匐、膝盖悬空等多种方式钻爬 3. 能助跑跨越一定距离，或助跑跨过一定高度的物体 4. 能与他人玩追逐、躲闪跑的游戏 5. 能连续自抛自接球	1. 能在斜坡、荡桥和有一定间隔的物体上较平稳地行走 2. 能以手脚并用的方式安全地爬攀登架、网等 3. 能连续跳绳 4. 能躲避他人滚过来的球或扔过来的沙包 5. 能连续拍球

(资料来源：教育部网站．http://www.moe.edu.cn/publicfiles/business/htmlfiles/moe/s3327/201210.)

(二) 学前儿童精细动作发展

精细动作通常指与手有关的动作行为，儿童发展早期最典型的精细动作是伸手够物(其动作技能的核心是手眼协调)和抓握物体。幼儿期精细动作发展的核心是双手配合操作物体，表现在使用工具，书写、绘画和生活自理等方面。

1. 婴儿期的精细动作发展

抓握动作是在新生儿抓握反射的基础上发展起来的。大约3个月时，儿童在抓握反射的基础上产生了不随意的抚摸动作，这是一种自发动作，具有刻板性和盲目性。大约到5个月左右，婴儿产生了自主随意的抓握动作，但此时的抓握还是"满手抓"，即拇指与其余四指还不能对握。一般6个月时就能对握物体了，到了9个月时，婴儿则能根据视觉信息调整动作，做到食指与拇指相对的钳捏式抓握小物体，手部抓握动作具备了成熟模式的基本要素。

伸手够物动作又叫手眼协调，是婴儿期动作发展的里程碑。对于婴儿来讲，想要获得物体，抓握物体只是任务的一部分，另一部分是能够让手接触到物体，这就是伸够动

① 樊江波，任爱君，刘惠芳．3～11岁儿童投掷沙包动作发展研究[J]．中国学校体育，2010(12)：42-44.

作。它的动作核心是眼部视觉指挥手部动作并能跟随物体。

伸够动作的发展一般经历三个阶段，即前伸够阶段、成功伸够阶段和熟练伸够阶段。儿童在新生儿时期就有了挥舞手臂的自发动作，满月以后逐渐出现了由视觉信息引发的向前伸够动作。这些动作很快，轨迹成抛物线，动作很快但不能成功地接近目标物，也没有任何抓握动作，即手要么是张开的，要么是握紧成拳头状。3～4月时，前伸够动作逐渐消失，开始表现出"成功触及物体"的动作。在这个阶段，婴儿能够拿到放在附近的物体，但伸够动作还不流畅，动作轨迹成锯齿状；同时伸够动作和抓握动作还不能整合，表现为手臂先运动，接近物体时才张开手指抓握物体。婴儿成长到9个月以后，进入熟练伸够阶段，能够流畅并准确地拿到物体，伸手和抓握动作协调一致成为一组完整动作。至此两个动作组合为一个动作模块。一岁以后，儿童能够熟练地捡起视野内的物体并成功地送进嘴里。

双手协调动作是在婴儿的对称动作逐步消失后才出现的，年龄大约在1岁左右。婴儿在真正的双手协调之前，任何动作都往往是双臂或双手对称的。不对称的双手协调，如把物体从一个手有目的地传递到另一个手；双手合作，如一手按住瓶子，一手去掉瓶盖的动作，一般要到1岁左右才开始出现。

1～2岁这一年是儿童上述三项技能从基本掌握到熟练的过程，2岁以后，随着行走技能的熟练，儿童不仅能够自由、随意行走，同时开始使用工具独立进餐、手握画笔涂鸦和生活自理。

【有趣的现象】

重复做动作

随着手的抓握动作的发展，婴幼儿摆弄物体的动作越来越频繁，这个阶段，孩子会喜欢拿着物体做重复的动作。比如，他把拿在手上的玩具扔到地上，要成人帮他捡，捡起来给他，又扔掉，反复如此，大人常为此生气。又如一个9个月的孩子会一个一个把积木从积木桶上方的小孔里塞进去，塞完了打开盖子把积木全部倒出来，再一个一个塞进去，连续反复四五次，可以摆弄半个小时。而另一个孩子把小柜子的门关上又打开，可以反复十几次。一个1周岁的孩子会把眼镜架在鼻子上，取下来，又架上去，反复摆弄。如图3-2所示。

图 3-2　戴眼镜

2. 幼儿期的精细动作发展

使用餐具是儿童使用工具的基本表现，也是精细动作技能的基本表现形式。儿童在六七个月时，成人常常使用勺子给儿童喂食，9个月以后，在具备了伸手够物的动作技能后他们就开始尝试够取并抓握勺子，1～1.5岁后，大多数儿童使用手掌式动作抓握勺子

图 3-3　儿童以手掌式动作抓握勺子吃饭

自己吃饭，但需要成人的帮助才能完成吃饭动作，如图 3-3 所示。2～3 岁是儿童从手掌式抓握发展到指间抓握勺子进餐的过程。3 岁以后儿童就能像成人那样拇指、食指和中指三指合作抓握勺子从而独立完成吃饭动作了，但动作的稳定性、灵巧性、双手的协调性还有待提高。

使用筷子吃饭也是幼儿的一项精细动作练习。由于筷子的使用是一只手五指合作抓握两根筷子，对手指的灵活性要求较高。正确的筷子抓握需要五指中至少四指合作，拇指及其虎口、食指、中指和无名指（小指往往并在无名指下方增加力量）合作固定一根筷子，拇指、食指和中指呈三脚架式捏一根筷子上下或者左右活动，与固定筷一起夹取食物；手握在筷子的上三分之一部位处。一般在 3 岁以后会正确抓握勺子或者画笔后才能学习抓握筷子吃饭。正确地使用筷子是整个儿童期的动作发展任务。林磊等人的研究发现 4～5 岁是儿童掌握握持筷子动作模式最快的时期，大约 5 岁时大多数儿童基本能够使用筷子进餐了，但适宜的动作模式要素还不完备，动作的有效性、精确性和稳定性还有待提高①。

绘画技能是儿童精细动作技能的重要表现形式，只要儿童能应用拇指、食指和中指（或者其他两指）成三脚架式握笔就能从事绘画活动了。从动作的角度研究绘画技能的发展，研究者一般将其分为四个阶段。第一阶段是乱涂期，能画出类似于圆形和重复的直线，手眼协调但不能随意控制画笔，如图 3-4 所示。第二阶段是组合期，能画出简单的几何图形如螺旋线、圆、正方形、长方形、三角形和这些图形的组合，能根据目的控制画笔和协调双手。第三阶段是整合期，能把简单图形组合成复杂图形，画笔运动的稳定性、协调性水平提高，但灵巧性不足。第四阶段是绘画期，能使用画笔画出自己想画的各种线条和图形，能画出房屋、人物和动物等形象，动作的稳定性、协调性和灵巧性均有所提高。

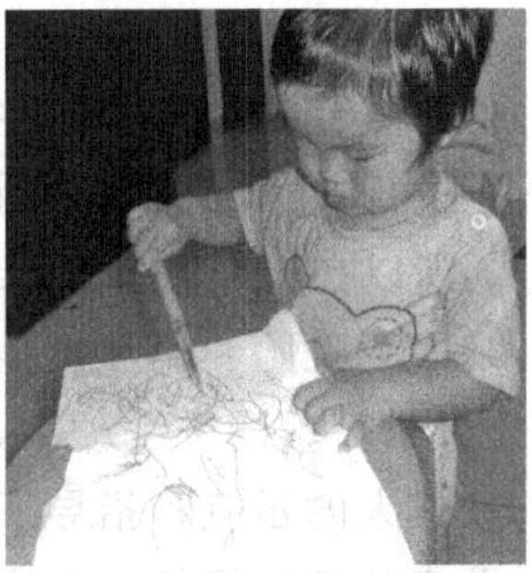

图 3-4　儿童手握画笔涂鸦

书写技能是在绘画技能基础上发展起来的更加精细的手部动作技能。有研究表明儿童在掌握了画出水平线、垂直线、圆圈、正十字、左右角平分线、交叉线、正方形、三角形等图形的技能后开始能够书写字母和数字，时间大约在 4～5 岁期间，但书写字母偏大、参差不齐、东倒西歪。6 岁时书写基本能够做到整齐，大小合适。由于汉字是象形文字，书写难度大于拼音文字，5～6 岁期间能够书写自己的姓名，但难以做到结构整齐、大小合适、笔画流畅。真正掌握书写技能的动作模式要到 7 岁以后的小学阶段。如表 3-2 所示为范存仁对“儿童精细动作——适应性发展”的研究结果。

① 林磊，董奇，孙燕青．3～7 岁儿童与成人使用筷子动作模式的比较研究[J]．心理学报，2001(3)．

表 3-2　儿童精细动作——适应性的发展①

顺　　序	动作项目名称	年龄/月
1	从瓶中倒出小丸——按示范	13.7
2	搭建两层塔	13.9
3	自发地乱画	14.6
4	从瓶中倒出小丸——自发地	17.7
5	搭建四层塔	17.8
6	搭建八层塔	23.5
7	模仿画直线	26.9
8	模仿搭桥	28.9
9	会挑出较长的线段	33.9
10	模仿画“O”形	35.4
11	模仿画“十”形	38.7
12	画人画了三处	46.2
13	模仿画“口”形	46.4
14	会复制“口”形	49.7
15	画人画了六处	50.4

生活自理动作技能是在抓握动作技能、双手协调技能基础上发展起来的，其形式多样化，主要包括穿衣、洗手、扣纽扣、系鞋带等。一般在 2 岁时儿童就能够双手配合穿脱衣服了，但还需要成人的帮助和指导。能够独立完成穿鞋动作一般要到 3 岁以后。在穿衣和穿鞋过程中往往涉及扣纽扣和系鞋带的动作，由于纽扣、鞋带比较细小，对手指的灵巧性要求较高，所以在成人的有意训练前提下，一般在 4 岁左右儿童能够顺利完成这两项生活任务。

洗手、洗脸和刷牙也是生活自理很重要的一个领域。一般情况下儿童 2 岁时能双手配合做出简单的洗手动作，但还不会用毛巾擦干手，而是胡乱在毛巾上抹抹而已。3 岁左右，在成人的示范和指导下大多数孩子都能正确完成洗手、洗脸并擦干的任务了。2 岁左右，儿童就开始模仿成人刷牙动作了，但由于还未掌握三脚架式抓握动作，因此还不能真正掌握刷牙的动作模式。3 岁以后随着抓握动作的熟练和动作稳定性、灵巧性的提高，大多数孩子都能掌握刷牙动作，但到 4 岁以后才能像成人一样熟练自如地正确刷牙。

根据教育部 2012 年最新发布的《3～6 岁儿童学习与发展指南》中有关学前儿童动作发展的第三项目标即“手的动作灵活协调”，具体内容如表 3-3 所示。

表 3-3　学前儿童手的动作发展目标

3～4 岁	4～5 岁	5～6 岁
1. 能用笔涂涂画画 2. 能熟练地用勺子吃饭 3. 能用剪刀沿直线剪，边线基本吻合	1. 能沿边线较直地画出简单图形，或能边线基本对齐地折纸 2. 会用筷子吃饭 3. 能沿轮廓线剪出由直线构成的简单图形，边线吻合	1. 能根据需要画出图形，线条基本平滑 2. 能熟练使用筷子 3. 能沿轮廓线剪出由曲线构成的简单图形，边线吻合且平滑 4. 能使用简单的劳动工具或用具

（资料来源：教育部网站．http://www.moe.edu.cn/publicfiles/business/htmlfiles/moe/s3327/201210.）

① 范存仁，周志芳．从初生至六岁儿童智能发展规律的探讨[J]．心理学报，1983(3)．

讨论与分享

幼儿总爱来“帮忙”

生活自理的动作技能对学前儿童发展有何意义？日常生活中，幼儿不仅要求自己的事情自己做，还常常要来给大人帮忙，拿起扫把扫地，帮妈妈洗碗，等等(见图3-5)，但常常是“成事不足，败事有余”，因此，有时会受到成人的呵斥、责备。你如何看待“幼儿爱帮倒忙”现象，面对这种情况，父母应该怎样做？

图3-5 5岁幼儿主动擦拭餐桌

第二节 打开心灵的门户——学前儿童感知觉发展

三岁半的鹏鹏上幼儿园了，可还总是穿错鞋子。妈妈老批评她：“这么大了，都上幼儿园的孩子了，还总是穿错鞋子，你左脚和右脚的鞋是不一样的，穿反了会很不舒服，你怎么总是穿不对呢？”鹏鹏拿着鞋看来看去也看不懂怎么回事。老师跟妈妈说“鹏鹏现在还小，方位知觉差，还分辨不了左右，等再大一点就明白了。”老师说的话有道理吗？

一、学前儿童感觉的发展

（一）什么是感觉

感觉是刺激物作用于感觉器官，经过神经系统的信息加工所产生的对该刺激物的个别属性反映。我们看到颜色、听到声音、尝到味道都是我们的感觉。可以认为刺激通过感受器官或感受器官系统使个体产生出躯体内部和外部的基本经验，对这些经验的察觉和描述就是感觉。感觉本身是相当直接、及时的基本经验，是一切较高级的心理现象的基础。它起着个体和环境之间的基本桥梁作用，是我们认识世界的第一步。感觉使个体获得正常生存的必要信息，在人的生活和工作中有重要的作用。研究发现由"感觉剥夺"造成的信息不足，将使人产生无法忍受的不安和痛苦。

【经典实验】

感觉剥夺实验

1954年，加拿大麦克吉尔大学的心理学家首先进行了"感觉剥夺"实验。实验中要求被试安静地躺在实验室的一张舒适的床上，室内非常安静，听不到一点声音，一片漆黑，看不见任何东西；被试两只手戴上手套，并用纸卡卡住（见图3-6）。吃喝都由主试事先安排好了，不需要移动手脚。总之，来自外界的刺激都被"剥夺"了。实验开始时，被试还能安静地睡着，但稍后，被试开始失眠，不耐烦，急切地寻找刺激，他们唱歌，吹口哨，自言自语，用两只手套互相敲打，或者用它去探索这间小屋。被试变得焦躁不安，觉得很不舒服，老想活动。实验中被试每天可以得到20美元的报酬，即使这样，也难以让他们将该实验坚持2～3天或以上。这个实验说明，来自外界的刺激对维持人的正常生存是十分重要的。

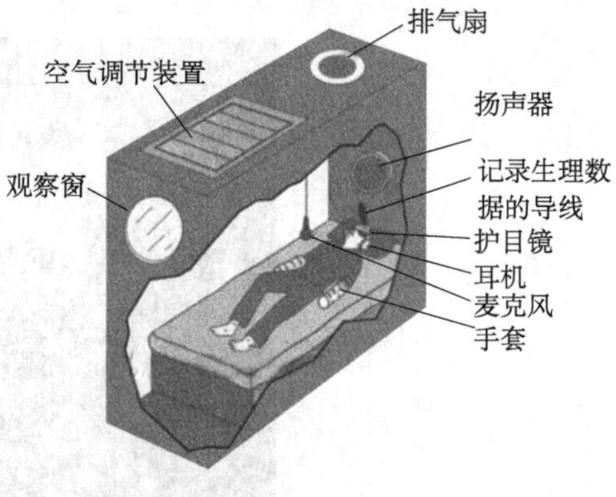

图3-6 感觉剥夺实验

（资料来源：彭聃龄．普通心理学[M]．北京：北京师范大学出版社，2004.）

（二）触觉、味觉与嗅觉的发展

儿童出生后，最早出现的是触觉、味觉和嗅觉。它们对于维持儿童的生命具有直接的生物学意义。

1. 触觉的发展

新生儿明显地表现出对触摸的敏感，他们表现的第一个感觉现象就是通过触摸去反映。触觉的敏感性在他们出生的开始几天内就快速增长。他们的手掌（抓握反射）、脚掌（巴宾斯基反射）和面颊（根部反射）相当敏锐，大多数对早期婴儿的研究都集中在这些简单的条件反射上。触觉作为联系成人和孩子的有效手段显得十分重要。把手放在哭泣的新生儿胸部轻轻地抚摸可以让他们平息下来，就是对那些早产儿也同样有效。在同成人的交流过程中，那些较大的婴儿可以通过对成人的触觉感知产生积极的视觉注意。婴儿通过触觉对外界的积极感知帮助他们形成触知觉。

婴幼儿对物体的触觉探索最早是通过口腔的活动进行的。口腔触觉作为探索手段早于手的触觉探索。3 个月的婴儿在吸吮时，对熟悉的物体，吸吮的速度逐渐减低，出现习惯化现象。可是换了新的物体后，他又用力吸吮，即出现去习惯化。这种事实表明，婴儿早期已经有了口腔触觉的探索活动，口腔触觉有了辨别力。当婴儿的手的触觉探索活动发展起来以后，口腔的触觉探索逐渐退居次要地位。但是在婴儿满周岁之前，口腔触觉仍然是他认识物体的重要手段。可以说，在相当长的时间内，婴儿仍然以口腔的触觉探索作为手的触觉探索的补充。比如，6 个月以后的婴儿，看见东西往往抓住放进嘴里；1 至 2 岁的婴儿，在地上捡起一些物体也要往嘴里送。

手的触觉是通过触觉认识外界的主要渠道。换句话说，触觉探索主要通过手来进行。儿童出生后，有本能的触觉反应，比如，抓握反射就是手的触觉表现，这是一种无条件反射。手的无意性抚摸是继抓握活动之后出现的手的动作。无条件性的抓握反射随着婴儿的生长发育会自然消失。接着出现的是，婴儿的手无意地碰到东西，如被子的边缘时，他会沿着边缘抚摸被子。这是一种无意的触觉活动，也是一种早期的触觉探索。眼手协调动作的出现，即视觉和手的触觉协调活动的出现，是出生后头半年婴儿认知发展的重要里程碑，也是手的真正触觉探索的开始，大约出现在出生后 5 个月左右①。眼手（视触）协调的出现的主要标志是伸手能够抓住东西。积极主动的触觉探索是在 7 个月左右发生的。当婴儿学会了眼手协调之后，他逐渐会用手去摆弄物体，把东西握在手里，挤它或把它转来转去。在婴儿 1 岁时，他们已经能够只用手的摸索认识规则物体；学前期的儿童趋向于用手指摸索物体的外形。这种知觉能力随着年龄的增长会稳步提高，他们越来越熟练地用手指探索物体、认识物体。

【有趣的现象】

孩子为何爱抓东西放嘴里

小婴儿一开始喜欢看自己的手，大一些以后，就开始把手放到嘴里，喜欢上了吃自己的手，小拳头放在嘴里“啃”得津津有味。一旦手的抓握能力发展起来，他们就开始不断地抓他们所能抓到的任何东西，妈妈的头发、玩具、阿姨的项链、树叶、石头，只要他们看到了，只要能抓到，就会伸手去抓，抓到以后还要放到嘴里。会爬以后，活动范围大大增大，会更加主动地寻找各种物品，抓起来后，除了放在嘴里啃咬，还会用扔、摔、推、拉、敲等多种方式摆弄。

想一想，这些现象说明了什么？

2. 味觉的发展

婴儿从出生起就对味觉敏感。研究人员发现，甚至出生两个小时的婴儿也能对不同

① 陈帼眉. 学前心理学[M]. 北京：北京师范大学出版社，2000.

的味道表现出不同的反应。新生儿已能辨别甜、咸、苦、酸等不同味道，并且对甜的喜爱胜过咸。研究发现婴儿吮吸甜的流体能使他们从哭泣中平静下来，这时他们的吮吸速度和吮吸量都比平静时大。婴儿味觉辨别力发展得相当快，1 岁内就能精确区别同一味道的不同浓度。婴儿在饥饿状态下进食一些平时不喜欢的食物可以使他们形成条件性的味觉倾向。

3. 嗅觉的发展

哺乳动物在没有睁开眼睛的时候靠气味同母亲产生联系，所以嗅觉在婴儿的知觉中相当重要。1976 年，拉塞尔(M. Russell)分别用："母亲垫子(测试前在婴儿母亲的乳罩内放置 3 小时)""非母亲垫子(测试前在其他哺乳期女性乳罩内放置 3 小时)"和"控制垫子(干净湿润的垫子)"对婴儿进行测试。出生不足 6 周的婴儿对前两种垫子都表现出吮吸反应；6 周以后的婴儿对自己母亲的垫子作出更明显的反应，表明这时他们偏好母亲的气味。这一实验表明，对母亲气味的偏好在 6 周后形成。婴儿对气味的辨认能够帮助他们对母亲的辨认。4 个月时婴儿已能比较稳定地区别两种不同的气味。儿童对气味的感受性在 6 岁时已发展得很好，再继续改善直到中年。

（三）视觉的发展

学前儿童主要靠感知觉认识世界，视觉是学前儿童主要的感知渠道，因此，视觉发展对学前儿童非常重要。新生儿和幼小婴儿的视觉系统(包括眼睛和视神经系统)还没有完全发育和成熟，他们能看到东西，但由于晶状体不能变形，他们所看到的东西比成人模糊，视神经和其他皮层细胞传送信息的通路需要几年才能发育到成人水平。儿童视觉的发展主要表现在以下两个方面。

1. 视敏度的发展

视敏度即视觉敏锐度，是指幼儿分辨细小物体或远距离物体细微部分的能力，也就是人们通常所称的视力。孩子出生后即能看见眼前的东西，但并不清晰。新生儿最佳视距在 20cm 左右。相当于母亲抱着孩子喂奶时，两人脸对脸之间的距离。但在出生后 2 至 3 周内，两眼运动仍不协调。视觉集中要在 2 个月时才明显地出现。视线首先集中在活动或鲜明发亮的物体上，逐渐地能随光亮的刺激物移动。4 个月时视觉调节已基本形成，其注视时间和距离不断延长，视觉集中也逐渐由被动转变为主动。儿童的视觉感受性(即精确地辨别细微的物体或远距离物体的能力)在学前期开始发展起来。但发展速度不平衡：即学前中期的发展速度快于学前晚期。通过有兴趣的游戏活动调节，视觉感受性还可提高。学龄初期儿童视觉感受性随年龄增长和学习活动的进行而不断发展。

2. 颜色视觉的发展

儿童对颜色的辨别能力也有一个发展过程，3 个月时不但能根据明度辨别颜色，而且能够根据色调辨别颜色。幼儿期，颜色视觉的发展主要表现在区别颜色细微差别能力的继续发展。3 岁儿童能够正确辨别红、黄、蓝、绿 4 种基本颜色；4 岁开始发展区别各种色调细微差别的能力，并能把各种基本颜色和它的名称稳定地联系起来。5 岁儿童不仅会注意色调，还会注意到颜色的明度和饱和度，能辨别更多的混合色。3～6 岁儿童对颜色指认和对颜色正确的命名的能力，随年龄增长而提高。研究表明，6 岁前的中国幼儿基本上都表现出喜欢亮度大的颜色，而不喜欢暗色；喜欢光波较长的“温暖色”（红、橙、黄），而不喜欢光波较短的“冷淡色”（蓝、紫）。

（四）听觉的发展

研究发现，婴儿在出生前就有了听觉能力。正常产期的胎儿，怀孕第二十周就已具备这种能力，他们对声音可能出现生理变化和身体反应。到第二十八周时，胎儿对呈现在靠近母亲腹部的声响出现紧闭眼睑的反应。研究发现，如果不能以这种方式做出反应的胎儿，则在出生后可能出现听觉障碍。

新生儿已能对某些声音发生反应，但明显的听觉集中在 3 个月时才能表现出来，即能感受不同方位发出的声音，并把头转向声源。3～4 个月的婴儿已能对音乐表现出愉快，对强烈的声音表示不安，还能对成人（特别是母亲）的声音发生分化。20 世纪 60 年代以来，通过现代科学技术手段测定了婴儿对声音刺激的各种反应，如肌肉变化、呼吸紊乱、眨眼以及心律和活动水平的变化，认为处于 35～75dB 的会话，可以对很小的婴儿起刺激作用。还发现低音比高音更使新生儿感到舒服。大些的婴儿已能较好地辨别词音。学前儿童听觉的个体差异很大，但其听觉感受性一般仍随年龄增长而不断发展，6～15 岁的听觉敏度有明显提高；对音调高低的辨别能力在 6～18 岁也有显著的发展，特别是语音听觉在阅读过程中发展很快。

二、学前儿童知觉的发展

（一）什么是知觉

知觉是直接作用于感觉器官的事物的整体在脑中的反映，是人对感觉信息的组织和解释过程。知觉是有机体为了认识世界而表现出来的主动行为，知觉过程就是不断从环境中分化有效刺激的过程。比如儿童在积木的搭建过程中，能发现同一块积木在大小、颜色、外表、质地等方面的不同，在不同位置还能察觉出该积木的大小和形状变化，但它实际还是那块积木。当积木在不同位置变化时，必定发生不同的时间和空间事件。通过操作过程，儿童将从物体中获得越来越多的信息、事件和环境的时空序列。

（二）空间知觉的发展

空间知觉包括对形状、大小、方位、距离（或深度）等的辨别。它的形成首先有赖于儿童从生活经验中不断形成各种空间概念，同时也有赖于不断掌握各种表示空间关系的词。

1. **形状知觉**

形状知觉是对物体轮廓及各部分组合关系的知觉。R. L. 范兹等人关于儿童早期形状辨别的研究表明，出生不久的儿童已能对不同图形作出不同反应。如注视时间和心律变化不同及微笑等。一些研究还发现了婴儿对物体形状的视觉偏好，即对复杂图形的注视更胜于对简单图形（如对有条纹的注视时间比对无条纹的注视时间长，对立体的注视时间比对平面的注视时间长等），特别是更愿注视人面图形。随着年龄的增长和经验的丰富，幼儿形状知觉能力也进一步发展。实验表明，3 岁儿童基本上能根据范样找出相同的几何图形，5～7 岁儿童的正确率比 3～4 岁儿童高。对幼儿而言，对不同几何图形辨别的难易程度顺序是：圆形—正方形—半圆形—长方形—三角形—八边形—五边形—梯形—菱形。从发展的趋势看，识别几何图形的能力早于而且优于对几何图形名称的掌握。在完成任务中，对图形的感知配对较为容易，而按词拿取图形或对图形命名则较难。

【经典实验】

婴儿知觉实验

范茨为了测定婴儿早期能否辨别物体的形状，设计了一间观察小屋，让婴儿躺在小床上，眼睛可以看到挂在头顶上方的物体。观察者通过小屋窥测孔，记录婴儿注视物体所花的时间。

实验发现：第一，在中等复杂程度以内，复杂程度越高，婴儿注视的时间越长。第二，新生儿对社会性刺激比非社会性刺激注视的时间长。第三，以适当速率运动的物体能引起婴幼儿的注视并使其视觉追随。第四，新生儿对物体的某个重要特征视觉偏好强于对整体的关注。

（资料来源：秦金亮．儿童发展概论[M]．北京：高等教育出版社，2008.）

2. **大小知觉**

大小知觉是头脑对物体的长度、面积、体积在量方面变化的反映。它是靠视觉、触觉和动觉的协同活动实现的，其中视知觉起主导作用。实验表明，6 周大小的婴儿对积木大小的知觉已显示了知觉的恒常性。2 岁半至 3 岁的孩子已经能够按语言指示拿出大皮球或小皮球，3 岁后判断大小的精确度有所提高。大小知觉的正确性和难易程度与知觉对象的形状特征有直接关系：知觉形状相同或基本相同的物体比较容易，知觉形状差异较大的物体比较困难。视触动觉的共同活动，有利于幼儿对积木大小的感知。例如，4～5 岁幼儿在分辨积木大小时，常常用手去逐块地摸积木的边缘，或把积木叠在一起去比较，而6～7岁幼儿，由于经验积累，只通过目测就能指出一堆积木中哪些是大小相同的。

图3-7中的轮胎是三峡大坝建设中使用过的大型挖掘机的巨型轮胎，站在它的旁边，孩子感觉自己显得很小。在日常生活中可以通过多带幼儿进行实地观察，来丰富其对大小、形状、距离等的知觉，如图3-8所示。

图3-7 幼儿对大小的感知体验

图3-8 幼儿发现一只和自己手掌一样大的蜗牛

3. 方位知觉

方位知觉是指人们对自身或客体在空间的方向和位置关系方面的知觉。婴幼儿主要依靠视觉和听觉定位。研究发现，婴儿已有听觉定位能力，6个月以前的婴儿，在黑暗中能够依靠听觉指导去抓物体。婴幼儿方位知觉的发展主要表现在对上下、前后、左右方位的辨别，其一般的发展趋势是：3岁能辨别上下，4岁开始能够辨别前后，5岁开始能辨别以自身为中心的左右方位，7岁左右才开始能够辨别以他人为基准的左右方位，以及两个物体之间的左右位置关系。

4. 距离知觉

距离知觉是对物体距离远近的知觉。婴儿已具有以视觉为主的距离知觉，2周大的婴儿当物体向自己靠近时已能有防御反应。3岁左右的幼儿，距离知觉发展还不完善，对他们熟悉的物体或场地可以区分出远近。对于比较遥远的空间距离则不能正确认识，例如，幼儿会伸手让在楼上的妈妈抱他，或给电话另一头的亲人喂水果吃，还会要求爸爸给他把天上的星星摘下来。幼儿对于透视原理还不能很好掌握，不熟悉“近物大，远物小”“近物清晰，远物模糊”等感知距离的视觉信号。所以，他们还不善于把现实物体的距离、位置、大小等空间特性在图画中正确表现出来，所画出的物体也是远近大小不分，也往往不能正确判断图画中人物的远近位置，例如，把画中表示在远处的房子看成小房子，表示在近处的房子看成大房子。

【经典实验】

“视觉悬崖”实验

“视觉悬崖”实验是沃克和吉布森(Walk & Gibson,1961)曾进行一项旨在研究婴儿深度知觉的实验——“视觉悬崖”(见图 3-9)实验,后来被称为发展心理学的经典实验之一。

研究者制作了平坦的棋盘式的图案,用不同的图案构造以造成“视觉悬崖”的错觉,并在图案的上方覆盖玻璃板。将 2～3 个月大的婴儿腹部向下放在“视觉悬崖”的一边,发现婴儿的心跳速度会减慢,这说明他们体验到了物体深度:当把 6 个月大的婴儿放在玻璃板上,让其母亲在另一边招呼婴儿时,发现婴儿会毫不犹豫地爬过没有深度错觉的一边,但却不愿意爬过看起来具有悬崖特点的一边,纵使母亲在对面怎么叫也一样。这似乎说明婴儿已经具备了深度知觉。

图 3-9 “视觉悬崖”实验

(资料来源:刘金花. 儿童发展心理学[M]. 上海:华东师范大学出版社,2001.)

深度知觉是距离知觉的一种。吉布森等人在 20 世纪 60 年代初设计的视崖实验表明,大部分会爬的婴儿都拒绝从深渊的一侧爬向母亲,说明这个时期的婴儿已经有了深度知觉。深度知觉的发展受经验的影响,有研究资料表明,10～13 个月才开始爬行的婴儿,较更早开始爬行的婴儿深度知觉发展要慢。

教育部《3～6 岁儿童学习与发展指南》关于学前儿童感知形状与空间关系的发展目标也有相关标准,具体内容参见表 3-4。

表 3-4 学前儿童感知形状与空间关系的发展目标

3～4 岁	4～5 岁	5～6 岁
1. 能注意物体较明显的形状特征,并能用自己的语言描述 2. 能感知物体基本的空间位置与方位,理解上下、前后、里外等方位词	1. 能感知物体的形体结构特征,画出或拼搭出该物体的造型 2. 能感知和发现常见几何图形的基本特征,并能进行分类 3. 能使用上下、前后、里外、中间、旁边等方位词描述物体的位置和运动方向	1. 能用常见的几何形体有创意地拼搭和画出物体的造型 2. 能按语言指示或根据简单示意图正确取放物品 3. 能辨别自己的左右

(资料来源:教育部网站. http://www.moe.edu.cn/publicfiles/business/htmlfiles/moe/s3327/201210.)

(三)时间知觉的发展

时间知觉是对客观现象的延续性、顺序性和速度的反映。幼儿时间知觉的发展水平比较低，原因是作为知觉对象的时间本身没有直观的形象，另外作为知觉主体的人也没有一个专门的感官来感知时间，人们往往要借助某种衡量时间的媒介来反映时间，因此，对于思维发展水平还较低的幼儿，理解抽象的时间是很困难的。幼儿主要依靠生活中接触到的环境现象的变化来感知时间，例如，他们知道“天黑了，就是晚上”“太阳升起来了，就是早晨”“午睡起来以后，就是下午”等。随着年龄的增长，幼儿逐渐能够通过钟表和日历认识时间，例如，中班幼儿能够正确理解“昨天”“明天”，但对较远的时间如“前天”“后天”等，理解起来就有困难了。中班后期的孩子能够认识钟表上和日历上的字符，在成人的教育下，能够认识准点和半点，也能够在日历上找到自己的生日。但这一阶段孩子还不能很好地理解计时工具的意义，例如，爸爸告诉他五点半才能出去玩，他想早点出去玩，就要爸爸把时钟拔到五点半。有研究表明，7 岁左右的幼儿才开始利用时间标尺估计时间。

讨论与分享

昨天、今天和明天

纪录片《幼儿园》中有一个有趣的片断：一个中班的小女孩对坐她旁边的小男孩说：“昨天星期二，今天星期三，后天星期四，明天星期五。”她晃着头，仿佛经过了很认真的思考，而那位认真聆听的男孩子听完后，不假思索地肯定道：“对的了！”。

这段对话反映了这个年龄的孩子在时间知觉方面具有什么特点？

【幼儿园实例评析】

请你像我这样做

今天是王丽到中班进行教养员实习的第五天。过渡环节里，主班老师请她带全班小朋友做一个小游戏。

王丽想了想，那就做一个“请你像我这样做”的小游戏吧。

“小朋友们，我们来做个小游戏好不好呀？”

“好！”小朋友们一听是做游戏，异口同声地回答。

“这个游戏的名字就叫——请你像我这样做。游戏的规则是我做什么动作，你们就一模一样地模仿老师的动作，并且说‘我就像你这样做’好不好？”

“好——”

“开始了！全体起立！”王丽双手叉腰，点了三次头，然后说：“请你像我这样做。”

于是，小朋友们也模仿王丽的动作，并且齐声说着：“我就像你这样做。”

接着，王丽伸出双臂，上下摆动，像大雁拍翅膀飞行的样子。

小朋友们也模仿得不错。

王丽渐渐加快了速度，这次伸出了左腿，用脚后跟在地面上点了三点。

而小朋友们呢，几乎都伸出了右腿。

于是王丽停下来纠正："孩子们，你们仔细看看，老师伸的是哪条腿呀？是右腿吗？"

孩子们不解地看着老师，有的犹豫着换了条腿，有的还在困惑着。

"好，我们再来。"这次王丽伸出了右腿，没想到孩子们又都伸出了左腿。

于是，王丽觉得有必要跟孩子们好好讲一讲"左""右"的问题。

这时，主班老师走上前来打断了她，悄声说："小王，中班的幼儿还分不清'左''右'呢，更何况对面人的'左'和'右'呢。他们做镜像的动作就好了。"

"噢，对了！"王丽这才想起来："我怎么忘了这回事，原来心理学课上还学过呢！"

案例评析

了解和掌握幼儿心理发展的年龄特点，是我们开展活动的基础和依据。王丽的问题就在于没有准确地把握中班幼儿方位知觉的年龄特征。一般来讲，5岁左右幼儿才开始能辨别以自身为中心的左右方位，7岁左右能够辨别以他人为基准的左右方位以及两个物体之间的左右位置关系，即理解左右方位的相对性。因此，当我们带领幼儿做操或学习舞蹈动作时，我们所做的示范动作应该是镜像动作。也就是说，应该让幼儿挥动左手时，面对幼儿进行示范的老师就应该伸出右手，反之亦然。这样，才便于幼儿掌握动作。

【延伸阅读】

什么是"感觉统合失调"

在老师和家长看来，朋朋的毛病令人头疼。他总是心不在焉，丢三落四。大人与他说话时，他就像是没听见，听过就忘，所以回到家中会忘了作业，去上学会忘了带文具，每天不是忘这就是忘那。

朋朋怎么了？

通过详细了解朋朋的成长和养育过程，得知在朋朋1岁以内，家里非常安静，父母很少看电视，听音乐，连说话声音也压得很低。妈妈请了长假在家带孩子，她包办了朋朋所有的事情，把每一件事都安排得很周到，很少向孩子提什么要求，发什么指令。她性格内向，再加上她认为小孩子什么也不懂，便很少对朋朋说话，总是凭他的表情和动作猜他的心思。1岁后，朋朋被送到保姆家，保姆也是个安静少言的人。上学前朋朋的说话和听话能力就显得较弱，父母原以为长大就好了，没想到并非如此。

原来原因在这里：朋朋在出生头三年的口头语言发展关键期缺少了语言的刺激：听得少，用得少，听觉神经网络没有得到充分的刺激，所以他对于声音和语言反应迟钝，听而不闻。像朋朋这样的情况就叫作"听觉统合失调"，是感觉统合失调的一种类型。

感觉统合是指个体在日常生活中，将来自不同感觉通路的信息，如视觉、听觉、嗅觉、味觉、触觉以及平衡觉、本体觉等，通过大脑中枢神经的前庭觉进行过滤和辨识，然后把重要的信息传递给大脑，通过大脑对信息进行加工处理、协调整合之后，形成知觉，再指挥身体做出正确的反应，这个过程是吸收有效信息和作出适应性反应的过程，即感觉统合，简称"感统"。

感觉统合失调就是外部的感觉刺激信息无法在孩子的大脑神经系统中进行有效的

组合，孩子的大脑对身体各器官失去了控制和组合的能力，而使机体不能和谐动作。主要有前庭觉失调、本体觉失调、触觉失调、视觉统合失调、听觉统合失调等。

在达到正常人的各种有目的地协调行动方面，感觉统合能力的作用是不可或缺的。感觉统合能力失调会导致大脑无法合理安排身体的动作，包括注意力、自我控制能力、协调能力等，这在不同程度上削弱了孩子的认知能力与适应能力，使其无法完成更高级、更复杂的认知活动。久而久之形成各种障碍，推迟孩子的社会化进程，对孩子的健康成长带来很不利的影响。

【课程思政目标】

运动技能和感知觉发展对学前儿童身心发展具有非常重要的意义。幼儿健康心理和人格的形成，是通过动作和感知觉，与周围世界的不断交互作用中逐步展开的。应充分认识到个体自身活动在其心理发展过程中的建构作用。教育工作者、研究者及广大家长要重视幼儿认知与身体的连接——运动和感知觉发展，立足于辩证唯物主义观，辩证地看待感觉、知觉和运动发展的关系，提供适宜的丰富环境，让幼儿从观察、接触、体验中了解自己与世界的关系，以使幼儿获得丰富的经验，发展幼儿的探索精神，促进其心理的健康发展。

【复习要点】

◆ 你会解释吗

运动技能　大动作　精细动作　眼手协调　感觉　知觉

◆ 你能回答吗？

1. 学前儿童运动技能发展遵循怎样的规律？能否结合生活中的例子谈谈你对这些规律的理解？

2. 能否说说学前儿童大动作发展的特点？

3. 你了解学前儿童手的精细动作是如何发展的吗？

4. 学前儿童感觉的发展具有哪些特点？你认为婴幼儿感觉的发展对其心理发展具有怎样的意义？

5. 你知道学前儿童空间知觉发展的规律吗？

6. 为什么学前儿童时间知觉的发展水平要低于空间知觉呢？

第四章

学前儿童注意与记忆发展

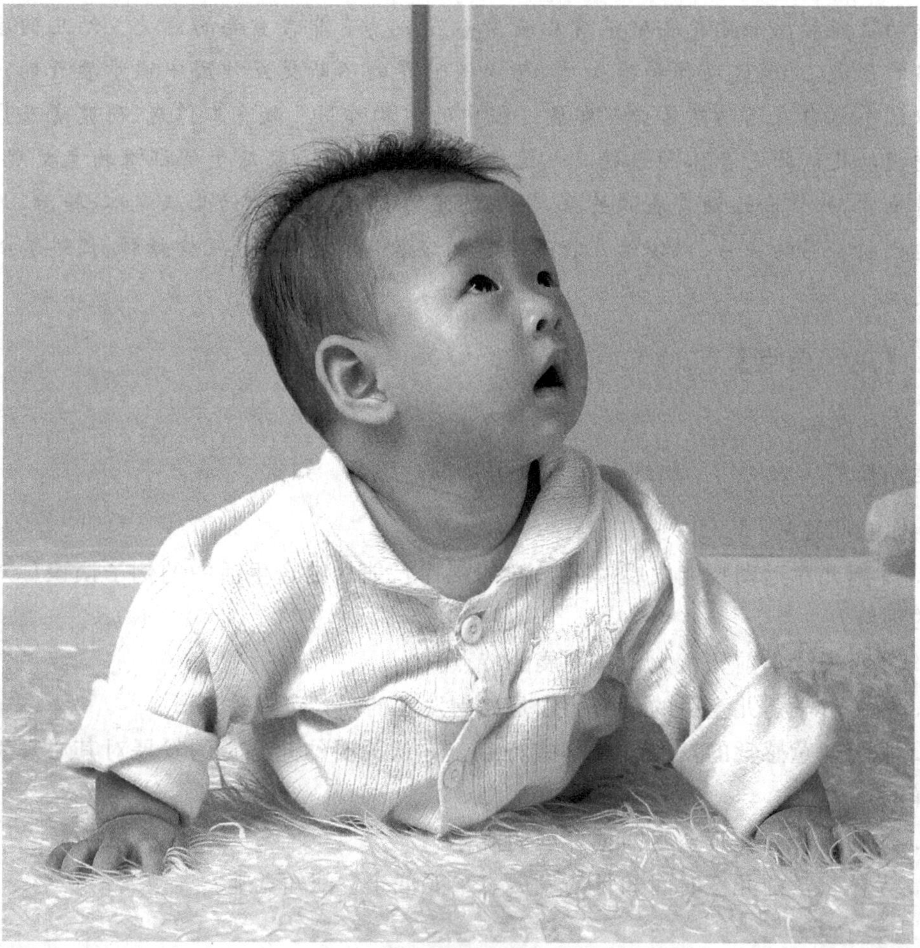

第 4 章　学前儿童注意
与记忆发展课件

学习导航

- 学前儿童的奇闻趣事：如何探究婴儿记忆发展
- 第一节　心灵之锚——学前儿童注意的发展
  - 一、什么是注意
  - 二、学前儿童注意发展的趋势与年龄特征
  - 三、学前儿童注意品质的发展
    - 讨论与分享：家长这样做对吗
    - 有趣的现象：体育活动能提高儿童的注意力
- 第二节　打开生命的收藏夹——学前儿童记忆的发展
  - 一、什么是记忆
  - 二、学前儿童记忆的发生与发展
  - 三、记忆保持和遗忘规律在学前儿童活动中的应用
    - 有趣的现象：心理的文化差异
    - 有趣的现象：盯住它，别忘了
    - 有趣的现象：婴儿期记忆缺失与记忆回涨现象
- 幼儿园实例评析：火车开到我家去
- 延伸阅读：儿童作为目击证人
- 小组案例讨论：小朋友们怎么不爱听我的故事呀

【学前儿童的奇闻趣事】

如何探究婴儿记忆发展

一个不能说话的婴儿，如果是刚刚出生的话，甚至连通过表情或者手势来表达认知都不可能，那么，人们是怎么调查他的记忆力的呢？研究者们已经想了很多聪明的办法来解决这个问题。在 1959 年进行的一项实验中，对不到一个月大的婴儿进行训练，使其在听到某种特定的声音时转动自己的头（他们在碰触面部时转头，然后得到奶瓶的奖励），一天之后，他们在听到响声时仍然转过头来。这种方法在不同年龄的婴儿身上试过，得出了有关记忆力成长的数据。

在几个月大的婴儿中，用得最多的方法是通过心理学家罗伯特·范茨在 1961 年想出的办法来观察他们的眼部动力。他设计了一个台子，让婴儿面朝天睡在底层。几英尺（1 英尺—3.048×10^{-1}米）高的地方是一个显示区，实验者在这里放上两张大卡片，每张

卡片里面有一个图案：一个白色的圆圈，一个黄色的圆圈，一只牛眼，一张面部素描。研究者从上面的一个小孔上偷窥(他本人不被发现)，可以看见婴儿眼睛的移动和眼睛朝向这一对图案的时间。范茨发现，两个月大的婴儿看牛眼的时间比看一种颜色的圆圈的时间长一倍，看一张脸部素描的时间比看一只牛眼的时间长一倍。很明显，哪怕是一个只有两个月大的婴儿也能够区别主要的差别，而且能够把眼睛朝向他认为更有趣味的东西。由于婴儿看新事物时比看旧事物的时间长些，这种方法可以得出婴儿对所看到过的东西有记忆的直接指示。

另一个方法是在1979年进行的一项实验里用到过的，这种方法需要一种活动的东西吊在婴儿床上；受试者从2～4个月不等。当婴儿踢腿时，研究者就让活动的东西自己动起来，婴儿很快学会踢东西，以便让活动的东西动起来。接着，他有一个星期的时间看不到这个东西，可当他看见时，他立即开始踢腿了。然而，如果两个星期过去了，他就不踢了。这一次，记忆力的成长又一次得到了准确测量[①]。

第一节　心灵之锚——学前儿童注意的发展

俄国著名教育家乌申斯基曾把注意形象地比喻为通向心灵的“唯一门户”，知识的阳光只有通过注意这一扇门才能照射进来。注意对人类的生活和实践具有十分重要的意义。它对心理活动起着积极的维持和组织作用，使人能及时地集中自己的心理活动，清晰地反映客观事物，更好地适应环境，并改造环境。我国古代思想家、教育家荀子指出：“君子壹教，弟子壹学，亟成。”壹就是专一，就是集中注意，意思是说，教师专一地教，学生专一地学，很快就能够完成学业。许多实验也表明，有些儿童学习成绩差，并不是他们智力低下，而是没能集中注意学习。注意能使人的感受性提高、知觉清晰、思维敏捷，从而使行动准确、及时。

一、什么是注意

注意是产生各种心理过程时必不可少的心理属性。注意是对事物的定向活动，是对于某些事物的指向和集中[②]。指向性和集中性是注意的两个基本特征。注意的指向性是指心理活动有选择地反映一定的对象，而离开其余的对象。注意的集中性是指心理活动停留在被选择的对象上的强度或紧张度，它使心理活动离开一切无关的事物，并且抑制多余的活动。例如，学生在听课时，他的心理活动并不是指向教室里的一切事物，而是把教师的讲述从许多事物中挑选出来，较长久地将心理活动保持在教师的讲述上。当学生集中听课时，他的心理活动不仅离开一切与听课无关的事物，而且也对妨碍的活动加以

---

① 墨顿·亨特．心理学的故事[M]．李斯，王月瑞，译．海口：海南出版社，1999：501-502．

② 朱智贤．儿童心理学[M]．北京：人民教育出版社，2003：347．

抑制。这样，对教师的讲课就能够得到鲜明和清晰的反映。

注意是一种复杂的心理活动，具有选择功能、保持功能和对活动的调节和监督功能。人在注意某个对象时，常常伴有特定的生理变化和外部表现。注意时最明显的外部表现有：适应性运动，如“举目凝视”“侧耳倾听”；无关运动的停止及呼吸运动的变化，如紧张注意时，甚至会出现“屏息”现象。当然，注意的外部表现有时可和内部状态不相一致，如貌似注意一个事物而实际上心理活动却指向和集中在另一事物上。

严格地说，注意不是一种心理过程，而是伴随其他心理过程的一种积极状态，它与知觉、记忆等心理过程有着紧密的关系。①注意与知觉的发展。凡是注意的对象，人们对该对象的知觉就最完全、清晰、突出；注意是感知的先决条件；注意是研究幼小婴儿感知发展的指标。②注意与记忆的发展。注意使感知的信息进入长时记忆系统。注意发展水平低的儿童，记忆发展水平也低。③注意与坚持性的发展。注意能加强行动力量和坚持性。幼儿只有在集中注意时，才能坚持某一行动。注意力差的学生，不但智力发展受到影响，甚至影响到纪律、交际，形成道德不良。④注意与学前儿童的学习。注意是感知觉、记忆、思维等心理活动不可缺少的，是学习的先决条件，注意的范围、稳定性、分配、转移等品质的发展水平决定着学习的效果。

二、学前儿童注意发展的趋势与年龄特征

学前儿童注意的发展具有哪些特点？我们不妨先从婴儿注意的模式开始，再进一步看看学前儿童注意发展的趋势和年龄特征。

（一）婴儿的注意模式

婴儿并不是漫无目的地注视周围，他们对环境中某些事物要比对另一些事物的注视时间更长。研究者认识到通过记录婴儿的注意模式可以更多地了解婴儿如何看世界。一种方法是记录婴儿注视的方向和持续时间，通常实验者并列呈现两种视觉刺激，观察婴儿对每个刺激的反应在此二量度上有无变化。如果婴儿对一个刺激的注视时间长于对另一个刺激的注视时间，就可以认为婴儿能区分这两个刺激。另一种方法是习惯化法。具体做法是将同一个刺激反复多次地呈现给婴儿，直到婴儿对该刺激的注视减少。婴儿似乎已对注视同一个旧事物感到“厌倦”。如果这时呈现一个新刺激，即一个婴儿能知觉到有所不同的刺激，那么婴儿就振奋起来，他们的注意分数就会提高。

（二）学前儿童注意发展的趋势

1. 定向性注意的发生先于选择性注意

首先来看定向性注意的发生。原始的定向反射是与生俱来的生理反应，也是儿童最早出现的最初级的注意。最初的定向性注意主要由外物特点引起，即无意注意的最初形

式。本能的定向性注意随年龄增长占据的地位日益缩小，但不会消失。

选择性注意，则指儿童倾向于对一类刺激物注意得多，而在同样情况下对另一类刺激物注意的少的现象。选择性注意在新生儿时已出现，其发展表现在两方面：①注意性质的变化，由取决于刺激物的物理特性转向刺激物对儿童的意义；②注意对象的变化，即范围的扩大和对象的复杂化。

2. 无意注意的发生发展早于有意注意

无意注意是指无预定目的，不需意志的努力、自然而然产生的注意。无意注意与生俱来，但也有发展过程，表现在注意的性质和对象不断变化；稳定性增长，对象范围扩大。有意注意是指有目的、有意识支配的、主动的注意。2 岁以后学前儿童的有意注意开始萌芽。有意注意的发展使儿童的注意发生重要变化，心理的能动性增强。

（三）学前儿童注意发展的年龄特征

1. 新生儿注意的特征

注意的最初形态定向性注意出现。首先，定向性注意在新生儿期出现，婴儿期较明显，成人也可观察到，这是本能的无条件反射，也是无意注意的最初形态。其次，视觉偏爱法研究表明选择性注意在新生儿期已经萌芽。视觉搜索运动轨迹的实验，也证明了新生儿选择性注意的萌芽。

2. 1 岁前学前儿童注意发展的特征

1 岁前学前儿童注意发展主要表现在注意的选择性上。首先，注意的选择性带有规律性的倾向，这些倾向主要表现在视觉方面，也称视觉偏好。其次，注意的选择性的变化发展过程，从注意局部轮廓到较全面的轮廓；从注意形体外周到注意形体的内部成分。最后，经验在注意活动中开始起作用。

3. 1～3 岁学前儿童注意发展的特征

(1) 学前儿童注意的发展和"客体永久性"认识密不可分。客体永久性即能够找到不在眼前的物体，确信在眼前消失了的东西仍然存在。在这之前，物体在儿童眼前消失，他就不再找，似乎物体已经不存在。客体永久性是儿童处于智慧的萌芽阶段的标志。0～1.5 岁的学前儿童注意的发展如下。

① 0～2 月，看着一个物体，但当物体移出视线时，不追踪。

② 2～4 月，物体移动时婴儿能跟踪，甚至物体到了屏幕后面继续跟踪。

③ 4～6 月，婴儿能拾起一个物体除非这个物体被盖着，但是他还不能理解，一个被盖着的物体仍然存在。

④ 6～12 月，能寻找一块布下面的物体。

⑤ 12～13 月，婴儿能够找到藏在两个位置的一个物体，但只有当他看见藏的动作才能找到。

⑥ 15～18 月，能找到不论在什么情况下藏起来的物体，掌握两个物体不能同时处于同一位置，除非一个藏在另一个里面。

(2) 学前儿童注意的发展开始受表象的影响。

(3) 学前儿童注意的发展开始受言语的支配。语词作为第二信号系统的刺激物都具有代表某些事物，动作要求，陈述，命令等概括性含义。因此言语活动不仅能够引起儿童的注意，而且支配着儿童注意的选择性。

(4) 注意的时间延长，注意的事物增加。

4. 3～6 岁学前儿童注意发展的特征

对 3～6 岁的学前儿童而言，其无意注意仍占主要地位，与此同时有意注意逐渐发展。首先，无意注意占优势，其发展表现为：刺激物的物理特性仍然是引起无意注意的主要因素；与兴趣和需要关系密切的刺激物，逐渐成为引起无意注意的原因。其次，有意注意初步形成，处于发展的初级阶段，水平低、稳定性差，依赖成人的组织和引导，有如下表现特点：幼儿的有意注意受大脑发育水平的局限；幼儿的有意注意是在外界环境，特别是成人要求下发展的；幼儿逐渐学习一些注意方法；幼儿的有意注意是在一定活动中实现的。如图 4-1 所示为一位学习马术的 5 岁孩子在妈妈的引导下，仔细观察教练的示范动作。

图 4-1　一位学习马术的小朋友正在仔细观察教练示范动作

三、学前儿童注意品质的发展

这部分中我们主要来了解学前儿童注意的稳定性、如何防止其注意分散，以及学前儿童注意的分配等问题。

（一）注意的稳定性与注意分散

由于身心发展水平的限制，一般来说，幼儿还不善于控制自己的注意，倘若再加上教育上的疏忽失当，就很容易出现注意分散即分心现象。为了防止幼儿注意分散，应该了解引起分心的原因，对症下药，采取相应的措施加以预防。

1. 注意的稳定性

首先，我们先来看看什么是注意的稳定性。注意的稳定性是指注意集中于同一对象或同一活动中所能持续的时间。注意的稳定性是幼儿游戏、学习等活动获得良好效果的基本保证。幼儿注意的稳定性与注意对象及幼儿的自身状态都有关系。注意对象单调无变化，不符合幼儿的兴趣，注意的稳定性就小；反之，对象新颖生动，活动方式适宜、有趣，注意的稳定性就大。

需要强调的是注意的稳定性并不意味着它总是指向同一对象。为了完成一项活动内容，可能要求注意不同的对象。例如，一项计算任务，可能需要幼儿先注意听老师讲解，看老师操作，仔细思考老师提的问题，然后听其他幼儿的回答，动手操作等。注意都是围绕着学习计算这一总任务而变。因此注意的稳定性应理解为动态的稳定。

注意的稳定性随着年龄的增长而增强。但总体而言，幼儿的注意稳定性不强，特别是有意注意的稳定性比较低，容易受到外界无关刺激的干扰。

2. 注意的分散及其主要诱因

注意的分散是与注意的稳定相反的一种状态，即通常所说的分心，指注意离开了当前应该指向的对象，而被一些与活动无关的刺激物所吸引的现象。

容易引起幼儿注意分散（分心）的因素有很多，主要原因有以下三个方面：①无关刺激的干扰。幼儿以无意注意为主，一切新奇、多变的事物都能吸引他们，干扰他们正在进行的活动。例如，活动室的布置过于花哨，更换的次数过于频繁，教学辅助材料过于有趣、繁多，教师的衣着打扮过于新奇，都可能分散幼儿的注意。②疲劳和紧张。幼儿神经系统的耐受力较差，长时间处于紧张状态或从事单调活动，便会引起疲劳，降低觉醒水平，从而使注意涣散。引起疲劳的另一原因是缺乏严格的生活制度。有些家长不重视幼儿的作息制度，晚上不督促孩子早睡，甚至让他们长时间看电视、玩耍，造成睡眠不足，致使第二天无精打采，不能集中精力进行学习活动。此外，对于一些幼儿来说，在活动中的紧张也会影响幼儿注意力不集中。在一些活动中需要幼儿单独表演、独自行动，幼儿内心紧张，也会表现出一定的注意分散情况，幼儿以此来掩饰自己内心的紧张。③缺乏兴趣和必要的情感支持。兴趣、成功感以及他人的关注等因素可以构成活动的动机。对幼儿来讲，这些因素更会直接影响活动时的注意状况：活动内容过难，可能会因缺乏理解的基础和获得成功的可能而丧失兴趣和积极性；过易，也可能会因缺乏新异性、挑战性而减小对他们的吸引力。班额过满，师生之间必要的感情交流太少，幼儿可能因得不到教师的关注和情感支持而丧失活动的积极性。另外，教师对教育过程控制得过多、过死；儿童缺少积极参与和创造性发挥的机会；缺少实际操作的机会；教育过程呆板少变化；活动要求不明确等，都可能涣散幼儿的注意力。

值得指出的是：分心与注意的转移不同。注意的转移是主动的，是主体根据任务需要，自觉地将注意指向新的对象或新的活动；分心则是被动的，是受到无关刺激的干扰而使注意离开活动任务。幼儿易分心，不善于根据任务的需要灵活地转移注意。随着儿童活动目的性的提高和言语调节机能的发展，幼儿逐渐学会主动转移注意。

3. 如何防止幼儿分心

对于幼儿园教师来说，防止儿童注意分散，要从以下方面考虑。

(1) 排除无关刺激的干扰。教室周围的环境尽量保持安静；教室布置应整洁优美，新布置过的教室最好及时组织幼儿参观；教具应能密切配合教学，不必过于新奇；出示教具应适时，不用时切不可摆在显要的位置上；教师的衣着应朴素大方；个别儿童注意力不集中时，不要中断教学点名批评，最好稍作暗示，以免干扰全班儿童的活动。另外，家长向儿童提要求或作嘱咐时，常爱反复地说许多遍，唯恐他们没听见或没记住。殊不知，这种做法十分不利于培养孩子注意听的习惯。在他看来，这次没注意没关系，反正家长还会再讲。如果家长没有唠叨的习惯，则孩子反而可能会认真地听。

(2) 幼儿园的教育活动应符合幼儿的兴趣和发展需要。活动内容应贴近儿童的生活，是他们关注和感兴趣的事物；活动方式应尽量“游戏化”，使其在活动过程中有愉快的体验；组织形式应有利于师生之间、儿童伙伴之间的交往；活动过程中要使幼儿有一种“主人翁”的自主感：主动活动、动手动脑、积极参与。

(3) 灵活地交互运用无意注意和有意注意。有意注意是完成任何有目的的活动所必需的。但有意注意需要意志努力，消耗的神经能量较多，容易引起疲劳。学前儿童的生理特点决定其很难长时间保持有意注意。幼儿的无意注意占优势，任何新奇多变的事物都能引起它，而且无意注意不需意志努力，耗能较少，因而保持的时间可以比较长。但只靠无意注意是不能完成任何有目的的活动的。

鉴于两种注意本身的特点和幼儿注意的特点，教师既要充分利用幼儿的无意注意，也要培养和激发他们的有意注意。在教育教学过程中可以运用新颖、多变、强烈的刺激吸引他们，同时，也应该向他们解释进行某种活动的意义和重要性，并提出具体明确的要求，使他们能主动地集中注意。两种方式应灵活地交互使用，不断变换幼儿的两种注意，使其大脑活动有张有弛，既能完成活动任务，又不至于过度疲劳。

讨论与分享

家长这样做对吗

在幼儿园面向家长的公开活动中，或者在家长与幼儿同时参与的活动课中，总有家长不停地提醒自己的孩子，如快去拿乐器；坐好，别乱动；别有小动作；认真听讲……您认为结合学前儿童注意的特点，家长这样做有什么问题吗？如果有，应该如何引导家长呢？

（二）注意的分配与幼儿活动

注意的分配是指在同一时间内把注意集中到两种或两种以上不同的活动上。注意分配的基本条件，就是同时进行的两种活动中至少有一种非常熟练，甚至达到自动化的程度。幼儿掌握的熟练技巧较少，注意的分配比较困难，常常顾此失彼。例如，跳舞时注意动作就忘了表情；做操时注意了动作就无法保持队形整齐等。又如幼儿很难做到一只手画圆一只手画方。注意的分配能力随着年龄的增长而逐渐提高。例如，在占椅子的游戏中，幼儿能随音乐节奏边绕着椅子跑，边用眼睛注视椅子，音乐一停，马上迅速地找到空位子坐下，并且注意到同伴是否按规则游戏。

注意分配的基本条件就是在同时进行的活动中，至少有一种达到自动化的熟练程度，还与注意对象的刺激强度、个人的兴趣、控制力、意志力等有关。教师可通过以下策略提高幼儿注意分配的水平：第一，通过各种活动培养幼儿的有意注意与自我控制能力；第二，加强动作或活动练习，使幼儿对活动熟练，做起来不必花费太多注意力和精力；第三，使同时进行的活动在幼儿头脑中形成密切的联系。如图 4-2 所示，老师带领儿童进行体育活动以提高儿童的注意力。

图 4-2　体育活动能提高儿童的注意力

【有趣的现象】

体育活动能提高儿童的注意力

美国伊利诺伊大学的科研人员在近期的美国《神经学杂志》上报告说，他们在研究中发现：每当参加完体育活动后，孩子们学习时的注意力会更加集中，而且学习成绩也会更好。这些体育活动包括体育课、课间活动以及放学后的体育运动等。

研究小组对20名9岁学生进行了测试。第一天，学生休息20分钟后，研究人员对他们进行一系列测试；第二天，学生在跑道上步行20分钟后，再进行同样的测试。每次测试中，研究人员都同时监测学生们的脑电图，了解其大脑活动情况。

测试结果显示，刚参加完体育活动后，学生们在回答问题时会更加集中注意力，答案也更准确，而且问题越难，答案的准确率越高。脑电图分析还表明，刚参加完体育活动的孩子能更好地分配注意力资源，而不容易受噪声等因素的影响。

为了证实这一结果同样适用于学生在课堂上的表现，研究人员让学生们进行了阅读、单词拼写和数学 3 项测试。结果证明，如果学生在体育活动后进行这些测试则会取得更好的成绩。

（资料来源：咔哒咔哒儿童成长站台. http://www.kadakada.cn/Fmxsf/content.aspx? id=9953.）

第二节　打开生命的收藏夹——学前儿童记忆的发展

大家所熟知的“司马光砸缸”中的主人公司马光，自幼便聪敏好学。据史书记载，司马光非常喜欢读《左传》，常常“手不释书，至不知饥渴寒暑”。七岁时，他便能够熟练地背诵《左传》，并且能把二百多年的历史梗概讲述得清清楚楚。

伟大的音乐家——莫扎特，约在 1770 年到罗马的圣提里教堂欣赏亚里格的演奏。当时所演奏的乐曲，教堂当局是不准任何人取走乐谱的，所以外面还不曾流传。散会后，莫扎特回到家中，竟能凭记忆一句不漏地写下来，使人们大吃一惊！

以上两个故事说的是一种重要的心理过程——记忆。个人经验的积累要依靠记忆。记忆是人脑保持信息和提取信息的过程。它影响儿童知觉、想象、思维、言语及个性的形成和发展。什么是记忆？学前儿童的记忆是如何发生发展的？它具有什么特点？作为教育工作者，我们应该如何培养和促进儿童记忆的发展？让我们带着这一系列问题，开始本节的学习和探索吧！

一、什么是记忆

记忆是心理学中研究历史最悠久、成果最丰富的学术领域。记忆是在头脑中积累和保存个体经验的心理过程。运用信息加工的术语来讲，就是人脑对外界输入的信息进行编码、存储和提取的过程①。完整的记忆包括识记、保持和恢复三个环节。识记是把感知或体验过的东西“记”下来的过程，也就是获得和积累经验的过程。保持就是把识记的材料保存在头脑中。保持过程往往不是简单地、原封不动地把材料放在那里，而是要进行一定的加工整理。恢复是把保存在头脑中的知识经验重新呈现出来的过程。记忆恢复有两种形式：再认和再现（也称回忆）。再认是指识记过的事物重新出现时，感到熟悉，确知是以前感知过或经历过的。再现则是指识记过的事物并没有直接出现，由于其他事物的影响使之呈现在头脑中。识记和保持是恢复的前提，恢复是识记和保持的结果。

记忆理论注重研究记忆的内容和态度，如从内容上看，记忆可分为符号记忆和形象记忆。符号记忆的对象是语言符号，如对定义的记忆，对语言意义的记忆等。形象记忆的对象是事物在头脑中留下的具体形象。从对识记的态度上看，记忆可分为无意识记和有意识记。无意识记是指没有明确目标，也不使用特定方法的识记。有意识记则是指有明确目的并使用一定方法的识记。

① 彭聃龄．普通心理学[M]．北京：北京师范大学出版社，2004：206．

【有趣的现象】

心理的文化差异

在不同的文化中，心理既有相似之处，也有差异。许多国家的心理学家对瑞士心理学家皮亚杰(J. Piaget)的儿童守恒实验和美国心理学家科尔伯格(L. Kohlberg)的儿童道德发展阶段研究进行了跨文化的验证，发现其研究结论具有普遍性。而不同文化中心理的差异也是十分有趣的。受过学校教育的西方儿童，在一些需要复述或组织策略的学习中的回忆成绩，优于其他社会中未受过教育的儿童，但他们对故事或视觉场景的回忆并没有什么优势。澳大利亚土著儿童对物体排列位置的记忆，则优于英裔澳大利亚儿童。

(资料来源：王振宇．学前儿童发展心理学[M]．北京：人民教育出版社，2004.)

二、学前儿童记忆的发生与发展

(一) 婴儿记忆的发生与发展

1. 婴儿记忆的发生

婴儿具有记忆能力，这是现代心理学公认的事实。为了研究婴儿的记忆，心理学家采用了许多有趣的方法。

(1) “客体永久性”法

客体永久性(Object Permanence)是皮亚杰理论中的一个概念，讲的是当一个物体从视野中消失后，儿童并不认为物体不存在了，而是相信它仍在某个地方。一般说来，7个月以后的婴儿才具有这一能力。此前，当物体从视野中消失后，婴儿认为物体也就消失了，表现为不去寻找物体，如图4-3所示。而具有客体永久性的婴儿在物体从视野中消失后会继续寻找。有人运用此法对7～12个月的婴儿进行实验。实验者(主试)当着婴儿(被试)的面，先将一物体首先藏在A处，婴儿很顺利地找到物体。然后，实验者当面将物体藏于B处。研究发现，所有小于12个月的婴儿都到A处去寻找被藏的物体。这就是所谓的“AB错误”。研究者还发现，7个月婴儿的“AB错误”从发出寻找动作到主试把物体藏到B处的时间间隔为2秒，超过这个时间，婴儿就不再寻找；12个月的婴儿为10秒。从解决问题的能力上看，婴儿的思维表现为不成熟，但从记忆的角度来看，婴儿确实有记忆，而且随年龄增加信息保持的时间也逐渐延长。

(2) 习惯化、去习惯化法

我们知道，反复给婴儿呈现一个刺激后，婴儿对该刺激的注意程度会下降，即形成习惯化。当一个新刺激出现时，婴儿会去习惯化，对新刺激表现为更加注意，注视时间加

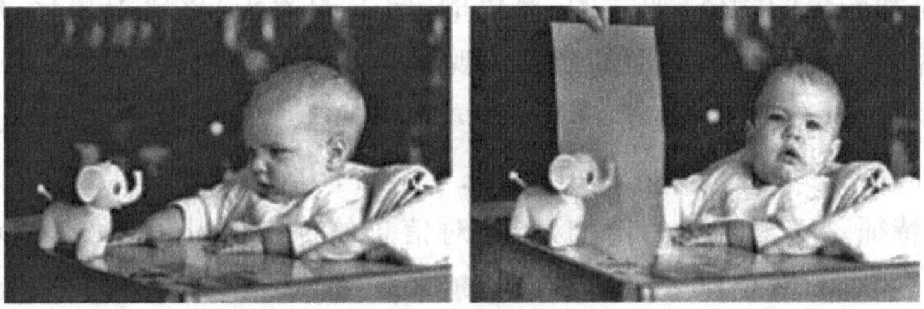

图 4-3　尚未获得客体永久性的婴儿

（图片来源：http：//image. baidu. com. ）

注：皮亚杰认为，客体永久性是婴儿认知发展的里程碑之一。这个婴儿注视着玩具（左图），但是当他的视线被遮挡住，看不到玩具时，他也不会去寻找这个玩具（右图）。而几个月后，遇到同样的情况，他则会寻找被隐藏起来的玩具，那时的他便出现了客体永久性。

长。这一过程不仅表明婴儿已经具有良好的知觉辨别能力，而且也说明他们对呈现过的刺激具有一定的记忆能力。习惯化、去习惯化的行为表现实质上是婴儿大脑对信息的加工能力的标志。这一能力在一个儿童的所有认知活动中具有很高的一致性。因此许多学者认为："在平均水平上，婴儿期习惯化相对较快的儿童，在儿童期的 IQ 测验上得分较高。"也就是说，儿童早期对新异刺激的兴趣对以后的智力水平具有一定的预测性。这一论断至少为我们指出儿童的认知活动具有内在的连贯性。

（3）传统的条件反射法

如果婴儿在一种条件下形成了一个条件反射，则间隔一段时间后当这一条件再次出现时，就会观察条件反射是否再次发生。再次发生则表明婴儿具有记忆。有人记录下婴儿在自然状态下腿部运动的频率，然后在婴儿的脚踝处绑一布条，布条的另一端与一铃铛相连，婴儿每一次蹬腿都会引起铃声，形成铃声与蹬腿之间的条件反射。研究发现，2 个月的婴儿能保持 1～2 天，6 个月的婴儿至少能保持 2 个月。

（4）延迟模仿法

我们知道，新生儿很早就具有即时模仿的能力。以后，婴儿能对不在面前的动作原型进行模仿，称为延迟模仿。有研究报告，9 个月的婴儿能对 24 小时以前见到过的原型的动作加以模仿。这种行为需要对以往经验的回忆。

研究表明，婴儿不仅很早就有记忆，而且还有一定的保持能力。在整个婴儿期，这种能力发生着各种变化，变得越来越趋向完善。

2. 婴儿记忆的发展

（1）婴儿的再认是不断发展的

再认是指过去感知过的事物重新出现时，我们能感到熟悉，确定是我们认知过的。新生儿和年幼婴儿的再认是粗略的。很小的婴儿尽管能对熟悉和不熟悉的物体做出不同的反应，但对熟悉的东西并没有"我曾见过"的认识。他们的记忆更多地属于内隐记忆。施特劳斯（M. Strauss）等的研究说明了这一点。他们先让 5 个月的婴儿对某个具有特定形状、大小和颜色的物体（如大的、黑色的、向上的箭头）形成习惯化，然后改变一两个维度（如变为大的、白色的、向上的箭头），观察婴儿对刺激物的注视时间。研究发现，5个月的婴儿对前一刺激物形成习惯化后，紧接着呈现第二个刺激物时，能记住所有特征；如果将呈现时间延缓到15分钟，婴儿能记住2个特征；25分钟后呈现第二个刺激时，婴儿只记住1个特征。随着年龄的增加，婴儿对信息的保持时间逐步延长，对特定经验的编码也越来越多，对周围环境中的精细特征越来越敏感。4岁儿童的再认已经非常精确了。在一项看图再认的实验中，向4岁儿童呈现80张图片，然后让他们指出曾经见过的图片，研究发现正确率达90%。

(2) 婴儿的回忆也有所发展

回忆（再现）是指过去感知过的事物并没有出现，但由于某种影响而呈现出来①。7个月以后的婴儿能寻找从视野中消失的物体，说明婴儿已经具有回忆。到第一年末，多数婴儿表现出对自己熟悉的位置，如食品柜或玩具箱的长时记忆。婴儿不仅能记住单个的动作，还能记住动作的顺序。2岁儿童产生了有意识地回忆以前发生过的事件的能力。这一发展显然与儿童言语能力的发展有密切关系。学前儿童也能对有意义的动作序列形成事件程式。这在他们的象征性游戏和角色游戏中表现得非常生动、准确。

（二）学前儿童记忆的发展趋势

1. 记忆保持时间的延长

所谓记忆保持时间是指从识记材料开始到能对材料再认或再现之间的间隔时间，也称为记忆的潜伏期。儿童记忆保持的时间长度可以从再认和再现的潜伏期来看。再认和再现的潜伏期都随着年龄的增长而增长，具体见表4-1。

表4-1 学前儿童记忆保持时间的变化

记忆保持	年龄				
	1岁	2岁	3岁	4岁	7岁
再认	几天	几个星期	几个月	一年以前	三年前
再现	—	几天	几个星期	几个月	1～2年

（资料来源：中华文本库．http://www.chinadmd.com.）

儿童记忆保持时间的长短受很多因素的影响，影响儿童记忆保持的主要因素有：儿童对记忆对象的感知程度；儿童的知识经验和对识记材料的理解程度；儿童的情绪状态；对被记忆对象的兴趣。

2. 记忆容量的增加

记忆容量是指在记忆过程中，可供心理过程使用的总的心理工作空间②。记忆广度

① 陈帼眉，邹晓燕．幼儿心理学[M]．北京：北京师范大学出版社，1999：69.

② 秦金亮．儿童发展概论[M]．北京：高等教育出版社，2008：101.

是指在单位时间内能够记忆的材料的数量。这个数量是有一定限度的。一般人类的记忆广度为7±2个组块。学前儿童的记忆容量在一定程度上受到记忆广度的影响，但记忆容量的大小不决定于记忆广度的大小，而决定于把识记材料组织加工，并使之系统化的能力。因为每个信息单位内部的容量是不同的，加工能力强的，单位容量就大。儿童记忆广度的增加受生理发育的局限。儿童大脑皮质的不成熟，使他在极短的时间来不及对更大的信息量进行加工，因而不能达到成人的记忆广度。

3. 记忆范围的扩大

记忆范围的扩大是指记忆材料种类的增多，内容的丰富。随着儿童动作的发展，和外界交往范围的扩大，活动的多样化，记忆范围也随之越来越扩大。

4. 记忆内容的变化

从记忆的内容看，记忆可以分为运动记忆、情绪记忆、形象记忆和语词记忆。儿童记忆内容也有随着年龄而发生变化的客观趋势。从儿童这几种记忆发生发展的顺序来看，最早出现的是运动记忆（出生后2周左右），然后是情绪记忆（6个月），再后是形象记忆（6～12个月），最晚出现的是语词记忆（1岁左右）。儿童这几种记忆的发展，并不是用一种记忆简单代替另一种记忆，而是一个相当复杂的相互作用的过程。

5. 记忆的意识性与记忆策略的形成

（1）记忆意识性的发展。随着年龄的增长，儿童记忆意识性开始逐渐萌芽、发展。有意记忆的出现意味着记忆意识性的萌芽。

（2）记忆策略的形成。记忆策略是学习者采用的接受信息、提取信息的方式。它直接影响着记忆的效果。儿童常见的记忆策略有：反复背诵或自我复述、使记忆材料系统化和间接的意义识记。

【有趣的现象】

盯住它，别忘了

学步儿和学前早期的儿童就表现出使用记忆策略的倾向。在一项研究中，研究者向18～24个月的儿童出示一只玩具大鸟，接着把大鸟藏在枕头下面，并要求儿童记住大鸟的位置，以便以后找到它。随后宣布自由活动4分钟，并在活动中用其他玩具设法使他们分心。但是研究者发现，这些儿童在自由活动中经常会中断活动而谈论大鸟的位置，注视着这一位置，并用手指着它，或者在这个位置周围徘徊或企图掀开枕头。儿童显然是在短期记忆中采用“视觉复述”的方法力求保持大鸟位置的信息。为了对照实验结果，当研究者把大鸟放在枕头上面或放在枕头下但不要求儿童取回玩具时，儿童在自由活动时就不再盯着大鸟所在的位置了。

（资料来源：王振宇．学前儿童发展心理学[M]．北京：人民教育出版社，2004.）

（三）学前儿童记忆发展的年龄特征

1. 新生儿记忆的特点

新生儿是记忆发生的时期，主要是短时记忆，表现为最初的条件反射和对刺激的习惯化。新生儿记忆的主要表现之一是对条件刺激物形成某种稳定的行为反应（即建立条件反射）。比如，母亲喂孩子时往往先把他抱成某种姿势，然后再开始喂。不用多久（一个月左右），儿童便对这种喂奶的姿势形成了条件反射：每当被抱成这种姿势时，奶头还未触及嘴唇就已开始了吸吮动作。这种情况表明，儿童已经“记住”了喂奶的“信号”——姿势。新生儿记忆的另一个表现是对熟悉的事物产生“习惯化”：一个新异刺激出现时，人（包括新生儿）都会产生定向反射——注意它一段时间。如果同样的刺激反复出现，对它注意的时间就会逐渐减少甚至完全消失。随着刺激物出现频率的增加而对它的注意时间逐渐减少甚至消失的现象，心理学家称之为“习惯化”。习惯化可以作为一种方法和指标来了解新生儿的感知能力——看他能否发现刺激物的差别；也可以用来调查其记忆能力——看他能否辨别刺激物的熟悉程度。许多研究表明，即使出生几天的孩子，也能对多次出现的图形产生“习惯化”，似乎因“熟悉”而丧失了兴趣。

2. 1～3 岁儿童记忆发展的特点

婴儿期的记忆仍主要是再认形式。明显的再认出现在 6 个月左右。这时，儿童开始“认生”，即只愿意亲近妈妈及经常接触的人，陌生人走近会使孩子感到不安。婴儿末期，“再现”的形式开始萌芽，1～2 岁时才逐渐出现。

再认先于再现发生，是由于两者的活动机制不同。再认依靠的是感知，回忆依靠的是表象。感知是儿童自出生以后就已经具有或开始发展的，而表象则在 1 岁半至 2 岁才开始形成。另外，感知的刺激是在眼前的，立即可以引起记忆痕迹的恢复；而表象的活动，还有待儿童在头脑中进行搜索。

短时记忆由于语言产生而发生重大变化。出现初步的回忆，用行动表现出初步回忆能力，如替成人找东西和延迟模仿。

3. 3～6 岁儿童记忆发展的特点

到了幼儿期，记忆的水平显著提高：无意记忆、机械记忆、形象记忆继续发展，达到相当高的水平；记忆的意识性、理解性明显提高，表现为有意记忆、意义记忆、语词记忆和记忆方法继续发展。这表明记忆发生了质的变化。

从记忆意识上来说，无意记忆占优势，有意记忆逐渐发展。一切鲜明的、鲜艳的、新的、不寻常的事物，都更容易吸引孩子的注意，孩子就可能把它记下来（见图 4-4）。但也不是所有吸引了孩子注意的东西都能随意地被记住。如果吸引孩子注意的事物能够使孩子感到惊奇，感到兴奋，感到有兴趣，或者引起了孩子的情感共鸣，那么，孩子把它记住的可能性就大。而如果孩子对它不感兴趣，不产生对它的任何印象，那么在孩子的记忆里也就不可能留下长久的痕迹，孩子记住它的可能性就小。再就是孩子可以无意地记住多次重复的东西，如孩子能够记住玩具排列的顺序，能够记住大人带他一起去幼儿园时多次走过的路，能够记住经常到家里拜访的熟人等。无意记忆虽然是在孩子下意识的状况下产生的，但也不能离开孩子积极主动的思维活动。适当组织孩子的合理活动，如游戏活动、学习活动、劳动活动，可以促进孩子无意记忆能力的发展。3 岁以后有意记忆开始快速发展，4 岁以后孩子的无意记忆和有意记忆能力都随着年龄的增长而提高，但有意记忆的效果好于无意记忆，并且有意记忆能力提高的速度高于无意记忆能力的提高。

图 4-4 学前儿童更容易记住鲜明的、新异的、不寻常的事物

从记忆理解性来说，记忆的理解和组织程度逐渐提高。机械记忆用得多，意义记忆效果好。机械记忆和意义记忆都在不断发展。年龄小的幼儿意义记忆比机械记忆效果好得多，随年龄增长，差距缩小，主要是因为意义记忆向机械记忆渗透，机械记忆中加入了越来越多的理解成分。从内容上来说，形象记忆占优势，语词记忆逐渐发展。从记忆方法上来说，记忆的意识性和记忆方法逐渐发展。有意记忆和意义记忆的发展，意义记忆对机械记忆的渗透及其相互接近，都反映了幼儿记忆过程的自觉意识性和记忆策略、方法的发展。幼儿能够对记忆材料加工使之条理化、系统化；使记忆形象和语词联系。

【有趣的现象】

婴儿期记忆缺失与记忆回涨现象

在对婴儿记忆的研究中，有一个“经典性困惑”十分有趣，那就是婴儿期记忆缺失，也称婴幼儿健忘症、童年期健忘等。大量的研究发现婴儿期有记忆现象，但人们又发现儿童并不能回忆起自己在婴儿和幼儿早期（3 岁以前）的事情。在一项研究中，当儿童上学后，研究者给儿童展示幼儿园同学的照片，他们却只能认出其中 20％的同学。如何解释这种困惑呢？

有人认为，这是由于婴儿大脑皮层的额叶尚未发展成熟的缘故。大脑额叶对记忆的关系重大，而大脑额叶的成熟要一直延续到学龄初期才能完成。但这一假设的不足之处是无法解释个体大脑额叶成熟的最高年限与婴儿期记忆缺失之间的年龄差距。幼儿期的大脑额叶也未成熟，为什么不造成幼儿期记忆缺失呢？也有人认为婴儿主要运用内隐记忆，外显记忆的功能较差。还有人认为，婴儿与年龄大的儿童和成人对信息采用不同的编码方式，婴儿采用非言语的编码方式，年龄大的儿童和成人采用言语编码方式。两套编码方式与提取方式之间不匹配，造成婴儿期存储的信息提取困难，导致婴儿期记忆缺失。还有人从早期记忆中缺乏自我的介入、早期婴儿缺乏分享和复述记忆的社会系统等方面来解释婴儿记忆的早期缺失。看来，这个问题还需要继续研究。学术界公认，只有当儿童出现自传体记忆时，才标志着婴儿期记忆缺失阶段的结束。

另一个有意思的现象就是记忆恢复或回涨现象。记忆回涨现象是指在一定条件下，学习后过几天测得的保持量比学习后立即测得的保持量要高。产生记忆恢复现象的原因可能是幼儿的神经系统还比较弱，刚进行识记时接受大量的新异刺激，神经系统疲乏了，转入抑制状态，所以不能马上恢复。过了一段时间后，经过休息便能回忆出来。

（资料来源：约翰·W. 桑特洛克．儿童发展[M]．桑标，等译．11版．上海：上海人民出版社，2009；王振宇．学前儿童发展心理学[M]．北京：人民教育出版社，2004.）

三、记忆保持和遗忘规律在学前儿童活动中的应用

记忆的保持是一个动态的变化过程。在保持阶段，知识经验会发生“量”和“质”两方面的变化，就“量”而言，随时间推移逐渐下降，显著表现就是遗忘；就“质”而言，因知识经验、加工组织经验的方式不同，回忆的内容会变化。有的内容变得简略了、概括了，不重要的细节消失了；有的内容变得更加完整合理；而有的却变得更加具体、夸张、突出。学前儿童年龄小，大脑神经发育不够成熟，知识经验缺乏，更容易变化，忘事。因而对学前儿童记忆保持的要求不能太高，而应实事求是，符合记忆的心理年龄特点，教孩子学习知识，要注意识记后的保持率。

（一）根据遗忘规律科学地组织复习

遗忘即对识记过的材料不能再认或再现，或者再认或再现时发生错误。有几种情况：不完全遗忘，能再认不能再现；完全遗忘，既不能再现也不能再认；临时性遗忘，一时不能再认或再现；永久性遗忘，永远不能再认或再现。

艾宾浩斯无意义材料遗忘曲线揭示了遗忘规律：遗忘在学习之后立即开始，且遗忘的过程最初进展很快，以后逐渐变慢，简单说就是“先快后慢”。要根据遗忘规律科学地组织复习。如及时复习；合理分配复习时间。分散复习和集中复习相结合，复习方式多样化，多种感官综合运用；利用记忆恢复的规律。幼儿有一种特殊的记忆恢复（回涨）现

象。这就要求我们指导孩子进行科学的分散复习，分散复习不是简单重复，而要使复习方式多样化，做到眼、耳、手、脑并用。正确看待“回涨”现象，利用这一规律组织孩子学习、游戏。

（二）排除影响“保持”的因素，科学安排识记材料

1. 排除学习材料之间的干扰

前（倒）摄抑制受前后两种学习材料的类似程度、难度、时间安排及识记的巩固程度等条件影响。复习或学习时应注意：同一时间不能要求孩子学习识记内容太多；要求孩子巩固、牢记材料或事情。不能把内容、性质相近或相似的材料安排在一起学习或复习，而应交错安排。先学习、巩固一种，中间安排休息或学习另一种内容、性质完全不同的材料，以减少或防止干扰。

2. 排除疲劳的干扰

遗忘的另一种原因是识记时形成的暂时神经联系，由于另一种活动的干扰而被抑制。因此要注意用脑卫生，以排除疲劳对记忆保持的干扰。学习或识记活动安排要劳逸结合、动静交替、适当安排。不同性质的学习内容交替安排。

【幼儿园实例评析】

火车开到我家去

离园时间到了，家长们陆陆续续来接孩子了。看着同伴们一个个像小鸟一样飞入妈妈的怀里，有几个孩子可坐不住了。特别是小慕萍，伸长了脖子，用期待的目光一直盯着门口看。

金老师连忙拉起剩下的几个孩子，玩起了“开火车”的游戏。她将几个纸箱子套在孩子身上，先数数有几节车厢（摸摸孩子的头），检查车厢有没有毛病（轻拍孩子的肩膀），拧紧螺丝（用手指在每个孩子的耳朵边转一转）。当这一切完成后，慕萍也被吸引过来了，加入了“火车”的行列中。

“火车开到谁家去？”做“火车头”的金老师问他们。孩子们马上争着说：“到我家！到我家！”慕萍没有像其他小朋友那样乱喊，看到慕萍那渴望的目光，我说：“火车开到懂礼貌的慕萍家里去吧！你拿什么来招待小朋友们呢？”

“橘子！”慕萍不假思索，高兴地回答。

“火车”在隆隆声中启动了，到站了，慕萍忙从“车厢”里钻出来，双手捧着“橘子”，活脱脱一个热情好客的小主人。

这一下子，孩子们关心的不再是妈妈怎么还不来，而是在想该怎样去招待客人，“火车”的下一站该开到谁的家里了。

（资料来源：朱良，陈思群．幼儿教育案例选[M]．杭州：浙江大学出版社，2004.）

案例评析

幼儿的注意稳定性不强，很容易被一些新异的事物所吸引。作为老师，一方面在组织活动时要尽可能避免无关刺激对幼儿注意集中的干扰；另一方面，在面对一些问题时，我们也可以根据幼儿注意发展的这一特点，巧妙地加以运用。上述案例中的金老师就做到了这一点，用“开火车”的游戏将幼儿的注意力加以转移，结果是孩子们玩得不亦乐乎，不再一味地焦急期盼家长，老师也便于组织和管理，师幼一起度过这“漫长”的等待时间。

【延伸阅读】

儿童作为目击证人

“我正看着，然后我没有看到自己在做什么，手指就被捕鼠器夹住了……因为我们的房间里有个老鼠，所以这儿有个捕鼠器……捕鼠器放在地下室，挨着木柴……当时我正在玩一个叫‘演习’的游戏，然后我下楼对爸爸说‘我想吃午饭’，然后手指就卡在捕鼠器上了……我爸爸在地下室收集木材……（我的哥哥）推我（到老鼠夹子）……这件事发生在昨天，昨天老鼠在我的房间里，昨天我的手指被夹住了，昨天我去了医院。”

尽管这个4岁男孩对自己被捕鼠器夹住手指以及之后去了医院这件事情进行了详细说明，但是问题是：这件事根本没有发生过，他的记忆全是错的。

这个4岁男孩叙述的关于捕鼠器的意外事件根本就没发生过，这是一个关于儿童记忆研究的结果。实验者在连续11周的时间里每周告诉这个男孩说：“你去了医院，因为你的手指夹在捕鼠器里。这件事情发生过吗？”

第一周，这名儿童非常准确地说“没有，我从来没有去过医院”。但是到了第二周，回答有了变化“是的，我哭了”。到了第三周，这个男孩说：“是的，妈妈和我一起去了医院。”到了第十一周，他的回答就扩展成上文所述的那样了。

这个诱导儿童产生错误记忆的研究属于一个新的迅速发展的领域：司法发展心理学。司法发展心理学关注儿童在司法系统背景下自传体记忆的可靠性，这时，儿童可能是目击者或受害者。

儿童的记忆很容易受到成人提问暗示的影响。这一特点在学龄前儿童身上体现尤为明显，他们比成人或学龄儿童更容易受到暗示的影响。如果反复询问儿童同样的问题，他们的错误率就会增长。错误记忆——如4岁男孩报告说手被捕鼠器夹住的事情，事实上可能比真实记忆更持久。除此之外，当提问的问题具有很高的暗示性时（也就是说，提问者试图引导当事人做出特定结论时）。儿童更倾向于出错。学龄前儿童的记忆容易受到他人暗示的影响。当要求儿童指证诸如虐待等法律事件时，这个问题尤其值得关注[1]。

---

① 罗伯特·S. 费尔德曼．发展心理学 探索人生发展的轨迹[M]．苏彦捷，等译．北京：机械工业出版社，2013：154-155.

【课程思政目标】

注意和记忆是幼儿重要的学习品质和学习能力，是幼儿认知发展的重要方面，注意和记忆发展直接影响着幼儿学习和认识活动的效果。《3～6岁儿童学习与发展指南》中提出：幼儿时期学习品质的培养需要引起我们足够的重视。如果不将其重视起来，一味关注幼儿基本知识和技能的学习，对幼儿的长久发展来说是不恰当甚至是有危害的。因此，教师及家长有必要学习和了解幼儿注意和记忆发展的特点，并根据其特点对幼儿进行指导，进而促进幼儿积极学习品质的形成、学习能力的培养，以及终身学习意识与能力的塑造。

【复习要点】

◆ 你会解释吗

注意　选择性注意　有意注意　无意注意　注意的稳定性　注意分散　记忆　婴儿期记忆缺失　记忆恢复

◆ 你能回答吗？

1. 通过本章的学习，你知道小班、中班、大班的学前儿童，他们的注意发展分别有哪些特征吗？

2. 你认为哪些因素容易引起幼儿分心？怎么做能尽量避免幼儿的注意分散？

3. 你知道学前儿童记忆发展的一般趋势和年龄特征分别是怎样的？

4. 人类记忆的保持和遗忘有什么规律？如何利用这些规律来促进学前儿童的学习与活动呢？

第五章　学前儿童想象发展与游戏

第 5 章　学前儿童想象
发展与游戏课件

学习导航

- 学前儿童的奇闻趣事：保持想象力和好奇心最重要
- 第一节 绽放心灵之花——学前儿童想象的发展
  - 一、什么是想象
  - 二、儿童想象的类型
  - 三、学前儿童想象发展的特点
    - 经典实验：纳塔杰“定势想象实验”
    - 讨论与分享：幼儿想象的案例
- 第二节 搭建心灵花园——学前儿童典型游戏及其心理特点
  - 一、什么是游戏
  - 二、学前儿童游戏的种类
  - 三、学前儿童典型游戏之一：象征性游戏
  - 四、学前儿童典型游戏之二：表演游戏
  - 五、游戏对维护和促进学前儿童心理健康的作用
    - 有趣的现象：把尿
    - 有趣的现象：蕾蕾盖盖子
- 幼儿园实例评析：老师，小朋友真的吃我了
- 延伸阅读：动物游戏之谜
- 小组案例讨论：我们再来演一遍吧

【学前儿童的奇闻趣事】

保持想象力和好奇心最重要

2013 年 12 月 26 日，“童话大王”郑渊洁与父亲做客光明网视频访谈节目，与网友畅谈他与众不同的育儿观。

作为著名的儿童文学作家，郑渊洁创下了一个人写一本月刊《童话大王》29 年的纪录。几十年来，他笔耕不辍，所著作品摞起来高达 1.8 米。

2006 年，反映全民阅读潮流的中国作家富豪榜成立，此后郑渊洁连年榜上有名。2012 年，他更是凭借 2600 万元的版税收入荣登“第七届中国作家富豪榜”榜首。在 2011 年由联合国评出的全球十大图书中，郑渊洁的《皮皮鲁总动员》和英国作家 J. K. 罗琳的

《哈利波特》并列第四。

郑渊洁认为家长对孩子最好的教育是“身教”。在儿时的印象中，爸爸总是拿着一本书在看，就算自己哭闹，爸爸也是一边哄他一边看书。这些记忆深深地影响着他。

同时，郑渊洁认为，对于家长来说，最重要的一件事情就是呵护孩子的童心，让孩子始终保持对事物的想象力和好奇心。他举了个例子。如果一个15岁的孩子问妈妈：“这颗星星是男星星还是女星星啊?”那么，他的妈妈应该欣喜若狂，而最不该说的就是“你都多大了还问这种问题”。

“以前看《道德经》的时候就想，它之所以写得好，就因为捷足先登写得早，等它写完了我才出生，所以没得写了。”正是基于这种童心以及对一切事物的想象力和好奇心，现在已经六十多岁的郑渊洁还能源源不断地创作，近些年的作品销量甚至还在翻倍增长。

平日里，郑渊洁几乎不出门，他说自己主要是靠想象力在创作。“我每次写作就是坐在那里，假设自己是个孩子，正在看一个故事。我希望这个故事什么样，就怎么写。”

第一节　绽放心灵之花——学前儿童想象的发展

举世闻名的科学家阿尔伯特·爱因斯坦曾说：“想象力远比知识更重要，因为知识是有限的，而想象力概括着世界上的一切并推动着进步。想象才是知识进化的源泉。”事实上，想象确实在儿童心理发展中处于重要地位，它与儿童的记忆、语言和思维等的发展关系密切，同时它也是学前儿童游戏的重要基础。

一、什么是想象

想象是人脑在一定刺激的影响下对已有表象进行加工改造而形成新形象的心理过程[①]。表象是儿童早先感知到的对象的形象，它是儿童知识的主要内容[②]。表象是想象的基础和主要材料，想象是比表象更加高级的心理过程，想象是人类特有的对客观世界的一种反映方式，它能突破时空的束缚，实现“思接千载、神通万里”的境界。正是因为想象的魅力，我们才能够看到诸如《西游记》等一部部源于生活，又超脱于生活的传世之作，为我们的生活增添很多美妙、艺术、奇幻、多元的色彩。

想象在学前儿童心理发展中有着重要价值。第一，想象的产生是学前儿童认知发展的标志之一，标志着儿童认知开始进入一个新的发展阶段：只能对具体事物进行直接反映的局面开始被打破，以反映事物的关系和联系（如某种相似性）为特征的高级认知机能开始萌芽。例如，四岁半的幼儿会自发地唱：“两只老虎，两只老虎，一只没有眼睛，一只

① 陈帼眉，邹晓燕．幼儿心理学[M].北京：北京师范大学出版社，1999：79.

② 王振宇．儿童心理学[M].南京：江苏教育出版社，2000：90.

没有耳朵，真奇怪，真奇怪；两个房子，两个房子，一个没有窗户，一个没有房顶，真奇怪，真奇怪；两只小狗，两只小狗，一只没有嘴巴，一只没有尾巴，真奇怪，真奇怪。”这体现了想象对儿童语言发展的积极影响，同时，也体现了儿童对事物之间联系的认知。第二，想象是理解的基础。儿童对事物的理解经常依靠联想，即将当前感知的事物与已有的经验联系起来，运用旧经验来同化新事物，而联想是想象的形式之一。例如，对《植物大战僵尸》游戏感兴趣的幼儿，有一天，忽然拿起了家里的积木桶顶在头上说他是铁桶僵尸，随后和爸爸玩起了植物大战僵尸的游戏。第三，想象也是维护儿童心理健康的重要手段。在假想的角色游戏、自由绘画、即兴表演等活动中，都有宣泄不良情绪、表达积极情感、释放压抑和挫折感等方面的作用，有助于满足儿童的情感需要，维护心理健康。例如，在独生子女的家庭，很多孩子都与自己的玩具为友，开展各种各样的游戏，儿童与玩具之间开展的各种假想游戏，有助于弥补儿童的孤独感。

二、儿童想象的类型

2 岁以后，儿童的想象逐渐发展起来。了解儿童想象发展过程中出现的类型与特点，有助于我们全面了解学前儿童想象的发展。想象是对头脑中的已有的表象进行加工改造进而建立新形象的心理过程。它来源于现实，是对现实的一种反映。根据想象有无目的性，可以分为无意想象和有意想象；根据想象独立性和创造性程度的差异，有意想象又可以分为再造想象和创造想象[①]。

（一）无意想象和有意想象

无意想象没有预定的目的，是在某种刺激物的影响下，不由自主地想象出某种事物形象的过程。例如，当看到电视里面的迪士尼动画故事，孩子就不由自主地想到迪士尼乐园的情景，想着自己也要去迪士尼乐园玩。又如，家里有一张竖条纹的床单，孩子看到它就会一下子把它想象成供飞机起飞或是汽车行驶的跑道（见图 5-1）。

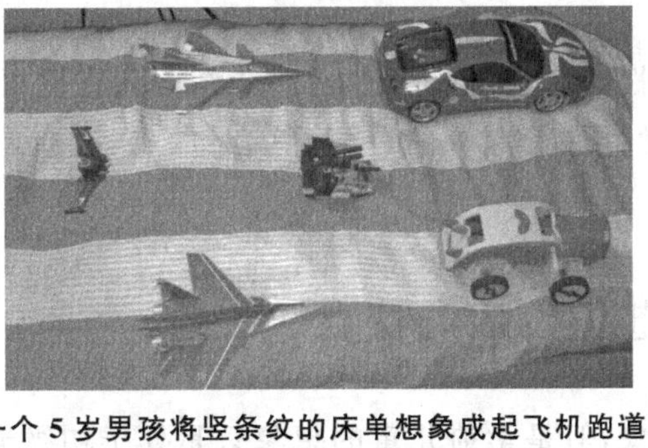

图 5-1　一个 5 岁男孩将竖条纹的床单想象成起飞机跑道和行车道

有意想象是主动的、有目的的想象，它是根据一定的任务而进行的。比如建筑师设

① 陈帼眉，冯晓霞，庞丽娟．学前儿童发展心理学[M]．北京：北京师范大学出版社，2013：140-144.

计楼房、画家画画、作家创作，都是根据任务进行想象，这些想象都是有意想象。中班特别是大班的幼儿在进行绘画的过程中已经表现出丰富的有意想象。图 5-2 就是大班幼儿创造的一幅题为《海里的鱼》的绘画作品。

图 5-2　大班幼儿绘画作品《海里的鱼》

（二）再造想象和创造想象

再造想象是根据一定的图形、图表、符号或言语描述，在人脑中形成关于某种事物的形象的过程。"再造"一方面指这些新形象对自己来讲是没有亲身感知过的，只是根据当前任务和所提供的材料，在词语或其他东西的调节下，运用个人经验在头脑中加工再造出来的；另一方面，这种新形象并非自己独创的①。例如，听着《猪八戒吃西瓜》的故事，幼儿会想到憨态可掬的猪八戒吃西瓜的情景，而当讲到孙悟空戏弄猪八戒时，他会开怀大笑，这都是再造想象的功能。

创造想象是根据一定目的、任务，在脑海中创造出新形象的心理过程。它是以积累的知觉材料作为基础，使用许多形象材料，进行深入加工、组合，创造出新形象。例如，作家创作新小说，艺术家扮演新角色，发明家创造新发明等活动中进行的想象，都属于创造想象。

创造想象具有首创性、独立性和新颖性等特点。因此它比再造想象更加复杂、困难。它需要对已有的感性材料进行深入的分析、综合、加工、改造，在头脑中进行创造性的构思。

三、学前儿童想象发展的特点

学前儿童最喜欢想象，但是学前儿童的想象只是处于初级形态，水平并不高。学前儿童想象的发展存在以下几个特点。

---

① 陈帼眉，邹晓燕．幼儿心理学[M]．北京：北京师范大学出版社，1999：82.

（一）无意想象占主导

1. 想象无预定目的，由外界刺激直接引起

学前儿童的想象往往是在外界事物的直接影响下产生的，没有预定目的。开始活动前，他们不能设想出自己将要创造什么形象。例如，3 岁的幼儿拿起笔画画的时候，他们不知道要画什么，只是随意地在纸上画，等画完了，他才可能根据自己画出的物体形态，说出作品的意义；同样，当幼儿最初玩拼插积木的时候，都是无意识地摆弄积木，随意地拼搭，等拼搭完了，有时候能够根据自己看到的形象给出一个说法；有时候，自己也说不上来自己搭了什么。

2. 想象的主题不稳定，内容零散

学前儿童的想象非常容易受到外界事物的直接影响，会随着外界事物的变化而变化。因此，想象的主题易变化而不稳定，且内容零散，没有系统性。比如，在游戏中，幼儿一会儿当妈妈，一会儿又当小宝宝，一会儿又当起了医生；在画画过程中，一开始说要画迷宫，画着画着又说要画地图，最后说自己画的是怪物的家。这与学前儿童的直觉行动思维有关，想象主题非常不稳定，极易发生变化。

3. 满足于想象的过程，而非结果

学前儿童的无意想象并不追求达到一定的目的，而更满足于想象的过程。例如，一位幼儿在画画的时候，说着："黄色来了，绿色来了，绿色和粉色来了，黄色和红色来了，它们打起来了！"他边说边画，手里有时是 1 支笔，有时是 2 支笔，有时是 3 支笔，那些颜色仿佛是一个个战士，开始了一场没有硝烟的战争（见图 5-3）。在整个作画过程中，幼儿陶醉其中，最终画面虽然不知所云，但是他收获的是想象的乐趣。

图 5-3　4 岁半幼儿的作品《颜色的战争》

（二）有意想象开始萌芽

学前儿童的想象虽然是以无意想象为主，但是有意想象在幼儿期开始萌芽，幼儿晚期有了比较明显的表现。具体表现在以下方面。

1. 在活动中出现了有目的、有主题的想象

3 岁的幼儿开始出现有目的、有主题的想象。例如，在小班的娃娃家中，幼儿能够逐步自主扮演爸爸、妈妈和宝宝等角色，并做出了与完成角色任务一致的角色行为，如给宝

宝喂奶、做饭、擦地、洗衣服、带宝宝去买东西等行为，这些行为就体现出了幼儿想象的目的性和主题性（见图 5-4 和图 5-5），还可以边听音乐，边发挥想象，跳出相应的舞蹈动作（见图 5-6）。

图 5-4　小班幼儿在娃娃家里做家务

图 5-5　“爸爸妈妈”带着“宝宝”去“看房”

图 5-6　幼儿根据音乐发挥想象、翩翩起舞

2. 想象的主题逐渐稳定

随着幼儿心理的发展，想象的主题也逐渐稳定，幼儿能够在较长时间内开展同一主题的想象。例如，小班的区域活动中，幼儿经常会在几个区域间转换；在中班，幼儿在区域活动中的稳定性就比较高了。大班的幼儿则能够通过提前商定游戏内容、游戏规则、角色分工来开展游戏。比如在大班建筑区，两个小朋友能够通过绘制设计图来完成搭建，在过程中还不时地共同研究一下建筑图，这充分说明了他们想象主题的稳定性（见图 5-7）。

图 5-7　两位大班幼儿按照设计图进行搭建

3. 能够为实现一定的主题克服困难

幼儿想象的有意性增强还表现在艺术创作的过程中，他们能主动想办法解决遇到的困难，将创作坚持到底。例如，对一个 4 岁 10 个月的幼儿来说，要完整地画完一幅画，需要克服时间长、枯燥的涂色这样的困难，可是最终他很好地完成了这样一幅作品，且能够按照预定的主题来完成，这也是幼儿有意想象逐步发展的另一个体现（见图 5-8）。

图 5-8 克服困难从而胜利完成作品后的喜悦

总体来说，学前儿童的有意想象水平还比较低，纳塔杰的实验证明，在游戏条件下，儿童有意想象的水平较高，在非游戏条件下——严肃的实验中，想象的有意性水平就很低[①]。

【经典实验】

纳塔杰"定势想象实验"

1978 年，纳塔杰以 4～6 岁儿童为研究对象，研究儿童的想象定势。实验要求是让儿童了解想象内容的非真实性，去想象与感知相反的内容。实验有四个方案。

(1) 闭上眼睛，双手放在桌上不动，手心向下，想象两只手，一手抓大球，一手抓小球，在想象中比较两球的大小，共 15 次。

(2) 闭上眼睛，双手放在桌上不动，想象着一手用绳子提着很重的秤锤，另一手提着轻的，共 15 次。

(3) 闭上眼睛，双手放上同样大小的球，幼儿确认两个球大小相同后，让他拿着球，同时想象一个球大，一个球小。

(4) 闭上眼睛，双手同时用绳子提着重量相同的物体，并确认重量相同。然后想象一手提的是重的秤锤，一手是轻的。

该结果说明，不能形成想象定势的幼儿人数随着年龄增长而减少；各年龄幼儿在实验中，形成想象定势的数量随年龄的增长而增加。

（资料来源：陈帼眉．学前心理学[M]．北京：人民教育出版社，1989.）

（三）再造想象占主导

学前儿童的再造想象成分很大，创造性成分很小，具体表现在以下两方面。

1. 常常依赖于成人的语言描述、提示

儿童在听故事的过程中，想象也随着成人的讲述而展开。讲述与直观图像相结合，

① 陈帼眉．学前心理学[M]．北京：人民教育出版社，1989：171.

想象会进行得更好。如果只是看图画或电视上的图像，而缺乏语言描述或提升，儿童的再造想象就无法充分展开。例如，对于4岁多的牛牛来说，每天晚上的亲子阅读时间是绝对不可以省的，因为在亲子阅读中，他可以想象故事中的人物与情节，甚至根据故事情节去展开表演。同样，例如，对于小班和中班初期的幼儿，在游戏中，经常需要老师的提示、参与才能够顺利开展游戏。

2. 实际行动是学前儿童进行想象的必要条件

在幼儿初期，当幼儿无意地摆弄物体时，偶然改变了物体的状态，一个新的形象就出现在头脑中，这种想象的创造性成分很少。幼儿在带有玩具的游戏中较容易进行想象，而且游戏中能够不断地进行实际行动。对于幼儿来说，头戴"紧箍咒"，手拿"金箍棒"，才能把自己想象成为孙悟空进而做出各种动作。又如，对于喜欢植物大战僵尸游戏的幼儿来说，与爸爸妈妈玩真人版的"植物大战僵尸"，更是他们非常喜欢玩的游戏方式。

（四）创造想象逐渐发展

随着语言和知识经验等方面的不断积累和增加，学前晚期儿童在再造想象的基础上，逐渐发展了创造想象。创造想象的发生，主要表现为能够独立地从新的角度对头脑中已有表象进行加工，体现在独立性和新颖性上（见图5-9）①。幼儿期是创造想象开始发生的时期，这个时期创造想象的特点如下。

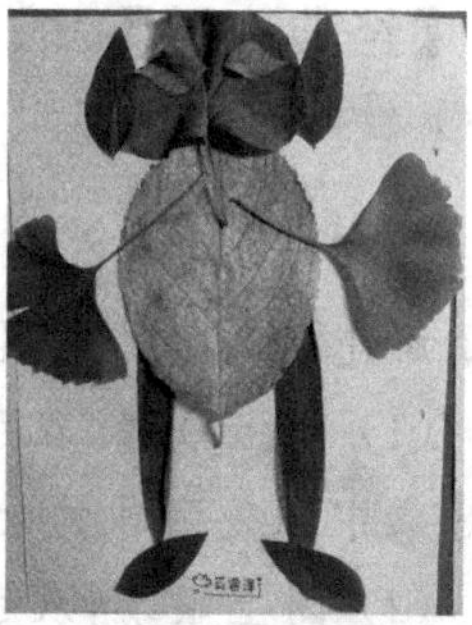

图5-9　5岁幼儿叶画作品《机器人》

1. 最初表现为自由联想与表露式创造

幼儿最初的创造想象是无意的自由联想，可称为表露式创造。例如，一个幼儿在随意画画的过程中，创作出了题为《怪物出走》的多幅连续的画。他的出发点是无意的画，可是经过与成人的对话与相关联想，他创造了一个怪物，并赋予了怪物一些情节（见图5-10）。

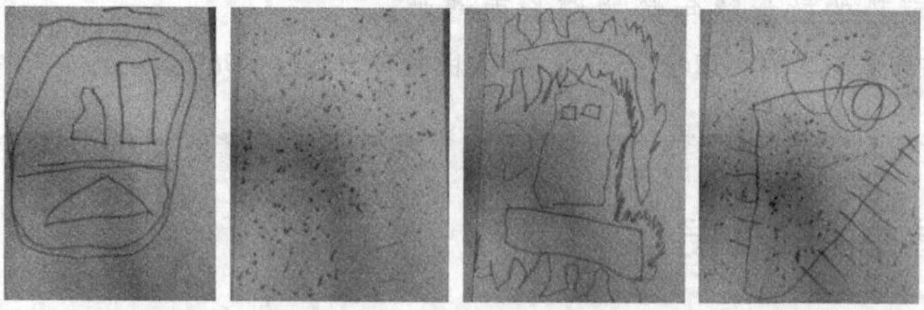

①怪物的家　②怪物出走　③接到来信后怪物回家　④怪物回家的地图

图5-10　幼儿绘画创作《怪物出走》组图

① 秦金亮．儿童发展概论[M]．北京：高等教育出版社，2008：112．

2. 创造性成分较为有限

一般来讲，幼儿创造性想象的形象和原型（范例）只是略有不同，或者在常见模式的基础上有一点改造。例如，一个幼儿创作的《怪物玩套圈》，从画中可以看出，他是把生活中的套圈游戏加以改造进而创作成的（见图 5-11）。

图 5-11　幼儿创造性想象作品《怪物玩套圈》

此外，幼儿创造想象发展的表现还在于“情节逐渐丰富，从原型发散出来的数量和种类增加，以及能够从不同中找出非常规性的相似”等①。

（五）想象具有夸张性

学前儿童想象的一个突出特点就是喜欢夸张，主要表现在以下两个方面。

1. 夸大事物某个部分或某种特征

学前儿童在想象中常常把事物的某个部分或某种特征加以夸大。例如，幼儿在表达自己饿的感觉时会说：“我的肚子快饿扁了！”又如，一个 4 岁 10 个月的幼儿在他发挥想象创作的《嘴巴里的世界》这幅画中，所画的嘴巴超级大（见图 5-12）；在《妈妈的发型》这幅画的创作中，则明显夸大了头发，将头发画满了整个画面（见图 5-13）。

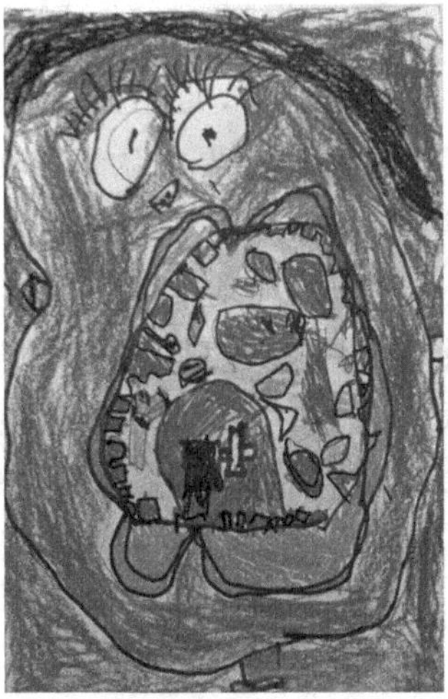

图 5-12　幼儿创作作品《嘴巴里的世界》

图 5-13　幼儿创作作品《妈妈的发型》

2. 混淆假想与现实

学前儿童经常将自己想象的事情当作真实的事情。小班儿童出现把想象当作现实

① 陈帼眉. 学前心理学[M]. 北京：人民教育出版社，1989：178.

的情况比较多。例如，在小班的娃娃家游戏中，有时会看到小朋友真的会将玩具勺伸到嘴里，有的小朋友甚至会把游戏中的“菜”吃了。比如，在小班时家长经常问孩子，今天在幼儿园吃什么了？这时很多孩子并不能准确地说出来，因为很有可能他说的食物是他想吃的，而不是当天幼儿园给提供的食物。所以，在这种情况下，完全相信儿童的想象性描述，有时会引起一些不必要的误会。

之所以出现这样的情况，是因为儿童的认识水平不高，有时会将想象表象和记忆表象混淆。有些儿童渴望的事情，经过反复想象留下了深刻印象，以至于变成似乎是记忆中的事情了。有时，则是由于知识经验不足，把假想认为是事实①。

总之，学前期是学前儿童想象非常活跃的时期，应重视发展幼儿的想象力，这也是促进他们智力发展的重要方面之一。

讨论与分享

幼儿想象的案例

回想你所观察到的幼儿，你能举出哪些幼儿发挥想象的例子？结合实例与本节所学内容，讨论并分享发展儿童想象的方法有哪些？

第二节　搭建心灵花园——学前儿童典型游戏及其心理特点

游戏是儿童的基本活动，儿童在游戏中发展着各方面的能力，儿童凭借着想象在游戏中感受着各种角色、情绪，发挥着自主性，构建着自己对客观世界的认识。在游戏中，儿童感受想象带来的愉悦、自由、自主，同时也践行着约束、规则和紧张，游戏为幼儿心灵搭建了童话般美丽的花园，让幼儿的心灵如插上翅膀般在天空飞翔，游戏对儿童身心的各方面都具有独特的价值。学前期幼儿的游戏有很多，其中较典型的游戏有角色游戏、表演游戏、绘画游戏等，各种典型游戏都无声无息地包容和接纳着每位幼儿的想象力与创造力，这些游戏在促进幼儿各方面能力提升、维持身心愉悦健康等方面发挥着不可替代的作用。

一、什么是游戏

游戏是儿童与周围环境相互作用的基本形式，也是儿童在发展中所必须经历的活动或过程。关于游戏的定义，因研究者视角不同而解释不同，同时也因游戏这种现象本身的复杂性决定了人们定义游戏的复杂化。

① 陈帼眉，冯晓霞，庞丽娟．学前儿童发展心理学[M]．北京：北京师范大学出版社，2013：148.

【有趣的现象】

把 尿

2岁半的小小给小熊猫把尿，尿完还让小熊猫抖几下，接着用纸给小熊猫擦屁股，如此动作重复很多遍，乐此不疲。她在表演奶奶给她把尿的一系列过程。

人们基本采取了三种不同的态度或策略来定义游戏：第一，毋庸定义：这种观点认为游戏是一类庞杂的行为，无法精确定义也无须定义；第二，直觉判断：这种观点主张采用直觉判断的方法解决游戏的定义问题；第三，特征举例：这种观点主张把游戏看作是具有一套共同因素的一类行为，只要设法找出这些因素，就可以解决游戏的定义问题了。因此，游戏特征列举法就成了解释游戏定义的基本策略①。

无论定义游戏的角度和方式有多少种，都不影响我们对游戏辩证特性的基本认识和把握，也正是这几组矛盾的辩证统一，让儿童感受到游戏的魅力，喜欢游戏并乐在其中。

（一）游戏活动既有想象也有真实

想象是游戏活动的基本心理特征，儿童通过想象，可以实现自己在现实生活中无法满足的愿望。如游戏中，儿童可以拿一个空杯子假装喝自己喜欢喝的饮料，可以拿一块积木假想成是自己喜欢的汽车在快速地行驶等。通过想象，幼儿在游戏中表现出了令人赞叹的发明能力和热情，游戏使儿童能够在自己所能控制的环境中改造和理解现实，把现实生活中的困惑、恐惧、沮丧转换为理解、掌握和愉快②。

虽然想象是儿童游戏的心理基础，但是儿童的游戏也从来没有脱离过真实生活。儿童在游戏中的行为都是模仿生活中的所见所闻，或者表达生活中的无奈。想象和真实的这种对立统一的关系使得游戏者在被否定的现实和未被征服掌握的现实之间穿梭来回，使年幼的儿童得以用自己的方式解决内心的矛盾和冲突。所以，游戏具有反映真实和掩盖真实的双重性质③。图5-14为小朋友们在做“刷牙”游戏。

图 5-14 小朋友们在“刷牙”

（二）游戏活动既有自由也有约束

游戏之所以深受儿童的喜爱，就是因为在游戏中儿童是自由的，能在一定程度上自己做主。但是，游戏规则也同样对游戏有所约束。自由和约束均是游戏独特的品性。

① 刘焱．儿童游戏通论[M]．北京：北京师范大学出版社，2008．142-150．

②③ 刘焱．儿童游戏通论[M]．北京：北京师范大学出版社，2008：150．

如在小医院的游戏中，扮演医生的幼儿只能做规定的医生工作，扮演挂号的幼儿只能做规定的挂号工作而不能去做医生，即便如此，孩子们仍然玩得不亦乐乎，而不会因为有规则的约束而放弃游戏。因此，幼儿游戏的乐趣不在于无限夸张的自由之中，而在于有规则约束的自由之中[①]。

二、学前儿童游戏的种类

依据分类角度的不同，游戏有多种分类方法。其中有代表性的是以认知发展为依据的分类和以社会性发展为依据的分类。

（一）以认知发展为依据的分类

根据认知水平的不同，斯米兰斯基把游戏分为四个水平：功能游戏、建构游戏、假装游戏和规则游戏[②]。

最简单的游戏是功能游戏（Functional Play，也称运动游戏）在婴儿期就开始出现。它主要是指动作的重复练习，一个最常见也最令成人不解的现象就是成人抱着1岁左右的婴儿，给婴儿手里一个玩具，婴儿就扔在地上，成人又捡回来给婴儿，婴儿再次扔在地上，如果成人能给婴儿重复地捡回来，婴儿也会重复地扔下去。因为这个阶段的儿童主要是通过感知和动作来认识环境、与人交往的，他们最初的游戏就是把自己的身体作为游戏的中心，逐渐地会摆弄与操作物体，并反复练习已有动作，从简单的、重复的练习中，尝试发现、探索新的动作，从而使自身获得发展。更重要的是在反复的、成功的体验中获得愉快的体验，激发了游戏的内驱力，即“动”就是快乐[③]。幼儿在成长过程中会有很多类似的游戏，如果成人给予足够的关注和支持，幼儿会在游戏中形成阳光、快乐、爱探索的积极学习品质，对幼儿其他方面的发展以及终身发展都具有良好的、潜在的促进作用。

【有趣的现象】

蕾蕾盖盖子

1岁左右的蕾蕾在玩一个带盖子的盆子，她重复将盖子打开、盖上、打开、盖上……竟有10分钟之久。

第二个水平是建构游戏（Constructive Play），是指儿童使用各种物体或材料来建构、

① 刘焱．儿童游戏通论[M].北京：北京师范大学出版社，2008：150.

② 黛安娜·帕帕拉，等．孩子的世界：从婴儿期到青春期[M]．郝嘉佳，等译．11版．北京：人民邮电出版社，2013：373-376.

③ 邱学青．学前儿童游戏[M].4版．南京：江苏教育出版社，2008：86.

反映现实生活中物体的活动，比如用积木搭房子或者用蜡笔画画。建构游戏是游戏活动向非游戏活动的过渡，前期带有象征性，后期逐渐成为一种智力活动①。

第三个水平为假装游戏(Dramatic Play，也称装扮游戏、幻想游戏或者想象游戏)，是2～7岁学前儿童最典型的游戏形式。假装游戏与象征性游戏、想象游戏或表演游戏在性质上是相似的。象征就是用具体的事物表现某种特殊意义，这个具体的事物就是所谓的象征物或替代物，儿童把一种东西当成另一种东西来使用就是"以物代物"，把自己假装成另一个人就是"以人代人"，这都是象征的表现形式。象征性游戏的主要特征就是模仿和想象，其中角色游戏是象征性游戏的主要表现形式。角色游戏体现了"明显的想象情境(如小医院、理发店、餐厅等)"与"隐蔽的规则(医院工作人员的职责、理发店和餐厅服务员的职责)"，而随着幼儿年龄的增长，游戏逐渐表现出"明显的规则"和"隐蔽的情境"，如在踢毽子、跳房子游戏中，规则性要强于情境性，幼儿的游戏逐步过渡到最高水平的游戏——规则游戏②。

最高水平的规则游戏(Formal Play With Rules)是根据一定的规则进行的、带有竞赛性质的游戏，因此，参加游戏的人必须在两人以上。比如跳房子游戏、拍球、跳绳游戏等，这类游戏相对于上述三类游戏更加强调规则而弱化情境，明确的规则是确保此类游戏持续进行的必要而先决的条件。

(二) 以社会性发展为依据的分类

以社会性发展为依据的分类主要以帕顿(Mildred B. Parten)的研究为代表。帕顿通过观察托幼机构中幼儿的游戏，发现随年龄的增长幼儿之间的社会性互动逐步增加，于是，依据游戏中幼儿社会性参与程度的不同，将游戏分为六大类(见表5-1)，不同年龄的幼儿所进行的游戏有所不同，即儿童一开始是自己一个人游戏，然后是旁观其他儿童，对其他儿童的游戏表现出兴趣，最后过渡到与其他儿童一起玩，出现合作游戏。帕顿还认为，非社交游戏比社交游戏成熟。

表5-1 帕顿的社交游戏和非社交游戏类型

类 型	描 述
无所事事的行为	儿童似乎并不是在玩，而是注视突然发生的、使他感兴趣的事情
旁观者行为	儿童大部分时间是在看其他儿童玩，作为旁观者和他们谈话，问问题或者提供建议，但是并不参加游戏。旁观者仅仅是在观看某一群体的儿童，并不对什么感到兴奋
独自游戏	儿童独自一人玩玩具，他所玩的玩具与周围其他儿童的玩具不同，并且也没有尝试接近其他儿童
平行游戏	儿童仍独自在玩，但是与其他孩子在一起，他所玩的玩具同周围儿童类似，却不一定用一样的方式玩。他在同伴旁边玩，而不是与同伴一起玩。平行游戏者并未试图影响其他儿童

① 邱学青．学前儿童游戏[M]．4版．南京：江苏教育出版社，2008：86.

② 刘焱．儿童游戏通论[M]．北京：北京师范大学出版社，2008：124.

续表

类　型	描　述
联合游戏	和其他儿童一起玩，他们讨论游戏，借还玩具，相互追随，并且试图控制小组中的其他儿童。所有儿童玩类似或相同的游戏；没有分工，没有组织目标；每个儿童都做自己愿做的事情，和其他儿童在一起的兴趣要高于活动本身
合作游戏	儿童为某一目的而组织在一起进行游戏，比如制作东西，玩正式的社交游戏，或表演某个情景。由1～2名儿童管理小组，领导活动。通过分工，儿童承担不同的角色，并且相互帮助

（资料来源：黛安娜·帕帕拉，等．孩子的世界：从婴儿期到青春期[M]．郝嘉佳，等译．11版．北京：人民邮电出版社，2013.）

三、学前儿童典型游戏之一：象征性游戏

（一）什么是象征性游戏

象征性游戏是儿童具有表征思维后对物体或人进行假想、想象、表演或模仿的一种游戏，主要包括以物代物和以人代人（又称角色扮演）。象征性游戏的主要特点就是假想，正因为有了假想的能力，幼儿为自己的游戏不断地创造特殊的条件，从而提高了游戏的水平，发展了思维能力。象征性游戏与思维的发展水平紧密相关，因此，2岁以后幼儿的象征性游戏大量出现，4岁以后逐步趋于完善和成熟①。

皮亚杰认为，象征性游戏是幼儿开始进行思维的标志，是感知运动思维（依赖可见的动作）向具体形象思维（内部的心理活动）发展的一个过渡环节，它的出现标志着幼儿思维概括化开始萌芽。这种概括化体现在两个方面：一是对物体的概括与迁移；二是对动作的概括与迁移②。其中，对物体的概括与迁移，要求幼儿找出代替物和被代替物之间的相似之处，并用被代替物改变代替物本来的意义。物体本身的功用越具体明确，被代替的可能性就越小。如儿童发现积木块与汽车的形状大概相同，就用积木块代替汽车开起来嘴里还发出嘀嘀嘀嘀的声音。如果让儿童按着牙刷或者气球代替汽车就比较困难。除了对物体的概括和迁移，象征性游戏中的幼儿还会对动作进行概括和迁移，即把被代替物的动作运用在代替物上。如幼儿骑在小椅子上做骑马的动作，即把骑马的动作运用在椅子上。无论是对物体的概括还是对动作的概括，都是儿童在象征性游戏中表征思维不断发展的体现。

（二）学前儿童象征性游戏的发展特点

1. 动作再现的游戏

最初的象征性游戏主要是儿童对与眼前物体相关的动作的再现。如看到杯子，想起

---

① 李香，李珊泽．论象征性游戏对幼儿主体性发展的价值[J]．重庆文理学院学报：社会科学版，2012(5)：107.

② 刘焱．儿童游戏通论[M]．北京：北京师范大学出版社，2008：276.

来自己喝水喝奶的情境，就会做出假装喝的动作，看到小勺就会想起自己吃东西的情境并假装吃东西，看到布娃娃，就会喂娃娃吃东西，或拍娃娃睡觉等，这些都是单个动作的再现，之后逐步出现连贯的动作，从而使游戏的水平不断提高。如之前只能做喂娃娃的动作，而且倾向于重复这一动作，后来就会出现先用勺搅拌碗内的食物，用嘴吹一吹以防烫，再喂给娃娃，然后还会抱起娃娃放到床上，拍拍睡觉等。

此外，幼儿还会对不同的物体做同一个动作，或者对同一个物体做不同的动作，如拿着一只玩具杯子，既会做喝水的动作，也会戴在头上当帽子，还会放在耳朵旁当电话用。或者用橘子皮、蛋壳等当杯子来做出喝水的动作，但是不能用"杯子"这个词来对代替物进行命名。这一阶段的儿童只有动作上的象征，而没有真正的物的象征。儿童只是对动作感兴趣，只要物体适合做出某种动作，他就用它做出某种动作。这实际上是受感知运动性思维影响的结果。因此，从严格意义上讲，动作再现游戏还不是象征性游戏，而是儿童从感觉运动思维向具体形象思维（表征思维）过渡的一种特殊游戏，是真正象征性游戏发生的基础。随后，儿童开始出现以物代物和以人代人的象征性游戏。

2. 以物代物的游戏

随着思维水平的不断发展，儿童在 2 岁以后出现大量的以物代物的游戏，这是真正的象征性游戏的开始。以物代物游戏的主要特征就是想象与假装[①]，即儿童通过想象与假装，用一种物体代替另一种不在眼前的物体，并且能够用被代替物的名称命名当前的物体。研究发现，被用来作为代替物的物体其功用越具体、越明显，儿童的命名就越难，反之则越容易。例如，儿童虽然用小勺当作电话来玩打电话的游戏，但是让儿童用电话给小勺命名，还是会很困难的。如果用积木块当作电话来打，儿童就很容易给积木块命名为电话。在幼儿最喜欢玩的过家家做饭的游戏中，他们就会因地制宜，利用随手可以获得的物品当作"食材"和"炊具"，如图 5-15 和图 5-16 所示。

图 5-15　三个小朋友在玩过家家做饭游戏

图 5-16　一位幼儿"烹饪"的"美食"

在以物代物游戏中，不同年龄的儿童给代替物命名的能力有所不同，这与儿童思维发展水平直接相关。如一项对不同年龄组儿童在以物代物游戏中为代替物命名数量的

---

① 李香，李珊泽．论象征性游戏对幼儿主体性发展的价值[J]．重庆文理学院学报：社会科学版，2012(5)：107．

比较研究中，研究者用同一种游戏材料让不同年龄组儿童命名，结果发现：3.3～3.5岁组的幼儿命名了35种物品，3.5～4.0岁组的幼儿命名了54种物品，4.0～4.5岁组幼儿命名的数量高达76种[①]。也就是说，随着年龄的增长，幼儿为代替物命名的数量越多，其想象与假装的能力越强。图5-17中的小朋友正在与小鹿雕塑“交朋友”。

图5-17　2岁的小朋友在与小鹿问好、打招呼、玩耍，喂小鹿

3. 以人代人的游戏

随着年龄的增长，象征性游戏发生了极大的改变，即游戏中出现了“以人代人”的现象，这就是角色扮演游戏，即儿童假装把自己当作别人，并通过自己的动作、姿势、表情、语气、语调等把自己所扮演的这个“他人”表现出来[②]。例如，幼儿将手边的纸巾当作讲稿、水杯当作话筒，扮演主持人的角色（见图5-18）。角色游戏是以想象为主要特征，以“角色扮演”为主要手段，自主地表现和表达自己对现实生活和环境的认识与体验、想法和愿望的一种象征性游戏活动，也是最受学前儿童欢迎的游戏活动类型。在一起扮演角色的过程中，儿童能够应对不良情绪、理解他人的观点、建构对外部世界的印象[③]。角色扮演的出现，是象征性游戏在发展上一个重要转折点，它的出现标志着象征性游戏走向成熟[④]。

图5-18　幼儿手握水杯当话筒在“主持”节目

以人代人的角色扮演游戏大致经历了三个阶段：模仿角色的行为、扮演角色的意识和具有对角色的认知。最先出现的以人代人的游戏就是模仿他人的角色行为，但没有把自己当作是那个“他人”，儿童对角色的典型动作或物品更感兴趣。如幼儿双手转动着方向盘，嘴里发出嘀嘀嘀的声音假装在开车，但没有认为自己就是个司机。所以说，儿童最初的角色扮演近似于模仿，想象的成分不多。到3岁末、4岁初时，儿童开始了真正地角色扮演行为，即对角色更感兴趣了，而不是典型物品或者动作。此时的儿童能

① 丁海东，朱德琴．学前儿童游戏发展的三种认知水平[J]．教育导刊，2002(10)(下半月)：8.

② 刘焱．儿童游戏通论[M]．北京：北京师范大学出版社，2008：282.

③④ 黛安娜·帕帕拉，等．发展心理学——从生命早期到青春期[M]．李西营，等译．10版．北京：人民邮电出版社，2013：323.

够运用想象扮演自己想要扮演的角色，并导演符合角色身份的行为。如在娃娃家游戏中，明确知道自己扮演的人是妈妈，所以能一直扮演妈妈的角色做妈妈该做的事情。最后，儿童表现出明确的角色认知，即在角色扮演过程中不仅能明确自己所扮演的角色，同时对各个角色之间的关系也非常明确，并能随情境变化表现出适宜的行为。例如在小医院游戏中，扮演医生的儿童，不仅要给病儿看病，还要跟病儿的家长进行交流。“医生”可以根据情节变化做出适宜的行为，准确地反映角色和角色之间的关系。因此，角色扮演标志着幼儿社会性认知的发展，包括对“他人”的认识和人与人之间关系的认识以及对角色行为的认同[①]。

四、学前儿童典型游戏之二：表演游戏

（一）表演游戏的概念

表演游戏是深受幼儿喜爱的一种游戏，它是幼儿以故事（儿童自己创编的或来自于文学作品的）为线索展开的游戏活动[②]。相对于自由游戏而言，表演游戏具有一定的结构性，这种结构性既来自以“故事”为游戏提供的框架，也来自于教师的指导。这个“故事”可以是儿童文学作品，也可以是幼儿自己创编的故事，还可以是他们经历过的事件[③]。

（二）表演游戏与角色游戏的区别

表演游戏与角色游戏都是儿童的典型游戏，都属于象征性游戏或想象游戏的范畴，在儿童的发展过程中都具有非常重要的作用。但表演游戏不同于角色游戏，表现在两者主题与内容的来源不同，结构性与规则性的不同。

1. 两类游戏主题和内容的来源不同

角色游戏中的主题和内容主要来自于儿童的日常生活经验，例如家庭和社区中的生活经验。而表演游戏的主题和内容则主要来源于故事，包括文学作品或儿童根据自己的经历和想象创编的故事（见图 5-19）。

2. 两类游戏的结构性与规则要求不同

角色游戏和表演游戏都属于儿童自己“创造的”游戏，都属于自由游戏的范畴。但是在游戏的结构性和游戏规则方面仍然不同。

在表演游戏中，故事本身规定了游戏的基本框架，游戏的进行必须以故事为基本脚

---

① 刘焱．儿童游戏通论[M].北京：北京师范大学出版社，2008：283.

② 刘焱，等．幼儿园表演游戏现状的调查与研究[J].学前教育研究，2003：3.

③ 刘焱．儿童游戏通论[M].北京：北京师范大学出版社，2008：504.

图 5-19　幼儿在进行《国王生病了》的故事表演

本，因此，表演游戏的结构性更强。而在角色游戏中，儿童可以自由选择和切换游戏主题，自由决定和改变游戏内容，游戏内容是随着游戏过程的开展而丰富和发展的，之前并没有一个约定俗成的框架或“脚本”。而且，每个游戏者头脑中似乎都有一个“脚本”，事先并不需要达成一致①。

（三）表演游戏的主要特点

表演游戏区别于其他类型游戏的独特性在于它兼具“游戏性”和“表演性”。与角色游戏反映幼儿自己生活经验的特点相比，表演游戏以“故事”为依据的特点决定了表演游戏的“表演性”。在表演游戏的过程中，幼儿会自发地在头脑中将自己的言行与故事情节、人物联系起来，故事作为“脚本”规范着幼儿的行为，成为幼儿行为表现的框架和评价自己和他人游戏行为的尺度。正是基于故事或作品的“再现”要求，构成了表演游戏“表演性”的基础，而且也正是这种“表演性”构成了表演游戏区别于其他类型游戏的根本特征。表演游戏如果缺乏“表演性”，也就缺乏了它自身作为一种游戏类型独立存在的依据。因此，“表演性”之于表演游戏来说，也是它不可或缺的特性。兼具“游戏性”和“表演性”正是表演游戏不同于其他类型游戏的特点②。

五、游戏对维护和促进学前儿童心理健康的作用

游戏不仅是儿童生活中不可缺少的伙伴，也是儿童心理发展中不可或缺的益友。我国著名的儿童教育学家、儿童心理学家陈鹤琴先生认为：“游戏是儿童的生命”，可以给儿

① 刘焱．儿童游戏通论[M].北京：北京师范大学出版社，2008：504.

② 刘焱．儿童游戏通论[M].北京：北京师范大学出版社，2008：512.

童快乐、经验、学识、思想和健康①。前苏联教育学家阿尔金说:“游戏是儿童心理健康的维生素。”游戏为儿童描绘了美丽的、充满幻想的世界,给儿童的心灵以足够的滋养和抚慰,促使儿童健康、茁壮、愉快的成长。游戏对维护和促进学前儿童心理健康具有不可估量的作用。

游戏帮助儿童形成和发展着自己的主体性,实现着“自我”。主体性是人作为活动主体在与客体相互作用过程中表现出来的自主性、积极性和创造性,表现为主体对外部世界以及自己与外部世界的关系的积极主动的掌握。幼儿在游戏中通过想象、假装,积极主动地建构自己的经验世界,形成和发展着自己的主体性,并体验着自己的意志、情感、智慧和力量。游戏活动对于儿童“自我”的发现和发展具有重要意义。

游戏中丰富的游戏性体验为幼儿铸就了积极、良好的情绪品质,为幼儿一生的发展奠定了基础。游戏性体验就是游戏者在游戏活动中产生的对于游戏活动本身的主观感受或心理体验,游戏性体验是游戏不可或缺的重要心理成分。游戏性体验并不来自于外部感官的刺激,而来自于游戏者和外部环境之间所建立的一种特殊的、“我向的”掌握或控制关系。正是这种关系使幼儿获得了“自由”而体验到快乐。游戏性体验具体可细分为兴趣性体验、自主性体验、胜任感体验或成就感体验、幽默感和因身体活动需要的满足而获得的生理快感。这些丰富的游戏性体验正是游戏的魅力所在,她们给予了儿童心灵成长所必需的甘露,因此,游戏性体验也是游戏给予游戏者最好的礼物,让儿童持续地快乐、快乐地发展。

【幼儿园实例评析】

老师,小朋友真的吃我了

最近,小三班的小朋友们特别喜欢玩“捕鱼”游戏。一天,孩子们又玩起了这个游戏,其中最后一个环节是抓小鱼,当“捕鱼人”飞快地向“小鱼”扑过去时,“小鱼们”尖叫着四散逃窜……然后,被捉到的小鱼就要被送到“厨师”那里做成红烧鱼,最后小朋友们还要吃这美味的红烧鱼。

不一会儿,忽然传来刺耳的尖叫:“哇! 哇!”

赵老师急忙跑过去一看究竟,只见蒙蒙和靖靖两人的脸上、胳膊上显露出几道牙印。

“老师——小朋友们真的吃我了! 在我身上咬了一大口!”蒙蒙和靖靖赶紧跟赵老师告状。

赵老师看了看两个人的脸和胳膊,并无大碍,并且她知道孩子们一定是玩这个游戏玩得太入迷了,完全进入角色了,并不是故意地要咬伤蒙蒙和靖靖。于是赵老师问道:“蒙蒙、靖靖,知道为什么小朋友咬你们吗?”

两个人先是摇摇头,紧接着想了想又回答道:“嗯,因为……我们俩是红烧鱼。”说完,他俩也扑哧一声笑了起来。

(资料来源:朱良,陈思群. 幼儿教育案例选[M]. 杭州:浙江大学出版社,2004.)

① 马燕. 游戏与儿童心理发展[J]. 牡丹江教育学院学报,2010(5):100.

案例评析

由于学前儿童的认识水平不高,有时经常会把想象表象和记忆表象相混淆,也就是把想象的事情和现实中真实发生的事情混淆起来,这是学前儿童想象发展的典型特点之一。特别是对于小班幼儿来说,常常会将游戏的情境和现实混淆,完全置身于游戏情境中,身临其境、"弄假成真"。就像我们刚才提到过的,在小班的娃娃家游戏中,有时会看到小朋友真的会将玩具勺伸到嘴里,有的小朋友甚至会把游戏中的"菜"吃了。又如,家长经常问孩子,今天在幼儿园吃什么了。这时很多小一点的孩子并不能准确地说出来,很有可能他说的食物是他想吃的,而不是当天幼儿园提供的食物。

【延伸阅读】

动物游戏之谜①

在缅甸的热带丛林里,高达十几米的树顶上,两只叶猴跳荡着、嬉闹着。它们依仗长尾巴出色的平衡功能,在树枝上玩着"走钢丝"和"倒立"的把戏;它俩相互推挤,好像竭力要把对方推下树去,可被推的一方总是抓住树枝或巧妙地跳开去,绝不会失足坠地……它们是在打架吗?

在北极地区的冰雪陡坡上,一群北极渡鸦发出欢快的聒噪声。它们飞上坡顶,像小孩坐滑梯一样一只挨着一只滑雪而下,滑到坡底后,又飞上去……它们是在表演吗?

动物学家对此做出的解释也许会使我们吃惊:这些动物是在游戏!并不是童话故事中拟人化的"游戏",而是实实在在的游戏,是与人类儿童的游戏行为有着相似特征的游戏行为。动物的游戏行为,是动物行为研究中被认为最复杂、最难以捉摸、引起争论最多的行为。

研究动物行为的科学家,按照动物游戏的形式,把它们分成三种最基本的类型:单独游戏、战斗游戏和操纵事物的游戏。那么,动物为什么要进行游戏?

著名的黑猩猩研究者珍妮·古多尔发现,幼小的黑猩猩常常玩这样的游戏:用手掌舀一点水,用牙齿嚼烂树叶,来汲取手掌中的水。而成年黑猩猩在干旱的季节,就是用嚼烂的树叶汲取树洞中的水解渴的。根据这样的发现,一些科学家认为,游戏行为是未来生活的排演或演习,游戏行为使得动物从小就能熟悉未来生活中要掌握的各种"技能",如追逐、躲藏、搏斗等。

有一些科学家不同意"演习说"。他们指出,游戏行为并不限于幼小动物,成年动物也同样需要。动物游戏是为了"自我娱乐",越是进化程度高、智力发达的动物,这种"自我娱乐"的天性越强。还有其他研究者提出了动物游戏"学习说"。

这几种假说,哪一种更有道理?众说纷纭。动物在游戏行为中表现出来的智能潜力、自我克制能力、创造性、想象力、狡猾、计谋、丰富多彩的通信方式等,都远远超出人们对它们的估计。要解开动物游戏的所有秘密,还需要做更加深入的研究。

① 周立明.动物游戏之谜.高中新课标语文必修教材[M].北京:人民教育出版社,2002.

【课程思政目标】

幼儿思维与智力发展对其日后的学习和生活有着积极影响，能够为幼儿将来终身学习奠定重要基础。幼儿在接受外部刺激的基础上、与环境相互作用的过程中，不断通过对感性材料的加工改造发现事物的内部联系和规律性，尝试解决问题。幼儿的思维特点是以具体形象思维为主，这就要求教师要注重引导幼儿通过直接感知、亲身体验和实际操作开展活动，提供给幼儿更多思维训练的机会，并且在不同的阶段对幼儿智力培养的内容也有所侧重。实践是检验真理的唯一标准，在实践中，我们需要多鼓励幼儿自主探索、尽量依靠自己来解决遇到的问题。

【复习要点】

◆ 你会解释吗？

想象　无意想象与有意想象　再造想象与创造想象　游戏　角色游戏　象征性游戏　表演游戏

◆ 你能回答吗？

1. 学前儿童的想象包括哪几种类型？
2. 通过本章的学习，你了解到学前儿童的想象都有哪些特点？
3. 你知道学前儿童的游戏有哪些主要类型吗？
4. 你能列举几点表演游戏和角色游戏的区别与联系吗？
5. 你认为游戏对学前儿童的心理健康有没有促进作用？为什么？

第六章

学前儿童思维与智力发展

第 6 章　学前儿童
思维与智力发展课件

学习导航

- 学前儿童的奇闻趣事："门萨国际"小神童
- 第一节 具体形象的思考者——学前儿童思维发展
  - 一、什么是思维
  - 二、学前儿童思维
  - 三、学前儿童概念、判断与推理的发展
    - 有趣的现象：黄瓜为什么叫黄瓜
    - 经典实验：皮亚杰的"三山问题"
    - 讨论与分享：幼儿具体形象思维的案例
- 第二节 天才还是迟滞——智力发展与智商
  - 一、什么是智力
  - 二、智力测验与智商
  - 三、哪些因素会影响IQ
    - 有趣的现象：黑猩猩到底有多聪明
- 第三节 探索儿童智慧——皮亚杰和维果茨基的理论
  - 一、皮亚杰和他的认知发展理论
  - 二、维果茨基和他的认知发展理论
- 幼儿园实例评析：看牛妈妈干了些什么呢
- 延伸阅读：帮助幼儿理解"死亡"
- 小组案例讨论：我给小鱼喝点水

【学前儿童的奇闻趣事】

"门萨国际"小神童

当大多数两岁的小朋友还在缠着爸爸、妈妈抱一抱时，英国的两岁小神童奥斯卡·瑞格雷就已经对古罗马时期的历史了如指掌了。奥斯卡智商超出160，堪比爱因斯坦。在奥斯卡两岁5个月零11天的时候，即被全球高智商人士俱乐部——"门萨国际"接纳为会员。

奥斯卡的父亲乔透露，奥斯卡4个月时就自己挑衣服穿，9个月开始说话，一岁半就能背诵字母表，两岁时已经掌握了数千个词语。年仅两岁的奥斯卡还表现出极高的音乐天赋，有段时间他迷上了古典音乐。当他坐在汽车后座上沉浸在音乐中时，他会一边打拍子一边告诉父母正在播放的音乐是由哪几种乐器演奏的。

乔说："经专家鉴定，我儿子的智商至少在160以上，堪比爱因斯坦和霍金。从会说话起，奥斯卡就不停地提问。做父母的都会认为自己的孩子是与众不同的，奥斯卡确实'异于常人'。"

英格兰索里赫尔天才儿童信息中心的评估人员透露，奥斯卡是目前他们所接触到的最聪明的孩子，他也是该组织内部年龄最小的一名会员。据悉，只有智商在148以上的人才有资格加入该组织。1995年，"门萨国际"曾接纳了当时两岁零10个月的本·伍德为会员。而后，来自伦敦北的两岁5个月零14天的女童伊莉斯·坦·罗伯特成为该组织的小会员。伊莉斯的智商为158。而目前，奥斯卡当之无愧地成为该俱乐部中年龄最小的小神童。另据知情人士透露，奥斯卡的父母都智商平平，但他的舅舅乔纳森也是一个天才。1995年，年仅13岁的乔纳森考上大学，主修计算机专业。

（资料来源："百度百科"之"门萨国际俱乐部". http://baike.baidu.com.）

第一节　具体形象的思考者——学前儿童思维发展

当代美国诗人玛丽安娜·穆尔曾这样评价："思维是一件令人着迷的东西。"的确，思维是心理学中最重要同时也是最复杂的问题之一，儿童思维的发生、发展更是一个奇妙、复杂且尚存未知，有待不断深入研究的心理过程。

一、什么是思维

思维即借助语言、表象或动作实现的，对客观事物间接的和概括的反映，是认识的高级形式。思维具有的概括的和间接的特性是互相联系的，它使个体能够通过分析、综合、抽象、概括等各种内部智力操作活动来认识那些没有直接作用于感觉器官的事物，进而把握事物的本质属性和规律。概念形成、理解和问题解决是思维的重要形式。而在实际生活中，人的思维活动往往是由问题情境引起的，并指向问题的解决。人们在头脑中，运用存储在长时记忆中的知识经验，对外界输入的信息进行分析、综合、比较、抽象和概括的过程即思维过程，或称思维操作。

二、学前儿童思维

学前儿童的思维具有哪些特点？学前儿童都掌握哪些概念？他们如何判断、推理？我们不妨从了解儿童思维发展的一般趋势开始。

（一）学前儿童思维发展的一般趋势

按照种系及个体发生的顺序来看，思维可以分为直观行动思维、具体形象思维和抽象逻辑思维三类。学前儿童思维的发展正是遵循着直观行动思维——具体形象思维——抽象逻辑思维的发展路径而日趋成熟。

1. 直观行动思维

直观行动思维即主要借助于实际动作来进行的思维，又称直觉行动思维、感知运动思维、实践思维。直观行动思维面临的思维任务具有直观的形式，解决问题的方式依赖于实际的动作。它是思维发展的初级阶段，也是婴儿最早获得的一种思维能力。例如，一个 12 个月大的婴儿想要抓起桌子上的一个玩具，但玩具离他较远，怎么也够不到，于是婴儿便拉动桌布，使玩具移动到自己的面前，伸手就把玩具抓到了。这里的“抓桌布”与平时的抓玩具看起来是同一个动作，但实际上却是两类不同性质的行为。后者是习惯性动作，而抓桌布则是为了解决够不到玩具的问题而“抓”，是一种智慧动作，是思维的表现。幼儿智慧动作的出现，恰恰标志着儿童直觉行动思维的发生。

3 岁前婴幼儿的思维基本上属于直观行动思维。处于该思维阶段的幼儿，其思维依赖于一定的情境，且只能在动作中进行，往往离开了实物就不能解决问题，离开了玩具就不会游戏了。这个年龄段的幼儿还常常表现出先做后想、边做边想等状态，动作一旦停止，思维活动也随之结束。例如，当正在画一个圆圈时，幼儿告诉你他正在画一个皮球，可是画着画着他发现不太圆，可能就又说他画的是一个鸡蛋。这即是幼儿直观行动思维的典型特征，行动之前并没有事先预定的目标和计划，也不会预见行动的结果。

2. 具体形象思维

具体形象思维即利用头脑中的具体形象（表象）进行的思维。表象即事物不在面前时，人们在头脑中出现的关于该事物的形象。表象具有直观性、概括性和可操作性的特点。根据表象创造程度的不同，表象可分为记忆表象（如脑海里浮现出好朋友的音容笑貌）和想象表象（如头脑中创想出陆空两用新型小汽车的模样）；根据表象产生的主要感觉通道的不同，可分为视觉表象（如脑海浮现妈妈的笑脸）、听觉表象（如脑海里回响起《小红帽》的歌声）、运动表象（如脑海里出现的武术动作）等。

3～7 岁儿童最典型的思维即具体形象思维，这个年龄段的幼儿主要依靠具体事物的表象以及对具体形象的联想进行思维。例如，在幼儿最喜欢的“娃娃家”游戏中，幼儿即根据头脑中关于爸爸、妈妈、孩子等不同人物角色以及家电、厨具等各种物品的形象进行联想与思考，从而进行角色扮演与情景模拟。

3. 抽象逻辑思维

抽象逻辑思维即运用概念、理论知识，根据事物逻辑关系来进行的思维，它反映事物的本质特征，是人类思维的核心形态。4～5 岁的幼儿已出现抽象逻辑思维的萌芽。例如，4 岁幼儿能够猜出一些简单的谜语，5 岁幼儿也知道种下丝瓜籽会长出丝瓜等因果规律。

但这些都是幼儿日常生活中比较熟悉的事物，对于比较陌生或不太熟悉的内容，幼儿就很难掌握其本质特征与规律了。幼儿末期，随着幼儿生活经验的丰富、言语发展等，其抽象概括能力也随之发展，但此时幼儿的抽象逻辑思维还仅仅处于萌芽阶段，远未成熟。

（二）学前儿童思维的典型方式：具体形象思维

具体形象性是3～7岁幼儿思维的最突出特征，它以直观行动思维为基础，以具体形象或表象为思维操作的材料，具体表现为直观形象性、绝对性、缺乏可逆性、自我中心性的特点。

1. 直观形象性

幼儿在感知事物时往往只注意到表面特点或现象，仅凭他们的直觉或感知到的表面现象来认识事物或作出判断，其思维也往往只反映事物间的表面联系，因而表现出思维活动的直观性、形象性、表面性和具体性。例如，幼儿更偏好于阅读图文并茂的书籍原因就在于此，对于思维具有突出直观形象性的幼儿来说，有着大幅精美图画的绘本故事也更容易理解。幼儿具体形象思维的这一特点也体现在幼儿对语言的理解上，老师跟全班小朋友们说："请大家把玩具放回原来的地方。"有些刚入园的幼儿没有反应，好似没听见一样，而如果老师进一步具体说："牛牛，请把你手里的玩具放回原来的地方"，这时牛牛就理解了老师所说的具体意思。因为"大家"这个词具有一定的概括性，每个幼儿的名字则是很具体的，刚入园的幼儿对于"大家"还不能完全理解并联系到自身。

【有趣的现象】

黄瓜为什么叫黄瓜

幼儿往往会根据事物的表面特征来思考，因而常常会问出一些让人意想不到却很有意思的问题（图6-1和图6-2为带孩子去不同的环境体验，在见到奶牛和豇豆后，孩子问了一些有趣的问题）。例如，"奶牛是黑白花儿的，可为什么挤出来的奶却全是白色的？""豇豆为什么叫'豇豆'？为什么不叫'蛇豆'或者'蚯蚓豆''虫子豆呢'？""黄瓜为什么叫'黄瓜'，而不叫'绿瓜'？"

图6-1　摸摸大奶牛

图6-2　采摘豇豆

不妨想一想，如果幼儿这样问，你可以怎样回答他呢？

2. 绝对性

幼儿对世界和事物的认识缺乏相对性与灵活性。例如，幼儿在理解左右关系的相对性上往往存在困难，他可以准确地指出自己的左、右耳，但却不能正确地说出对面这个人的左、右耳。幼儿这种思维的绝对性还表现在日常生活中经常"认死理"。例如，美工活动中，老师给小朋友们依次发橡皮泥，发到最后不够了，于是老师想起昨天在科学区探索不同物体的密度时用到了橡皮泥，于是就去科学区去拿，可是没有拿到橡皮泥的小朋友并不情愿，因为他们就想和其他小朋友一样要用"美工区"的橡皮泥。

3. 缺乏可逆性

幼儿还不能从事物发展的历程再返回原出发点进行逆向思考，因而其思维缺乏可逆性，相应的也很难获得物质守恒的概念。例如，皮亚杰曾通过亲属互反关系来研究幼儿的思维特点，通过询问 4～5 岁儿童，他得到了如下形式的对话："你有兄弟吗？""有，他叫拉乌尔。""拉乌尔有兄弟吗？""啊！没有，家里只有我们两个。"[①]皮亚杰所做设计实施的一系列守恒实验也显示，处于 3～7 岁年龄段的幼儿，其思维往往尚未获得守恒性。例如，呈现给幼儿两个大小、形状相同且装有等量水的杯子，然后将其中一个杯子里的水倒入另一个又细又高的杯子里，再问幼儿两个杯子里的水是不是还一样多时，通常大部分幼儿会回答"不一样"。这说明幼儿还不能将换过容器后的情况复原到一开始两个相同杯子装着等量水的最初状态，其思维缺乏可逆性，如图 6-3 所示。

幼儿看到两个一样的玻璃杯装有等量的水。　向幼儿当面演示，将其中一杯水倒入一个更细更高的杯子里。　幼儿认为细高杯子里的水更多。

图 6-3　液体守恒实验

（图片来源：百度图片．http://image. baidu. com.）

4. 自我中心性

幼儿具体形象思维的特征还表现在思维的自我中心性方面，幼儿还不会站在他人的

① J. 皮亚杰·G. 亨里克，E. 阿希尔．态射与范畴：比较与转换[M]. 刘明波，张兵，孙志凤，译．上海：华东师范大学出版社，2005：91.

角度上来思考问题，也没有意识到别人可能和自己的观点并不相同。相反的，在他们看来其他人的想法都是和自己一样的，也就是说他们认为其他任何人都是用和他们一样的方式方法去观察、思考和感觉的。在这一点上，皮亚杰著名的“三山问题”实验提供了很有说服力的论据。在桌子上向幼儿呈现一个“三山模型”，让幼儿站在桌子的一边，同时让一个洋娃娃围绕着该模型，站在不同位置观看“三座山”，然后让幼儿从备选图片中选出一张符合当前洋娃娃所在位置观察到的山的形状。研究结果显示，幼儿往往是以自我为中心地按照自己视角所看到的山的形状来选择图片。他们认为，洋娃娃和他们自己看到的“三座山”是一样的，如图 6-4 所示。

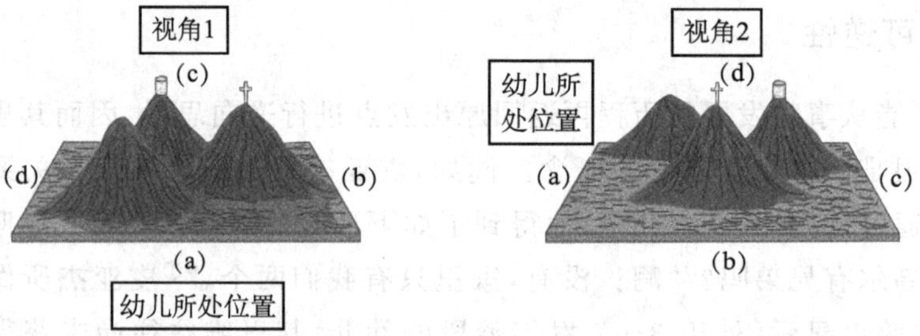

图 6-4 皮亚杰的“三山问题”

（图片来源：全国中小学教师继续教育网，http://edu6.teacher.com.cn/tln007a/webcourse/PAGE/0405.htm.）

【经典实验】

皮亚杰的“三山问题”

三座山以颜色和山顶加以区分，一座有红十字、一座有小房子、第三座有个雪顶。皮亚杰判断处于前运算阶段（2～7 岁）的儿童是以自我为中心的，因为他们不能从玩具娃娃的角度选图画。相反，他们仅仅显示出他们自身的优势观点。

（资料来源：劳拉·E. 贝克. 儿童发展[M]. 吴颖，等译. 5 版. 南京：凤凰出版传媒集团，江苏教育出版社，2002.）

自我中心思维的另一体现即泛灵论或拟人性。幼儿会将没有生命的物品或将动物当成人一样来对待，并且认为它们也有着和他自己一样的想法和感受。凭借幼儿思维中的拟人性特点，教师往往可以因势利导地实施教育。例如，老师发现孩子们总是忘记给自然角里的植物定时浇水，花草都蔫了。于是，这一天老师把孩子们带到自然角里，指着几株已经蔫了的小花跟孩子们说：“你们看，小花、小草和你们一样，它渴了也需要喝水，没喝到水，于是就低下了头，花瓣也蔫了。你们一定要好好爱护它们，别忘了给它们喝水呀！”听了老师的话，孩子们都显出有点替小花着急、伤心的神情，把定时给自然角的花草浇水这件事记在了心里。

讨论与分享

回想日常生活中的所见所闻，你还能举出哪些反映幼儿思维具体形象性的小例子？或结合具体问题情境，你认为教师可以怎样利用幼儿具体形象思维的特点，因势利导地对幼儿展开教育和引导？

三、学前儿童概念、判断与推理的发展

概念是人脑对客观事物本质属性和特征的反映。判断是概念与概念之间的联系，是对事物之间或事物与其特征之间的联系的反映。推理则是判断与判断之间的联系，是从具体事物或现象中归纳出一般规律，或根据一般原理推出新结论的思维活动。概念、判断和推理是人类思维的基本形式。

（一）学前儿童概念的发展

学前儿童对概念的掌握一般具有以下特点和规律。

(1) 随年龄增长，幼儿掌握概念的准确性与深入性逐渐提高。就学前儿童掌握的概念来说，往往存在概括不精确、不能把握本质特征、内容比较贫乏的现象。有时会出现过度扩充或过度缩小现象。过度扩充即幼儿超越或扩充了概念的范围，例如，将凡是有四条腿的动物如牛、马、羊等都称之为“狗”；过度缩小则是将概念的意义范围窄化，如认为“妈妈”这个概念仅限于指自己的妈妈。

(2) 就概括水平而言，幼儿往往先掌握中等概括水平的概念，而后才是其下位更加具体的概念以及上位更加宏观的概念。例如，在“狗”“牧羊犬”“动物”这三个概念中，幼儿一般是首先掌握“狗”这个处于中等概括程度水平的概念，而后才是掌握概括程度较低的“牧羊犬”和概括程度较高的“动物”这两个概念。

(3) 就概念类型而言，幼儿对时间与空间概念、数概念的掌握一般都晚于实物概念的掌握。特别是那些日常生活中经常接触、熟悉的物品，幼儿对其概念的掌握最早也最多。在空间方位概念方面，直到幼儿晚期，完全准确地理解左右方位的相对性对很多幼儿来说仍相当困难。幼儿初期已有一些初步的时间概念；幼儿中期可以正确理解“昨天”“明天”等时间概念，但对相对较远的“前天”“后天”“大后天”等概念的理解仍有困难；幼儿晚期开始能理解“前天”“大后天”等，但对几个月、几分钟、几秒钟的辨别仍感困难。

(4) 数概念与实物概念比较起来，是一种更加抽象的概念，因而在儿童发展过程中，掌握数概念总是比掌握实物概念晚一些，也比较难一些。所谓掌握数概念，即包括以下几个方面：①理解数的实际意义（如“3”是指三个物体）；②理解数的顺序（如 2 在 3 之前，3 在 2 之后，2 比 3 小，3 比 2 大）；③理解数的组成（如“3”是由 1+1+1、1+2 或 2+1 所

组成的）。2～3岁、5～6 岁是儿童数概念形成和发展的关键年龄[①]。儿童数概念的形成经历了口头数数、给物说数、按数取物、掌握数概念这四个主要的发展阶段[②]。①口头数数。3 岁多的幼儿多数能数到 10；4 岁多的儿童多数能数 20 以内的数，少数能数到 100；5 岁多的儿童多数能数 30 以上的数，其中约半数能数到 100；6 岁多的幼儿大多数能数到 100。②给物说数。即点数实物后说出总数。2 岁多的幼儿大部分能点数到 2～3，3 岁多的儿童大部分能点数 5 以内的数，有的能点数到 10 以内，但说数能力明显滞后于点物数的能力。5 岁多的儿童点物数的数目则与口头数的数目范围基本趋于一致。③按数取物。3 岁多的幼儿，大多还不能按指定的数（5 以内）取物，有些幼儿所取物体数量正确，但当问到所取总数是多少时，往往说错。五六岁的幼儿不仅计数的范围逐步扩大，计数的准确性也不断提高，基本上都能按照指定的数目正确地取出物体。④掌握数概念。在掌握数概念的过程中，儿童对于一个数概念的获得所花费的时间是不同的。例如，掌握 1～2 数概念较快，而从 2 过渡到 3 的时间却几乎是前者的一倍（约半年以上）。四五岁幼儿大都进入数概念开始形成的阶段，能点数数量不多的物体并说出计数结果。六七岁幼儿大都进入数概念基本形成阶段，能较顺利地一个一个点数较多的物体。图 6-5 中一名 3 岁 3 个月大的男孩儿正在点数“小花猫”，他已经能够正确计数，结果一共 5 只。

图 6-5　点数

教育部《3～6 岁儿童学习与发展指南》数学认知中的第二项目标即“感知和理解数、量及数量关系”，具体目标内容参见表 6-1。

表 6-1　学前儿童感知和理解数、量及数量关系的发展目标

3～4 岁	4～5 岁	5～6 岁
1. 能感知和区分物体的大小、多少、高矮长短等量方面的特点，并能用相应的词语表达 2. 能通过一一对应的方法比较两组物体的多少 3. 能手口一致地点数 5 个以内的物体，并能说出总数，能按数取物 4. 能用数词描述事物或动作。如我有 4 本图书	1. 能感知和区分物体的粗细、厚薄、轻重等量方面的特点，并能用相应的词语描述 2. 能通过数数比较两组物体的多少 3. 能通过实际操作理解数与数之间的关系，如 5 比 4 多 1；2 和 3 合在一起是 5 4. 会用数词描述事物的排列顺序和位置	1. 初步理解量的相对性 2. 借助实际情境和操作（如合并或拿取）理解“加”和“减”的实际意义 3. 能通过实物操作或其他方法进行 10 以内的加减运算 4. 能用简单的记录表、统计图等表示简单的数量关系

（资料来源：教育部网站．http://www.moe.edu.cn/publicfiles/business/htmlfiles/moe/s3327/201210.）

（二）学前儿童判断与推理的发展

学前儿童在判断事物时往往从事物外在或表面的特点出发，因而表现为对事物的判

① 林崇德．发展心理学[M]．北京：人民教育出版社，1995：233.

② 林崇德．学龄前儿童数概念与运算能力发展[J]．北京师范大学学报，1980(2).

断、推理往往不合逻辑，常常把直接观察到的事物之间的表面现象或事物之间偶然的外部联系当成判断的依据，并且常常以自己的生活经验作为判断的依据。例如，当问幼儿“为什么这块大的烤红薯比那块小的香?”时，幼儿这样回答：“因为这块大的是妈妈给我买的。妈妈总给我买好吃的，我最爱吃妈妈买的好吃的！”

儿童在解决问题时最根本的策略即进行推理，根据已有的信息引出新的信息。按照逻辑学的分类，推理可分为演绎推理、归纳推理和类比推理。幼儿经常使用的是归纳推理和类比推理。归纳推理即从许多特殊信息中得出一个一般性的结论。类比推理则是根据两个事物之间的关系，推断出其他两个类似事物之间也有相应的关系。早在婴儿期，儿童就能在新情境中运用已经掌握的动作来解决问题，这是动作水平的归纳推理。幼儿将各种各样的花草树木归于“植物”一类，也体现了归纳推理。3～6 岁幼儿也已经具有一定水平的类比推理。例如，4 岁儿童中有不少已经能够正确完成“水果/苹果、文具/?”的类比题目了。

与此相关的概念、判断和推理等思维活动都需要对事物有一定的理解。学前儿童理解事物具有以下特点：幼儿对事物的理解常常是孤立的，不能发现事物之间的相互联系与内在关系；对事物的理解主要依靠事物的具体形象；对事物的理解往往是表面化的，不能理解其内部含义。例如，一名幼儿吃午饭很磨蹭，老师实在没有耐心了，于是随口说了一句气话：“吃这么慢，算了别吃了，直接睡觉去吧。”没想到他真的不吃了，站起身来准备去午睡了，丝毫没有听出老师说的是气话，不是想让他立即睡觉，而是希望他快一点吃。

第二节 天才还是迟滞——智力发展与智商

阳阳今年 5 岁半，他弹得一手动听的钢琴，对于音乐他似乎有着与生俱来的偏好与敏感。然而，就是这个在人们眼中的“音乐天才”，已经被确诊为自闭症患儿，智商低于正常儿童。而我们在本章开篇时提到的奥斯卡，小小年纪却在言语发展、音乐、历史等多个方面表现出远高于同龄人的非凡能力，其智商更是高达 160 以上。不到 3 岁，他就成为门萨国际俱乐部年龄最小的会员。

阳阳到底是天才，还是智障？小奥斯卡超人的智商究竟源于何处？什么是智力？智商又是什么？学前儿童的智力发展有什么特点？哪些因素会影响一个人早年的智力发展？让我们带着这一系列问题，开始本节的学习和探索吧！

一、什么是智力

智力这一概念至今心理学界有着多种不同的解释，如“智力是人们在获得知识（学习）以及运用知识解决实际问题时所必须具备的心理条件或特征”（荆其诚，1991），“智力活动是在人脑内部进行的认识活动”（林传鼎，1986），“智力指认识方面的各种能力，即观察力、记忆力、思维和想象能力的综合，其核心成分是抽象思维能力”（朱智贤，1989），以及“智力就是指人的认知能力，是其感觉、知觉、注意、学习、记忆、思维和言语等各种认识能力的综合表现，其核心是抽象思维和解决问题的能力”（庞丽娟，1993）。应该说目前还没有任何一个统一的能够得到普遍接受的有关智力的定义，但我们可以梳理出以下几种主要的智力理论。

（一）心理计量学派的智力理论

20世纪上半叶，心理计量学派在智力研究领域处于主宰地位，但它又分为以下两支。

1. 因素说

桑代克（Thorndike）于19世纪末20世纪初首先提出特殊因素理论，认为智力由许多特殊能力组成，他设想了智力由填句（C）、算术推理（A）、词（V）和领会指示（D）所组成；英国心理学家斯皮尔曼（Charles Spearman），也是最有影响的因素分析家，于1904年提出了著名的“二因素说”，认为智力由贯穿于所有智力活动中的普遍因素（g）和体现在某一特殊能力中的特殊因素（s）组成；凯勒（T. L. Kelly）和瑟斯顿（Louis Thurstone）分别于20世纪30年代和40年代提出了智力的“多因素说”，认为智力结构的基本成分包括语言理解能力、词语流畅性、数字能力、空间视觉能力、记忆力、推理能力及知觉速度。

2. 结构说

美国心理学家吉尔福特（J. P. Guilford）提出了智力的三维空间结构，在操作和产品维度上各包含六项内容，在内容维度上包含五项具体内容，这些不同维度，不同内容的交叉组合就构成了智力的100多个因素；英国心理学家阜南（P. E. Vernon）则认为智力是一个多层次的心理结构；美国心理学家希莱辛格（I. M. Schlesinger）和格德曼（L. Guttman）则在1969年提出了智力的二维结构模型，认为智力的第一维是言语、数和形（空间）的能力，第二维是规则应用能力、规则推理能力和学校各种学业测验成绩[①]。

几位现代心理学家对早期因素分析关于智力的观点进行了扩充。例如，卡特尔（R. B. Cattell）提出了晶体—流体智力，将g划分为两个因素：与晶体智力相联系的任务包括词汇、一般信息和审美问题；流体智力则需要较少的专业知识，包括理解复杂关系和解决问题的能力。卡罗尔（John Carroll）则得出了智力三层理论，处于智力金字塔顶层的是g，第二层是八类能力，最底层是狭义的能力[②]，如图6-6所示。

上述学者对智力的界定虽然也不尽相同，但他们基本上都认同的一点是，在人类智力结构中同时存在着起一般作用的智力因素和起特殊作用的智力因素，正是这些处于不同等级水平的智力因素组合在一起才构成了完整的智力系统。

---

① 霍力岩，沙莉．重新审视多元智力——理论与实践的再思考[M]．北京：北京师范大学出版社，2007：147-148.

② 劳拉·E. 贝克．儿童发展[M]．吴颖，等译．5版．南京：凤凰出版传媒集团，江苏教育出版社，2002：444.

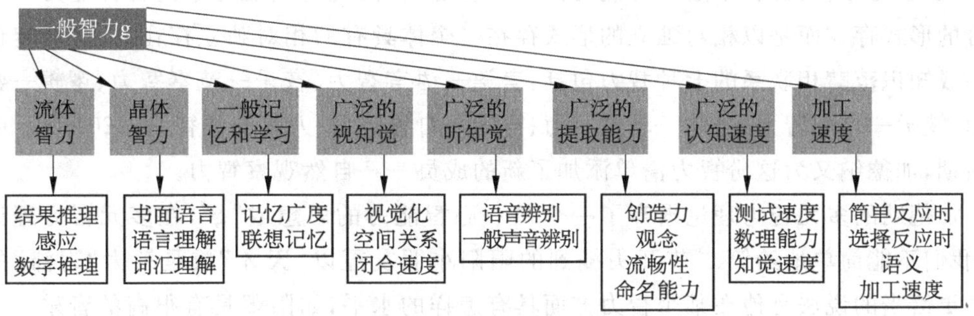

图 6-6 卡罗尔的智力三层理论

（二）信息加工学派的智力理论

20 世纪 50 年代末 60 年代初，信息加工的研究方法被广泛地应用于人类智力研究领域。一般认为，美国心理学家奈索为“现代认知心理学之父”，他于 1967 年撰写的第一部专著《认知心理学》中指出，认知即从感觉输入到转换、简约、加工、存储、提取和使用的全部过程。从信息加工的观点来看，智力研究的单元应该是主体根据特定种类的心理表征所进行的即时心理运算或操作。他们更注重发生在大脑与神经通路中的各种变化与反应，通过研究和比较不同年龄被试对信息的编码程度、加工速度和有效性，以及元认知策略等，以此发现儿童智力发展的趋势与特点。信息加工学派同时注意到了智力发展的个体差异性以及同一个体各方面发展的不平衡性问题。认知心理学关于智力结构的研究，以斯滕伯格(R. J. Sternberg)的三元理论最具代表性。

美国耶鲁大学心理学家斯滕伯格 1985 年向传统的智力理论正式“宣战”，提出了著名的智力三元理论。他认为一个完整的智力理论必须说明智力的三个方面，即智力的内在成分、这些智力成分与经验的关系、智力成分的外部作用。这三个方面分别对应三元理论中的智力成分亚理论、智力经验亚理论和智力情境亚理论①。

（三）加德纳的多元智力理论

基于多年对人类潜能的研究，加德纳在 1983 年出版的《智力的结构》一书中提出了一个新的智力定义：“智力是在某种社会或文化环境的价值标准下，个体用以解决自己遇到的真正的难题或生产及创造出有效产品所需要的能力。”1999 年《智力的重构》一书中，加德纳进一步将智力界定为“智力作为一种生理心理的潜能，其信息加工的功能可以在某一文化背景下被激发出来，从而解决问题或创造出该文化所珍视的产品”②。根据上述新的智力定义，加德纳提出了关于智力结构的新理论——多元智力理论，认为就基本结

① R. J. 斯滕伯格．超越 IQ——人类智力的三元理论[M]．俞晓琳，等译．上海：华东师范大学出版社，2000：6.

② Howard Gardner. Intelligence Reframed: Multiple Intelligence for the 21st Century[M]. New York: Basic Books, 1999: 33.

构来说，智力是多元的，不是一种能力而是一组能力，而且这些能力中的各种能力不是以整合的形式存在而是以相对独立的形式存在。个体具有的相对独立存在的、与特定认知领域或知识范畴相联系的七种智力包括：言语—语言智力、音乐—节奏智力、逻辑—数理智力、视觉—空间智力、身体—动觉智力、自知—自省智力、人际交往智力。20 世纪 90 年代后期，加德纳又为这份智力清单添加了新的成员——自然观察智力。

加德纳的多元智力理论摒弃了一个单一心智能力的思想或“g”，在多元智力理论看来，我们不能简单地给第二节开头提到的阳阳小朋友冠以“天才”或是智力“迟滞”的标签。更恰当的说法是他在某个智力方面具有怎样的水平，如阳阳具有很高的音乐—节奏智力，他在这个智力方面可成天才，但他其他方面的智力表现并不理想，甚至表现出发展的滞后。

二、智力测验与智商

（一）智力测验的由来与发展

1. 智力测验的由来

一般能力测验即智力测验(Intelligence Test)，这是目前世界各国普遍采用的一类测验。1905 年，法国心理学家比奈(A. Binet)在医生西蒙(T. Simon)的帮助下，编制了一个包括 30 个项目的正式测验，每个项目的难度逐渐上升，根据儿童通过项目的多少来评定其智力高低。这就是最早出现的智力测验，即比奈—西蒙智力量表(Binet-Simon Intelligence Scale)。而这种测验仍有一定缺陷，1908 年，比奈和西蒙对已编制好的量表进行了第一次修订；1916 年，美国斯坦福大学教授特曼(L. M. Terman)将这个量表介绍到美国，并修订成为斯坦福-比奈智力量表(Stanford-Binet Intelligence Scale)；随后，在 1937 年和 1960 年，斯坦福-比奈智力量表又经过了两次修订，成为目前世界上广泛流传的标准测验之一。

2. 斯坦福-比奈智力量表

斯坦福-比奈智力量表适用于 2 岁以上的儿童，是传统的比奈-西蒙测验的美国修订版本。测验用时 45～60 分钟，要求儿童命名单词、串珠、搭积木、找出缺失的图片、走迷宫和进行数字理解。儿童的成绩通过测量流体智力(解决抽象或新异问题的能力)、知识、数量推理、视空间知觉加工和工作记忆来获得。2003 年修订的第五版该测验包括了以上五个认知维度的非言语测量方法，因而可以进行言语和非言语的比较。除了提供总的智力分数外，斯坦福-比奈量表还给出了智力的言语和非言语分数，以及跨越五个认知维度的合成分数①。表 6-2 为斯坦福-比奈智力测验的一部分项目举例。

① 黛安娜·帕帕拉，萨莉·奥尔兹，露丝·费尔德曼．发展心理学：从生命早期到青春期(上册)[M]．李西营，等译．10 版．北京：人民邮电出版社，2013：289.

表 6-2　斯坦福-比奈智力测验的项目举例

年龄	任　务
4 岁	填充句子中缺少的词语："哥哥是个男孩，姐姐是个________。" 正确回答："为什么我们有房子？"
9 岁	正确回答："在西班牙的一块古老墓地上，人们发现了一块小头骨，他们相信那是克里斯多弗哥伦布 10 岁时的骨头。这个判断的不合理之处在哪儿？"
12 岁	完成句子："这些溪流很干，________这里雨水很少。" 说出下列陈述的不合理之处："比尔琼斯的脚是如此之大，以至于他不得不从头上穿裤子。"
成人	能够描述词语间的区别。例如，痛苦和贫穷；品质和名声；懒惰和闲散。 解释如何用一个 5 品脱和一个 2 品脱的罐子测量 3 品脱的水

（资料来源：卡萝尔·韦德，卡萝尔·塔佛瑞斯．心理学的邀请[M]．白学军，等译．北京：北京大学出版社，2006.）

3. 韦氏儿童智力量表

韦氏儿童智力量表-Ⅲ（WISC-Ⅲ，Wechsleer Intelligence Scale for Children-Ⅲ）是一种适用于 6～16 岁儿童的测试的第三个版本。该量表向下延伸，即用于学前和小学儿童的韦克斯勒智力量表-修订本（WPPSI-R，Preschool and Primary Scale of Intelligence-Revised），该量表适合于 3～8 岁儿童。WISC 和 WPPSI 都测量两种广泛的智力因素：言辞和成绩。每一方面都包括 6 个子测试，共得出 12 个单独分数。其中的绩效项目要求儿童排列实物而非谈话，因此这些测试为不说英语的儿童和有言语失调的儿童提供了可以证明其心智的方法[①]。

（二）智商是什么

智商也就是智力商数（Intelligence Quotient），常用 IQ 表示。对于智商的认识及其计算方法也经历了逐渐完善、科学化的过程。

1. 比率智商

比率智商通过个体的智力年龄（MA）与实际年龄（CA）的关系来表示，其计算公式如下：

$$\text{智商(IQ)}=\frac{\text{智力年龄(MA)}}{\text{实际年龄(CA)}}\times 100$$

按照这个公式来计算，如果一个 4 岁幼儿的智力年龄和他的实际年龄相同，那么这个孩子的智商就是 100，说明他的智商达到了正常 4 岁儿童的一般水平。智商在 90～110 的代表智力水平一般；如果一个儿童的智商超过 110，代表这个儿童智商水平偏高，低于 90 则智商水平偏低[②]。比率智商（Ratio IQ）存在着明显的缺陷，其计算公式并不很适用于

① 劳拉·E. 贝克．儿童发展[M]．吴颖，等译．5 版．南京：凤凰出版传媒集团，江苏教育出版社，2002:451.

② 彭聃龄．普通心理学[M]．北京：北京师范大学出版社，2004:419-421.

成人，例如，一个45岁的人和一个25岁的人IQ分数一样，由于两人实际年龄的差异，计算结果显然是45岁的人的IQ得分低，但实际情况是：这个45岁的人的智力并不一定比那个25岁的人智力低。

2. 离差智商

韦克斯勒在前人基础上革新了智商的计算方法，将比率智商改为离差智商（Deviation IQ）。他的依据是：人的智力测验分数是按常态分布的，大多数人的智力处于平均水平，即IQ=100；离平均数越远，获得该分数的人数就越少。大多数智力测验按照平均智力水平为100，标准差为15来转化原始分。由此，智力就可以用测验分数和同一年龄的测验分数相比来表示，计算公式如下①：

$$IQ=100+15Z(\text{标准分数})$$

其中，$Z=\dfrac{\text{个体测验分数}(X)-\text{团体平均分数}(\overline{X})}{\text{团体分数标准差}(SD)}$。

例如，某个年龄组的平均得分为85分，标准差为5分，而某个人得90分，则他的得分比他所在年龄组的平均得分高出一个标准差，$Z=(90-85)\div5=1$，他的智商即$IQ=100+15\times1=115$。当谈到一个特定的IQ时，我们就能知道它的真实含义，例如，IQ为100的儿童比50%的同龄人做得好。离差智商也不能称为完美，因为离差智商容易造成对智力绝对水平的误解。因为尽管一个人的离差智商在25岁和65岁时可能都是100，但就其智力的绝对水平来看，进入老年后的智力绝对水平一般来说较青壮年时期要低一些。

三、哪些因素会影响IQ

儿童在智力测验上的得分会受到多方面因素的影响，包括他的遗传、读写技能、气质、家庭环境与教养方式、社会经济地位、种族或文化，他的认知风格与任务之间的匹配度，以及测验情境的舒适度等。在这里我们主要来关注其中的三个方面：遗传、家庭环境和种族。

（一）IQ有多少来自遗传

Tomas Bouchard和Matt Mcgue总结了全世界关于亲属关系组的IQ方面的研究成果，如表6-3所示。数据明显表明：家庭成员的基因类似性越大，他们彼此之间在IQ水平上的相似度也就越高。并且，分开抚养的同卵双生子的IQ相关系数，要远高于那些在同一家庭内一起抚养的异卵双生子。其中，一起抚养的同卵双生子的IQ相关系数最高，为0.86。

① 彭耽龄．普通心理学[M]．北京：北京师范大学出版社，2004：419-421.

表 6-3 全世界关于亲属关系组的 IQ 关系的总结

亲属关系组	关系的平均权重	亲属关系组的总数
同卵一起抚养双生子	0.86	4672
同卵分开抚养双生子	0.76	158
异卵一起抚养双生子	0.55	8600
异卵分开抚养双生子	0.35	112
一起抚养的兄弟	0.47	26 473
分开抚养的兄弟	0.24	203
有遗传关系一起生活的孩子	0.42	8433
无遗传关系的兄弟(收养-亲生组)	0.29	345
无遗传关系的兄弟(收养-收养组)	0.34	369

(资料来源:劳拉·E. 贝克. 儿童发展[M]. 吴颖,等译. 5 版. 南京:凤凰出版传媒集团,江苏教育出版社,2002.)

与此同时,研究者进一步考察了这种血缘关系随年龄变化的特点,进而发现了另一项支持遗传对 IQ 具有重要影响的有力证据。2 岁时,同卵双生子比异卵双生子表现出更大的 IQ 相似性;进入成年后,同卵双生子的 IQ 相关系数继续适度地上升,而异卵双生子的 IQ 相关度则在青少年时期开始便出现明显的下降。

(二) 家庭环境与 IQ 有关系吗

有研究者建立了一套环境测量的家庭观测方法(Home Observation For Measurement of The Environment,HOME),即通过观测和对父母的访谈来收集关于儿童家庭生活质量信息的清单①。来自 HOME 的研究结果表明,父母提供的刺激与子女的发展是相互联系的。婴儿期中父母的情感与语言反应、父母的参与、物质环境的组织、日常刺激的变化等因素,以及学前期中自尊、感情、温暖,通过玩具、游戏和阅读材料刺激,社会成熟的模范和鼓励,安全、清洁并有助于发展的物质环境,文化行为刺激等因素,都与儿童的 IQ 水平中度相关。一项对低收入非裔美国家庭的儿童开展的纵向研究发现,家庭环境对智力的影响很大,至少与母亲的智商对儿童的影响强度是一样的②。

(三) 白人天生比黑人聪明吗

跨种族的收养研究提供了关于黑人与白人儿童之间 IQ 差异起源的证据。如果黑人儿童的 IQ 天生就与白人儿童一样,并无差异,是黑人家庭环境及其抚养方式限制了其 IQ 发展,那么,当黑人儿童被白人家庭收养后,他们的 IQ 就应上升。研究者对百余名跨种族收养的黑人儿童在童年期和青少年期进行了 IQ 测验,这些黑人儿童中的 2/3 是在出生的第一年内被收养,1/3 则在 1 岁后被收养。童年期测试时,被收养人获得了 106 的平均 IQ,明显高于一般大众平均值;在第一年内被收养的黑人儿童 IQ 更高,平均达到

① 劳拉·E. 贝克. 儿童发展[M]. 吴颖,等译. 5 版. 南京:凤凰出版传媒集团,江苏教育出版社,2002:467-475.

② 卡萝尔·韦德,卡萝尔·塔佛瑞斯. 心理学的邀请[M]. 白学军,等译. 北京:北京大学出版社,2006.

110，比生长在低收入黑人社区中儿童的平均智商高 20 分。也就是说，在种族与抚养环境这两个因素中，后者对黑人儿童与白人儿童之间的 IQ 差异来说，是更加重要的影响因素。

【有趣的现象】

黑猩猩到底有多聪明

黑猩猩（见图 6-7）的遗传基因与人类的遗传基因非常相似，一些研究者相信，黑猩猩能够理解自己的心灵和他人的心灵是如何发挥作用的。当照镜子时，它们会试图发现它们直接看不到的身上的痕迹，还能够对着镜子剔牙、做鬼脸。这表明黑猩猩具有一定的自我意识，它们可以互相安慰、通过组织包围圈等策略捕食猎物……这些都是智慧行为的表现。

图 6-7　黑猩猩

第三节　探索儿童智慧——皮亚杰和维果茨基的理论

在探索儿童智慧起源与发展的历史进程中，有两个人物留下了深深的足迹，一位是瑞士儿童心理学家，发生认识论的缔造者让·皮亚杰；另一位则是被誉为“心理学的莫扎特”的苏联心理学家维果茨基。

一、皮亚杰和他的认知发展理论

作为世界著名的儿童心理学家和发生认识论的创始人，让·皮亚杰（Jean Piaget，1896—1980）不仅提出了智慧的本质及儿童智慧发展的具体阶段，在认识论、儿童心理学界称为一名巨匠，同时，他在心理逻辑学、心理语言学、学习心理学及教育实践领域也做出了突出的贡献。

（一）早慧少年的科学探索

让·皮亚杰（Jean Piaget）（见图 6-8）于 1896 年 8 月 9 日出生于瑞士南部小城纳沙特尔，这里依山傍水、宁静美丽，皮亚杰在这里度过了他的青少年时代。还是个孩童的皮亚杰就养成了独立思考的习惯和科学探究的精神。身为大学教授的父亲，其严谨的治学之风和进取的科学精神对皮亚杰产生了重要的熏陶和潜移默化的影响。而母亲的善良、宽容与仁慈则为皮亚杰营造了一个宽松、自由而充满鼓励的良好环境。拆卸和组装手表、修理机械等，是小皮亚杰感兴趣的活动，父母都不会加以干涉和限制。

图 6-8　儿童心理学家让·皮亚杰

（图片来源：百度图片．http://image.baidu.com.）

不到10岁，皮亚杰就写成了一本题为《我们的鸟》的小册子；11岁时，他还根据自己的跟踪观察写出了第一篇"学术性"文章——《白化病麻雀》，并在当地的自然科学杂志正式发表，其探究的天性与科研能力初见端倪。中学时代，皮亚杰逐渐显示出过人的科研能力，他独立撰写了多篇有关软体动物的论文，并在《瑞士动物学评论》等专业期刊上发表。后来，当曾经发表过皮亚杰论文的期刊得知了他的真实年龄后便拒绝再刊登这位"软体动物学家"的文章了。当皮亚杰向他的忘年之交、日内瓦自然博物馆馆长贝陀先生诉说自己遭遇到的不公正待遇时，贝陀幽默地回答道："年龄竟然成了发表文章的标准，看来这家杂志的主编一定没有别的可以衡量文章的标准了！"①

高中毕业后，皮亚杰顺利考入了纳沙特尔大学生物系。1918年获得生物学博士学位后，皮亚杰并未继续他的生物学学术生涯，而是来到了苏黎世大学学习实验心理学。他希望通过心理学的学习和研究，来发现认识发生的规律并把认识论和生物学结合起来。而后他有幸进入巴黎的比奈实验室工作，并直接接受西蒙的指导。从此，皮亚杰专心致力于儿童心理学的研究，并创新出一种名为"临床谈话法"的研究方法，即研究者与儿童在半自然交往中向儿童提出一些活动任务、观看实物或提出一些特定的问题，以此观察并记录相关数据资料，深入分析儿童的思维过程。

（二）皮亚杰的理论核心：发生认识论

发生认识论是皮亚杰儿童心理学思想的理论核心，也是其一生中最重大的贡献。发生认识论主要是用发生学的观点和方法研究人类认识（思维、智力、认知等）的发展和结构，强调认识的个体心理起源和历史发展。他从人的童年期（甚至胚胎期）来考察认识的心理发生和发展，探讨认知、智力和思维形成与发展的动因、过程、内在结构与机制等问题②。那么，儿童到底是如何建构起对世界的认识呢？皮亚杰认为，认知发展即个体在与环境的不断的相互作用中的一种建构过程，其内部的心理结构不断变化。在这之中有两种技能发挥着重要作用，即适应和组织。其中，适应即儿童运用图式并使图式与环境相

① 郭本禹．外国心理学经典人物及其理论[M]．合肥：安徽人民出版社，2005：178-179.

② 庞丽娟，李辉．婴儿心理学[M]．杭州：浙江教育出版社，1993：194.

适应，适应又由两个互补的形式构成，即同化与顺应。儿童通过同化和顺应来达成机体与环境的平衡；通过同化和顺应而达成的适应过程也就是形成新的认知结构的过程，儿童会将新的认知结构重新安排，并形成内部相互联系的认知系统，这便是组织。

1. 图式

图式即个体用以组织知识的动作或心理表征，或者说是个体为了应付某一特定情境而产生的认知结构。人最初的图式源于先天遗传，表现为诸如抓握反射、吸吮反射等一些简单的无条件反射。为了更好地适应周围的世界，个体逐渐丰富和完善自己的认知结构，进而形成一系列新的图式。例如，大一点儿童的图式里就包含了问题解决的策略和计划等。

2. 适应：同化、顺应与平衡

皮亚杰认为人的认识来源于动作，动作既是感知的源泉又是思维的基础。儿童在动作过程中主客体相互改变、相互适应。因此，主体通过动作对客体的适应便是儿童心理认知发展的真正原因。那么，儿童是如何运用图式以及如何使图式与环境相适应的呢？皮亚杰认为这种适应机能包含同化与顺应两个过程。“同化就是把外界元素整合到一个正在形成或已经形成的结构中”，而顺应则是“同化性的结构受到所同化元素的影响而发生的改变”①。例如，当一个幼儿第一次看见骆驼时，他会在已有的图示中进行搜寻，直到发现与所见“怪物”相吻合的，就会脱口而出：“马！”这是“同化”，即把所见的这种新的动物形象纳入已有的“马”的图式中；而当幼儿发现骆驼的特征与马的特征不完全吻合时就会调整其“马的印象”，或是一个吸吮毛毯而不是奶嘴的婴儿已经开始改变其吸吮图式时，这便是“顺应”。皮亚杰认为，儿童心理发展就是通过同化和顺应，适应日益复杂的环境进而达到“平衡”的过程，个体也正是在平衡与不平衡的交替中不断建构和完善其认知结构，进而实现认知的发展。

3. 组织

皮亚杰提出，一旦儿童形成了一个新的认知结构，他们就会重新安排它们，把它们与其他的认知结构联系起来，由此而构成内部联系的认知系统。例如，婴儿可以逐渐将“拿”“吸”“放下”“抛”与对“远”“近”的理解联系起来。幼儿会建立一个独立的“骆驼印象”图式，并与他对马和其他动物的相同点与不同点联系起来。皮亚杰认为，当这些图式成为认知网络结构的一部分，并且这个网络结构能够联合起来应用于外部环境时，就达成了一种真正的平衡状态②。

（三）皮亚杰的认知发展阶段论

皮亚杰认为，个体的认知结构在与环境的相互作用中不断重构，从而表现出具有质

① 陈琦，刘儒德．当代教育心理学[M]．北京：北京师范大学出版社，1997：31．

② 劳拉·E．贝克．儿童发展[M]．吴颖，等译．5版．南京：江苏教育出版社，2002：313-314．

的不同的四个主要阶段。

1. 感知运动阶段

感知运动阶段(Sensorimotor Stage,0～2 岁)主要通过探索感知觉与运动之间的关系来获得动作经验,从而形成一系列低级的行为图式,以此来适应外部环境和进一步探索外界环境。其中,手的抓取和嘴的吸吮是这个阶段婴幼儿探索世界最主要的手段。在这个阶段里,儿童渐渐获得了客体永久性,当某一客体从儿童视野中消失时,他知道客体并非不存在了。客体永久性是后续认知活动的基础。该阶段的儿童还不能够运用语言和抽象符号来为事物命名。

2. 前运算阶段

儿童在感知运动阶段获得的感觉运动行为模式,在前运算阶段(Preperational Stage,2～7岁)已经内化为表象,具有了符号功能。随着幼儿表象的日益丰富,其认识活动也超出了前一阶段的局限性,而是能够开始运用语言或较为抽象的符号来代表他们经历过的事物。这个阶段的幼儿由于不能很好地把自己与外部世界区分开来,因此会具有泛灵论(物活论)的表现,即认为外界的一切事物都是有生命的;并且也会认为其他所有人的想法和感受都和自己是一样的,即体现出思维的自我中心性。在皮亚杰设计的一系列守恒实验中,处于该阶段的儿童尚未获得物体守恒(Conservation)的概念。其思维的刻板性与不可逆性也很突出。

3. 具体运算阶段

具体运算阶段(Concrete Operational Stage,7～11 岁)是儿童认知发展的第三个阶段,处于该阶段的儿童能够用逻辑推理代替直觉推理,能够把推理运用于特定的或具体的事例中。他们可以对真实的、具体的物体进行可逆的心理操作,也就是具体的运算。该阶段儿童也逐渐理解了长度、体积、重量和面积等的守恒,能够理解集合与子集之间的关系,理解了序列、传递性,但他们还不能进行抽象思维。对于实际生活中的规则、制度等,他们只会刻板地遵守,还不敢于改变。

4. 形式运算阶段

如果说具体运算阶段的儿童只能"对现实进行运算",那么形式运算阶段(Formal Operational Stage,11～20 岁)的青少年则能够"在运算中运算"①。或者说,该阶段的青少年已经超越了对具体的可感知的事物的依赖,使形式从内容中解脱出来,以命题的形式进行思维,并能发现命题之间的关系;能够根据逻辑推理、归纳或演绎的方式来解决问题;理解符号的意义、隐喻和直喻;能进行一定的概括。该阶段的青少年也不再刻板地恪

① 劳拉·E. 贝克. 儿童发展[M]. 吴颖,等译. 5 版. 南京:凤凰出版传媒集团,江苏教育出版社,2002:355

守规则，而是常常由于规则与事实不符而违反规则或违抗师长[①]。

此外，皮亚杰还就影响儿童认知发展的因素进行了论述，认为：①神经系统的成熟是心理发展的必要但非充分条件，必须通过机能练习和经验习得才能增强成熟的作用；②物理环境包括物理经验（来自外物）和数理逻辑经验（来自动作的协调和内省），它是个体发展中一个主要的必要因素，但不起决定作用；③包括社会生活、文化教育、语言等在内的社会环境也是儿童心理发展的必要非充分条件；④平衡才是个体认知发展中的决定性因素。前三个因素都不能孤立地发挥作用，必须在这三个因素的相互作用中找出一个更加具有普遍意义的因素，即平衡，个体正是通过认知的不断平衡而实现对环境的适应与认知的发展。

二、维果茨基和他的认知发展理论

维果茨基（1896—1934）的一生短暂而辉煌，他是苏联一位才华横溢的杰出心理学家，也是20世纪世界范围内最有影响的100位心理学家之一。他提出了有关儿童心理发展全新的原理，认为儿童的全部心理活动是在交往过程中发展的，一切复杂的心理生活的形式都是在交往过程中形成的[②]。他提出了"最近发展区"的概念，并对思维和言语发展进行了深入探讨。

（一）短暂而光辉的一生

皮亚杰出生的同一年，1896年11月5日，维果茨基（见图6-9）降生在比罗卢西亚的一个小镇——奥沙，此后他的家搬到了另一个小镇——戈麦尔，维果茨基在这里度过了他的童年。他的父亲是一位银行经理，兴趣广泛，积极参与小镇的社会文化活动，母亲也接受过良好的教育，精通几种语言，将全部精力用于抚养和教育孩子、操持家务，为小维果茨基创造了亲情与关爱的家庭氛围。维果茨基年幼时便聪颖好学，机敏过人。他能说俄语、德语、法语、英语等8种语言，具有超人的阅读速度和记忆力，并且对戏剧、历史、哲学都表现出浓厚的兴趣[③]。

图6-9　心理学家维果茨基

（图片来源：百度图片．http://image.baidu.com.）

1913年他进入莫斯科大学学习时，最初的兴趣是文学，毕业后任教，而后转向心理学的研究。他37岁时便死于肺结核。尽管他的成果丰硕，但也仅有不到10年的时间来系统阐述他的思想，因此，他的理论并不如皮亚杰那样完全专业化。但维果茨基观点的吸引力在于他反对儿童发展中的个人主义观点，而支持一种社会形成思维的观点[④]。

---

① 陈琦，刘儒德．当代教育心理学[M]．北京：北京师范大学出版社，1997：33.

② 维果茨基教育论著选[M]．余震球选译．北京：人民教育出版社，2005：14-15.

③ 郭本禹．外国心理学经典人物及其理论[M]．合肥：安徽人民出版社，2005：24.

④ 劳拉·E．贝克．儿童发展[M]．吴颖，等译．5版．南京：凤凰出版传媒集团，江苏教育出版社，2002：363.

（二）维果茨基的认知发展观

维果茨基认为，心理功能具有社会背景，儿童与熟练的帮手进行“对话”能够使儿童形成更为系统、逻辑、合理的概念。在其理论中，和皮亚杰相同的是，他也认为儿童是积极的知识探寻者，但与皮亚杰观点不同的是，在他的理论中，丰富的社会和文化背景深刻影响着儿童对世界构成的认知方式，人类的心理发展规律不再受生物进化规律所制约，而是受社会历史发展规律的制约。他认为人的高级心理机能都是在社会的交互作用中，通过掌握高级心理机能的工具——语言、符号系统而发展起来的，并且高级心理机能是外部活动不断内化的结果。在维果茨基的理论中，最近发展区、脚手架、言语和思维是其关键词。

1. 最近发展区与脚手架

维果茨基认为“至少应该确定儿童发展的两种水平，如果不了解这两种水平，我们将不可能在每一个具体情况下，在儿童发展进程与他受教学可能性之间找到正确的关系。第一种水平我们称为儿童的现实发展水平，这是指一定的已经完成的儿童发展周期的结果和由它而形成的心理机能的发展水平”；第二种水平是“在成年人帮助下完成事情”的水平，“二者之间存在差距，这个差距就是儿童的最近发展区”[①]。“最近发展区”所保存的是儿童正在成熟过程中的认知技能，只有在较熟练者的帮助下才能完成，维果茨基称之为发展的“蓓蕾”或“花朵”，以区别于儿童已经能够独立完成的发展的“果实”[②]。维果茨基认为，社会和教育对儿童发展起着主导作用，因此他主张教学应当走在儿童现有发展水平的前面，以此带动儿童的发展[③]，“只有跑到发展前面的教学才是好的教学”。图 6-10 为最近发展区的图示。

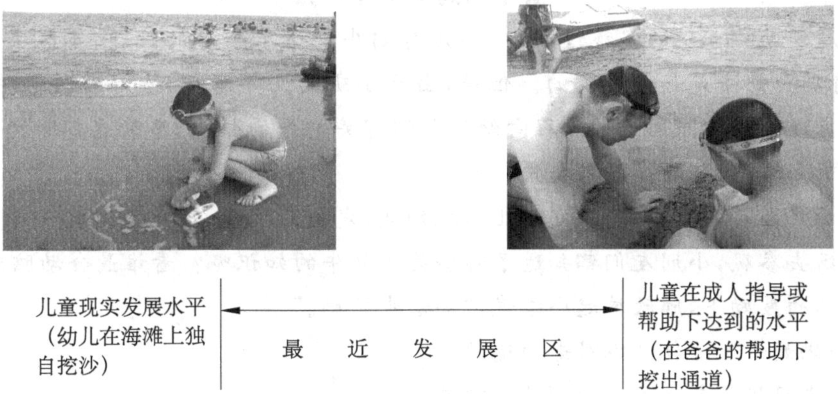

图 6-10 维果茨基的最近发展区

① 维果茨基教育论著选[M]. 余震球选译. 北京：人民教育出版社，2005：386.

② 约翰·W. 桑特洛克. 儿童发展[M]. 桑标，王荣，邓欣媚，等译. 11 版. 上海：上海人民出版社，2009：198.

③ 陈琦，刘儒德. 当代教育心理学[M]. 北京：北京师范大学出版社，1997：36.

与最近发展区密切相关的是“脚手架”这一概念。在教学过程中,更有能力的人(如教师或较高水平的同伴)要调整指导的程度以适应儿童当前的水平,即成为儿童发展的“脚手架”。对话是最近发展区中一个重要的脚手架工具。维果茨基认为,儿童具有丰富的概念,但这些概念并不系统,是无组织的、自发的。对话过程中,这些概念会遭遇较高能力者的更为系统、逻辑、合理的概念,于是,儿童的概念在这一过程中变得更加系统、逻辑与合理。

2. 言语和思维

维果茨基认为,年幼儿童运用语言来计划、引导、管理自己的行为,这种用以自我调节的语言运用被称作私人语言。在皮亚杰看来,这种私人语言是以自我为中心的、不成熟的;而维果茨基则认为它是儿童早期一种重要的思维工具。他认为这种“自我中心的儿童言语是从外部言语到内部言语的过渡过程”①,其过渡期大概在3~7岁,表现为自己跟自己说话。这种出声的自言自语有两种基本形式,一种是游戏言语;另一种则是问题言语。游戏言语是一种在儿童游戏、绘画等活动中出现的言语,其特点是一边做动作,一边说话,用言语补充和丰富自己的行动,且有丰富的情感和表现力。例如,幼儿一边拼插火车,一边自言自语道:“呜——呜——火车造好了!就要出发了!”问题言语则是在活动中遇到困难或问题时所产生的言语,用以表示困惑、怀疑或惊奇等②。例如,一个小男孩正在搭积木,不知道如何继续下去了,于是自己小声地对自己叨唠:“这块放哪儿好呢?”而当幼儿将自我中心言语逐渐内化为内部言语时,就成为儿童的思维过程,也标志着儿童认知的重要发展。

【幼儿园实例评析】

看牛妈妈干了些什么

在主题活动“牛奶”的实施过程中,幼儿对奶牛产生了浓厚的兴趣,都想去养牛场看看奶牛,特别是奶牛是如何产奶的。但是,由于小班幼儿年龄小,在参观过程中,主要都是技术人员或老师按照固定的流程向幼儿介绍有关奶牛的知识,尽管老师费力地引导幼儿注意倾听和观察,但还是效果欠佳。

回到幼儿园后,老师为了激发幼儿的求知欲,发现新问题,提出了这样一个问题:“我们到养牛场去参观,小朋友们都知道了哪些关于奶牛的知识呢?看谁最会动脑筋!”

在老师的鼓励下,欣欣举起小手说:“去看牛妈妈。”

“看牛妈妈干了些什么呢?”老师追问。

“看看牛妈妈是怎么吃草的。”欣欣回答。

老师又问了几个幼儿,回答的情况基本相同。活动远没有达到老师设想的效果,于是匆匆结束了这个活动。

---

① 维果茨基教育论著选[M]. 余震球选译. 北京:人民教育出版社,2005:104.

② 陈帼眉,邹晓燕. 幼儿心理学[M]. 北京:北京师范大学出版社,1999:108.

但是,孩子们回答问题时那愣愣的眼神就像一块大石头沉沉地压在老师的心里。老师反复琢磨:为什么孩子们对我的启发和鼓励都无动于衷呢?难道因为小班孩子年龄太小,不具备思考这个问题的能力吗?

案例评析

幼儿教师在组织活动时,向幼儿介绍知识、提出问题、引发思考固然重要,但都要基于幼儿的思维水平,既不宜太简单,也不要过难,应该处于幼儿的“最近发展区”内。案例中“小朋友们都知道了哪些关于奶牛的知识呢”这个问题就过于笼统、概括,不利于幼儿思考,小朋友们的回答和反馈不理想也就在预料之中了。同时,整个幼儿阶段的思维都表现出明显的具体形象性,因此,在参观过程中,应注意结合幼儿所看到的具体形象配合生动的语言进行介绍,而不是脱离开幼儿关注的内容,“自顾自”地用成人的话语向他们讲解。

【延伸阅读】

帮助幼儿理解“死亡”

“死亡”这个概念或许对幼儿来说并不太好理解。

4岁的胖胖发现他养的两只小鸡一动不动躺在那里,妈妈告诉胖胖,它们已经死了。胖胖似懂非懂,他摸了摸它们,“小黄、小白,你们醒醒啊!”见它们没有动静,胖胖跑到妈妈身边,充满希望地问:“妈妈,它们是睡着了吗?”“不,它们醒不过来了,它们已经死去了。”妈妈解释道。“哦,它们为什么会死?妈妈会死吗?我会死吗?什么是死?”胖胖有太多的问题。“每个人都会死去的。”妈妈回答。“我不想让妈妈死,我要让妈妈活得长长的,老活着,不死!”胖胖略带忧伤地说着。

对“死亡”这一概念的理解基于以下三点:①永久性:一旦活的东西死后,就不能再生;②普遍性:一切生命最终都会死亡;③无功能性:所有活的功能,包括思想、感觉、运动、身体过程,在死亡后都随之停止了①。

幼儿显然对上述死亡的概念还不能完全真切地理解。但这并不等于成人不需要向他们解释死亡。实际上,没有清晰的解释,幼儿更容易依据自我中心和魔幻化的思维来理解死亡,进而很容易得出不正确的结论。因此,当亲人或宠物死去时,成人需要直接、明确地对他们做出解释,帮助他们理解死亡是怎么一回事,而不要担心与幼儿讨论死亡会引起他们的害怕。相反,当幼儿很好地理解了死亡的事实,他们便更容易接受它。

【课程思政目标】

想象在儿童心理发展中处于重要地位,与儿童的记忆和思维等的发展关系密切。学前儿童具有强烈的好奇心和丰富的想象力,蕴藏着培养创造力的机会。对幼儿创造力的

① 劳拉·E. 贝克. 儿童发展[M]. 吴颖,等译. 5版. 南京:凤凰出版传媒集团,江苏教育出版社,2002:342-343.

培养是培养创新人才和提高学前教育质量的兼得之举。想象也是学前儿童游戏的重要基础，游戏是儿童生活中不可缺少的伙伴，也是儿童心灵发展不可或缺的益友。在游戏中，儿童可以充分表达自己、认识自己、实现自我价值和潜能。游戏对维护和促进学前儿童心理健康和发展具有不可估量的作用。因此，成人应给幼儿提供丰富的游戏机会，在一日生活中将游戏贯穿始终。

【复习要点】

◆ 你会解释吗？

思维　直观行动思维　具体形象思维　抽象逻辑思维　最近发展区

◆ 你能回答吗？

1. 你能否列举学前儿童思维发展的一些主要特点？
2. 学前儿童概念的发展具有什么特点？
3. 你了解不同派别智力理论的主要观点有哪些吗？
4. 你知道智商是怎么计算得来的吗？
5. 都有哪些因素会影响一个人智商的高低？
6. 你了解皮亚杰的认知发展理论吗？

第七章 学前儿童语言发展

第 7 章　学前儿童
语言发展课件

学习导航

- 学前儿童的奇闻趣事：小小的语言发展日记
- 第一节　0~3岁学前儿童语言发展
  - 一、0~1岁：前言语阶段
  - 二、1~2岁：言语发生阶段
  - 三、2~3岁：口语萌芽阶段
    - 经典实验：婴儿对母语的特异性感知
    - 有趣的现象：11个月女孩与母亲的对话
    - 有趣的现象：婴儿对词类的分辨
- 第二节　3~6岁学前儿童语言发展
  - 一、3~4岁：口语发展初期
  - 二、4~5岁：口语发展中期
  - 三、5~6岁：口语发展成熟期
    - 有趣的现象：鸡有两个脖子
    - 有趣的现象：坐火车还是睡火车
    - 有趣的现象：3岁女儿对“停电事件”的叙述
    - 经典实验：儿童正字法意识发展实验
- 第三节　言语是怎样发生的——模仿强化还是转换生成
  - 一、模仿强化说
  - 二、转换生成说
  - 三、相互作用说
    - 讨论与分享：影响语言发展的因素
    - 有趣的现象：糯糯学说话
- 幼儿园实例评析：口吃的明浩
- 延伸阅读：婴儿靠什么与人交流
- 小组案例讨论：不会说话的涵涵

【学前儿童的奇闻趣事】

小小的语言发展日记

小小出生不到一个月的时候，哭声具有非常明显的特点：咳嗽两声后才哭，即“kaka……wa a a……”而且一般都是在醒来的时候，或者饿了，或者便了，只要家长给予积极的回应，wawa 的哭声就变成了 lu ho hu 等哼哼声，好像在撒娇：“爸爸妈妈你们真好，好舒服啊……”

3 个月时，如果情绪特别好，尤其是妈妈对她说话的时候，小小会高兴地发出 a hei

lei wa ha 等一串声音，这就是咿呀学语。

6 个月的时候，爸爸逗她：叫爸爸，小小会断断续续地说出："babababa……"的音。爸爸会异常兴奋地抱着她亲了又亲。小小也会高兴得手舞足蹈。

1 岁时，小小在邻居们不断的逗引和教导下，说出了 aiji（娭毑 āi jiě）的声音，也就是湖南话中"奶奶"的意思。因为小小说的"aiji"没有声调，所以邻居们开玩笑："你说的是埃及，不是娭毑。"1 岁的小小感觉无所谓，仍然乐着，念叨着"aiji"。

2 岁半的时候，爸爸妈妈还会帮小小做一些事情，比如穿鞋、戴帽子等，她不管自己能不能穿上，都爱说"我自己，我自己"。

2 岁 8 个月的时候，小小指着天上的飞机说："灰机来了，轰隆隆……"明显带有湖南口音，搞得家长乐翻了天。

3 岁后，小小上幼儿园了，妈妈骑自行车带她走便道，她就会说："妈妈，便道是让咱们安全的路，那边（指大马路）车太多了，我们不能走那边。"这是妈妈常对她说的话。

其实，无论在国外还是在国内，我们惊奇地发现，所有关于语言发展的研究结果都高度一致地显示了儿童语言发展的一个基本历程：在 3 个月左右会咿呀学语，6 个月左右会发出 dada、papa 等声音，1 岁左右能说出第一个词，2 岁左右能说出物体的名称，3 岁左右能说出短句，4～5 岁能自由使用越来越多的词汇和句子表达自己的想法。

研究结果的一致性是否说明了语言发展是一个自然成熟的过程呢？如果回答是肯定的，那么很多类似"狼孩"的悲剧又该如何解释呢？语言发展是一种单独的能力，还是与一般的认知能力相关联？在言语获得的过程中，儿童是主动的学习者、创造者还是被动的模仿者和接受者？所有儿童的言语发展是否存在个体差异？语言是否是人类独有？这些问题已成为近一个世纪以来，心理学家和语言学家热烈讨论的问题。

第一节 0～3 岁学前儿童语言发展

语言是人类在社会实践中逐渐形成和发展起来的交际工具，是一种社会上约定俗成的符号系统；言语即运用语言进行实际活动的过程①。0～3 岁儿童的语言发展，是一个有顺序、呈现一定规律且连续的过程，体现了发展的量变到质变的过程。依据心理学研究结果，0～3 岁儿童的语言发展可分为既相互关联但又有本质不同的三个阶段：0～1 岁是婴儿言语发生的准备阶段，主要练习发音，又称前言语阶段；1～2 岁婴儿正式进入学说话阶段，主要掌握单个词的阶段，被称为言语的发生阶段；2～3 岁是婴儿基本掌握口语的阶段，能说出简单的句子，与成人进行简单的交流。

---

① 陈帼眉，邹晓燕．幼儿心理学[M]．北京：北京师范大学出版社，1999：102.

一、0～1岁：前言语阶段

前言语阶段是儿童在正式说话之前的准备阶段，是围绕语言的最外在表现——语音而进行的语音感知、语音发音和语音交际行为。语音感知是指大脑对声波进行语音识别的过程。语音感知是言语学习的初始阶段，形成对母语语音的特异性感知是婴儿早期语言获得的重要任务[①]。语音发音是儿童正式说话之前的各种语音发声，类似于说话之前的语音练习。学会母语语音的发音是儿童正式使用语言与人交流的重要准备。语音交际行为是指儿童运用各种发声吸引照料者，或对照料者的逗引等作出回应等。语音交际是儿童与成人交流的一种独特方式，伴随很多身体动作，如微笑的表情、凝视或手舞足蹈等。

（一）0～3个月：简单音节阶段

1. 语音感知特点：对母语语音的偏好

刚出生的婴儿能区分人类语音和其他声音。有研究发现，出生12天的新生儿能以目光凝视或转移、停止吸吮或继续吸吮、停止蹬腿或继续蹬腿等身体行为，对说话者和其他声音做出不同的反应。这是儿童人生语言感知的第一步，是将语音从其他各种声音中分化出来的一种基本能力[②]。

【经典实验】

婴儿对母语的特异性感知

研究者珍妮·特沃克和崔西·伯恩斯想知道，刚刚出生几小时的婴儿，能否区分母语和从未听过的外语。他们给刚出生12小时的婴儿吸吮连接在电脑上的奶嘴，以记录婴儿吸吮奶嘴的频率和强度。研究者选取了两种语言的录音带，分别是母语，也就是在子宫内听到的语音——英语和外语——菲律宾语，并对录音带进行特殊处理，将文字去掉，只能通过语言的节奏进行分辨。

首先播放菲律宾语，发现婴儿的反应十分微弱，接着给婴儿听父母的声音，反应强烈，婴儿吸吮奶嘴的频率和强度陡增，随即再播放菲律宾语，婴儿的反应再次减弱。研究结果表明：婴儿在子宫内就开始感知语言的特性，而且出生后偏好母语胜过不熟悉的语言。

（资料来源：婴儿的成长：牙牙学语．http://www.tudou.com/programs/view/B2NoJP0GAGg/?union_id=100501_100500_01_01.）

---

① 宋新燕，孟祥之．婴儿语音感知发展及其机制[J].心理科学进展，2012(6)：843-844.

② 张明红．学前儿童语言教育[M].上海：华东师范大学出版社，2006：86.

更重要的是，刚出生的婴儿还能很好的区分母语语音和非母语语音。珍妮·特沃克和崔西·伯恩斯对刚刚出生几小时的婴儿进行了一个有趣的实验，看他们是否能区分母语和从未听过的外语，据此判断婴儿在子宫内是否具有感知语音特性的能力。对母语语音的感知是婴儿语言学习早期阶段的重要任务，也是语言发展的基础，语音感知能力为其他语言能力的发展奠定了坚实的基础。

2. 语音发音特点：以单音节发音为主

婴儿出生两个月的时候，在情绪愉快时会发出各种声音表示舒服的状态，其中对韵母的发音占大多数。如 a、ai、ei、ou 等，也有少数声母的发音，如 h、m 等。之后，婴儿开始模仿成人的发音，看起来很像对话，如婴儿看着成人微笑并发出 eo 的音，成人就用 en 的音回应，婴儿也开始模仿发出 en 的音，有时婴儿特别高兴的话，还会发出 a 的音，于是成人又开始学着婴儿说 a，就这样，婴儿与成人进行着各种语音的对话练习，婴儿语音发音能力逐步发展。

3. 语音交际特点：伴随身体动作的语音交际行为

上述语音发音的对话现象，其实就是婴儿语音交际的一个方面。婴儿最初会用表示各种状态的声音来吸引成人关注，如哭声表示饿了或者便了等不舒服的状态、aa 声表示愉快、oo 声表示撒娇等，这是婴儿语音交际的第一步。两个月左右时，婴儿就会出现对话声，和成人“你一句，我一句”地进行“交流”，同时伴以面部表情和身体动作，如微笑、蹬腿、晃胳膊等肢体动作予以应答和交流。辅以身体动作的交际行为是婴儿进行语言交流的一个重要的方式，也是重要的特点之一。

（二）4～8 个月：连续音节阶段

1. 语音感知特点：能辨别陌生人声音、感知语音变化

在这个阶段，婴儿语音感知的主要特点是能区分熟悉的人和陌生人的声音，能感知语调、语气和音色变化并作出相应反应。4 个月的婴儿能区分母亲和其他人的声音，如果母亲长时间离开后，突然听到母亲的声音就会表现出兴奋的举动。同时，婴儿能通过语气、语调辨别说话者的情绪态度，当照料者用愉快的语气与婴儿说话时，语调上扬，婴儿能用微笑回应。6 个月左右的婴儿能对愉快的、冷淡的、愤怒的语调作出相应的反应，如听到愤怒的语调，可能会紧张、害怕，躲入母亲怀抱，或者号啕大哭。对熟悉的声音报以微笑，对陌生人的声音则表现出好奇，会瞪大眼睛仔细聆听等。婴儿对语调、语气和音色的分辨能力表明了婴儿的语音感知能力又提高了一步。

2. 语音发音特点：出现连续音节和重叠音

4 个月开始，婴儿的发音出现了明显的变化，发音增加很多重复的、连续的音节。如 hei、heng、a-bu、a-hal-l 等，发音的内容大多是元音和辅音的结合，从单音节发音过渡到

了多音节的连续发音。

6个月之后，婴儿开始有近似词的重叠音出现。他们独自玩的时候，或者摆弄玩具的时候，或对承认的逗弄做出反应的时候，他们练习着接近说话的声音，如 ai-a-ba-ba-ba、a-ma-ma-ma 等，这些重叠音听起来非常接近爸爸、妈妈的声音，说明，婴儿不仅能发连续音节的音，而且这些连续的重叠音节似乎表示具体意义的词语了，这可以说是婴儿言语发展在从语音的发展逐步走向词的发展。表 7-1 为 4～8 个月婴儿连续音节阶段的发音。

表 7-1　4～8 个月婴儿连续音节阶段的发音

hei	heng	hu
pei	a-bu	à-bù
a-en	a-fu	a-i
a-ia	a-m	a-me
a-hu	à-pu	ba-ba
dù-dù	ei-en	en-ei
en-ou	ge-ge	hai-ou
he-en	hong-ai	ng-a
à-en-en	a-hai-è	da-da-da
dà-dà-dà	nà-nà-nà	a-hai-hai-i
a-ma-ma-ma-ma	bù-à-bù-à	en-ei-ei-jià
ai-a-ba-ba-ba	a-ba-ba-ba-ma	

（资料来源：张明红．学前儿童语言教育[M]．上海：华东师范大学出版社，2006.）

3. 语音交际特点：初步懂得语音交际的规则

这里的交际规则不是成人的交际规则，而是婴儿以独特的方式表达交际的态度、情绪和行为。首先，与成人语音的对话出现了轮流的现象。如成人说一句，婴儿会发几个音应答，成人自编自导再说一句，婴儿会发出不同的声音予以回应，就这样“你一句，我几个音”的轮流交际规则使婴儿不断地与成人进行交流。

【有趣的现象】

11 个月女孩与母亲的对话

女孩	妈妈
n-bi-ji（举起小手）	噢，你开枪了是吧？
e-xiao-pa-de-de	
de-di-da-ha-di-kiou	
（拿枕头）	不要把枕头拿下来，好吗？
e-n-a-a-an-a	

（资料来源：张明红．学前儿童语言教育[M]．上海：华东师范大学出版社，2006.）

其次，逐步学会用不同语调表达自己的态度、愿望，这是语音交际发展的重要过程，当然这种交际还是要伴随动作、表情的。如用皱眉、急促上扬的语调、伸手蹬腿表示不愿意躺着要抱的要求，当成人将其抱起说则会用平静温和的语调或表情表示愉快。由此可以看出，伴随婴儿认知能力的发展，此阶段婴儿的交际已具有社会性成分。图 7-1 所示为三个婴儿在爬行比赛过程中进行交流。

图 7-1　三个婴儿在爬行比赛过程中进行交流

（图片来源：http://image. baidu. com. ）

（三）9～12 个月：学话萌芽阶段

1. 语音感知特点：开始真正理解成人的语言

6 个月左右的婴儿已有话语理解的初步萌芽，9 个月后，理解反应迅速发展，能按成人的要求和指令做事。例如，跟爸爸再见。婴儿会做摆手的姿势。婴儿开始真正理解成人的语言。图 7-2 就是一个不满 1 岁的男孩儿正在连比带划兴高采烈地跟妈妈交流。

图 7-2　男孩儿正兴高采烈地跟成人交流

2. 语音发音特点：连续音节明显增加、语调多样化

相比 4～8 个月的婴儿来说，9～12 个月婴儿的发音音调比较丰富多样，发出的音节不再是重叠音，而是不同音节的组合，而且明显比 4～8 个月婴儿发出的语音更长了。这

个阶段婴儿的语音发音从形式上看似乎更接近汉语的口语表达，有一定的长度和语调，听起来很像一个句子。同时，这个阶段婴儿的发音更加复杂多样，他们似乎是在极力模仿成人的语词，因而出现了很多上一阶段没有出现的声母：x、j、q、s、z 等，说明了婴儿口腔发音器官和脑的成熟变化，这种成熟和变化为婴儿能发出各种声音提供了可能。

3. 语音交际特点：开始说出第一个具有交际特点的词

这个阶段婴儿语音的交际功能越来越凸显，表现在能听懂成人的指令并做出相应的反应，能用语音配以手势、动作等对成人提出要求或向成人表达想法，如吃了一口饭还想吃，眼睛会盯着碗，嘴里嘟哝着 e-e-……同时手会去拿碗或握成人喂饭的手。这说明婴儿开始了与成人的真正交流，这也是婴儿在出生头几年快速发展语言的最基本途径，正是在这样的交流中，婴儿发展起了语言能力。

大约在 10 个月左右，婴儿会说出第一个有意义的词，这是婴儿语言发展过程中最为重要的里程碑，如清楚地叫 babababa，或者叫 mamama，听到婴儿会叫爸爸妈妈了，成人会异常兴奋并情不自禁地教婴儿说狗狗、车车等，婴儿都会非常乐意的模仿。从此开始，婴儿说出的词会迅速增多，能说出词并用词进行交流，婴儿真正进入了言语的发生阶段。

二、1～2 岁：言语发生阶段

在出生的第一年，婴儿各项生理机能不断发展，大脑和发音器官都逐步趋于成熟，并积累了语音的感知、发音和初步的交际能力，为言语的发生、发展奠定了良好的基础。这一阶段，婴儿主要以掌握词为主，词汇的数量突飞猛进地增长，将婴儿带入了口语的发展阶段。婴儿基本经历了从单词句到双词句的言语发展阶段。

（一）1～1.5 岁：单词句发展阶段

这个阶段的婴儿只能用一个词来表达一个句子的意思，成人要理解婴儿的意思，不能就这个词来考虑词义本身，而需要考虑婴儿说词时所处的情境以及参考婴儿的表情、神态和手势等，甚至需要向婴儿的照料者进行询问。如婴儿说“蛋蛋”，有可能是表达想吃鸡蛋了。说“妈妈”，有可能是饿了，要妈妈喂饭；或者是要妈妈抱；还可能是要玩具；也可能是想引起妈妈的注意等。

1. 以给自己熟悉的物体和人命名为主

1 岁左右的婴儿在成人的引导下能用叠词说出自己熟悉的物体的名字，如对苹果的命名：果果，对鸡蛋的命名：蛋蛋，对西瓜的命名：瓜瓜，对椅子或凳子的命名：凳凳等。一个原因，成人可能觉得孩子说不出苹果、鸡蛋等复杂的词汇，因而在日常生活中成人习惯用这样的儿语跟婴儿讲话，婴儿在模仿学习中也就学会了叠词。另一个原因，也是生理成熟所制约，即 1 岁左右的婴儿因口腔肌肉、牙齿等发育不成熟，对韵母的发音比较容易，但对声母和韵母组合起来形成有意义音节的发音不能很好地控制。因此，发音基本是以单韵母为主。如对苹(ping)果(guo)的发音，后者要比前者容易，而且一开始，婴儿发音不一定是guo三个音都能发清楚，也许是go的音。这种现象就是所谓的“儿语”，即婴儿会自动忽略难发的音，如xingxing发成xixi，也会用简单音来代替复杂音的发音，如niuniu发成youyou。

【有趣的现象】

婴儿对词类的分辨

施加顺博士想知道，刚出生的婴儿能否分辨不同的词类。她将已连接计算机的奶嘴放入婴儿嘴里，看婴儿在听到实词和虚词时的反应有什么不同。

结果发现，婴儿在听到介词和冠词等不表示具体意义的虚词时，如in、to、it等，反应比较微弱，而当他听到表达意义的实词包括名词和动词时，如玩具、寻找、椅子、咀嚼时，反应迅速增强。

这项研究曾用各种语言在不同婴儿身上测试，结果都是惊人的一样。研究结果表明，刚出生的婴儿就能分辨实词和虚词。

(资料来源：婴幼儿成长研究：牙牙学语．土豆网．http://www.tudou.com/programs/view/B2NoJP0GAGg/? union_id=100501_100500_01_01.)

婴儿首先掌握的是自己身边物体和人的名字，如包包、杯杯、狗狗(他喜欢的玩具的名字)、床床、爸爸、妈妈、爷爷、奶奶，其次掌握自己最常见的动作的单词句，如再见。表7-2为单词句阶段婴儿说出的词汇类型。

表 7-2 单词句阶段婴儿说出的词汇类型

词语类型	描 述	典型的例子	词语所占比例/%
物体词语	用来指代“物质世界”的词	苹果、球、鸟、船、书、汽车、饼干、爸爸、小狗、小猫、牛奶、妈妈、鞋、雪、卡车	66
行为词语	描述、要求或者伴随动作的词，或者是表达注意、要求注意的词	再见、去、喂、看、更多、向外、向上	13
状态词语	指代物体和事件的属性或特质的词	所有的不见了、大、脏、热、我们、漂亮的、外面的、红、湿的	9
个体—社会词语	表达情绪状态和社会关系的词	不、哎哟、请、想、是、谢谢你	8
功能词语	执行语法功能的词	对……、是、为了……、什么、哪里	4

(资料来源：劳拉·E．贝克．儿童发展[M]．吴颖，等译．5版．南京：凤凰出版传媒集团，江苏教育出版社，2012.)

2. 单词句的理解和应用：词义过窄和词义过宽

婴儿掌握单词句的过程是伴随情景而发展的，如会说出狗狗，是因为自己有一个小狗的玩具，而且特别喜欢，把它当作自己的玩伴。所以，单词句的发生是伴随具体物体的。也许换个情景，比如换个玩具小狗，可能婴儿就不会称它为狗狗，他觉得，自己家里的那个才叫狗狗，别的都不是。我们把单词句的这种现象称之为词义过窄现象。

与之相反，婴儿的单词句发展还会有词义过宽的现象。如婴儿看到穿着军装的爸爸叫爸爸，看到别的穿军装男性也叫爸爸。在家里看着有白头发的爷爷叫爷爷，出去看着别的白头发老人也叫爷爷。或者有的婴儿家里有一只毛绒玩具叫兔兔，他看到别的毛绒玩具也叫兔兔。这些现象就是词义过宽。

词义过窄和过宽现象是婴儿单词句发展阶段的正常现象，随着婴儿认知能力的发展，这两种现象会逐步减少，直至用词准确。

（二）1.5～2 岁：双词句发展阶段

这一阶段婴儿言语发展最明显的特征就是：词汇量猛增，出现词语爆炸现象，同时，电报句的频繁使用，也为婴儿走向口语发展阶段做了充足的准备。

1. 出现词语爆炸现象

研究者在《汉语婴儿早期词汇发展及评估》的研究中发现，在 12 个月至 24 个月期间，婴儿词汇表达能力在逐步提高，12 个月婴儿平均能表述 6 个词，最多的能说出 54 个词。到了 21 个月，婴儿平均可表达 180 个词，最多的能说 447 个词。婴儿平均“会说”的词汇量接近于线性增长。在 22 个月后，婴儿词汇表达量增长最快，与第 21 个月的词汇量差异非常显著。这也说明，婴儿在 22 个月的时候是词汇增长量最为快速的时期[①]。

2. 双词语（电报句）使用频繁

所谓双词语句是指由两个单词组成的句子。例如，妈妈抱抱，爸爸班班，苹果削。这些词听起来就像发电报时的省略句一般，因此，又被称为电报句。双词句一般都是由名词和动词组成，有些是模仿成人语言并省略而来，有些则是婴儿自创的。双词句是这一阶段婴儿言语发展的典型特征，也是婴儿为进入口语发展阶段所做的最后的准备。

三、2～3 岁：口语萌芽阶段

2～3 岁是婴儿口语发展的早期阶段，婴儿开始逐步掌握语法，能用简单语言基本表达自己的需求，说出的句子越来越长，语法运用逐步正确。语言逐步成为婴儿思维的工具。

（一）2 岁～2.5 岁：简单句发展阶段

随着上一阶段婴儿对双词句的熟练应用，再加上经历了词语爆炸期，婴儿逐步开始使用三词句、四词句，这种句子初步显示出基本的语法结构：主语＋谓语的形式，也是最

① 陈柳月．汉语婴儿早期词汇发展及评估[D]．杭州：浙江大学，2013.

简单的句子，因此，成为简单句。有研究表明，婴儿大约在25～27个月开始出现三词句，28～30个月出现四词句[①]。虽然婴儿能使用简单句与成人进行简单的交流，但要理解婴儿的语言，成人还是需要借助观察婴儿表情、动作和手势辅以理解。

（二）2.5岁～3岁：复句开始出现，句中的修饰成分增多

复句是指多个简单句组成的句子。婴儿经历了多词句的简单句运用阶段，顺利进入了简单完整句和复句阶段，句子的含词量达到5～6个词。同时，有研究表明，2岁以后，儿童语言中的修饰性成分开始迅速发展起来。从年龄分布来看，有修饰性成分的句子在2岁、2岁半、3岁的比例分别为58.3％、64.8％、76.9％。到3岁的时候，儿童语言中已经近80％的句子有修饰性成分了[②]。

（三）具有自我调控功能的自言自语的萌芽

2岁开始，婴儿出现了自言自语现象。李佳礼在《对2～3岁儿童自言自语的研究》中发现，2～3岁是儿童自我调节功能自言自语的萌芽时期[③]。如成人说，刚才吃过糖了，不能再吃了，婴儿会自言自语说，不能再吃了，不能再吃了，但是可能眼睛仍盯着糖，甚至可能手已经过去摸摸糖。

（四）看似“口吃”的现象时有发生

虽然幼儿开始使用完整简单句或复句，但是很多婴幼儿还是会出现类似“口吃”的现象。比如说了前半句话，得重复好几遍才能说出后半句话。有些成人不理解以为婴儿是口吃，其实不然，原因在于，这个阶段的幼儿认知能力发展迅速，思维能力相对语言表达能力较快，因而想到了却不能一下说出来，让语言变得不连贯。这对于3岁前的孩子来说是正常的、自然的现象。成人要学会鼓励幼儿，学会等待，不催促。

第二节　3～6岁学前儿童语言发展

在0～3岁婴幼儿对语音的掌握和基本词汇理解运用的基础上，3～6岁的幼儿开始急速发展口头表达能力，并在总体上呈现出以下特征：这个阶段的幼儿已能掌握本民族的全部语音，语音意识逐步形成，会自我调节和纠正发音。随着生活经验的丰富，认知能力的发展，幼儿掌握的词汇量迅速增加，词类范围也日益扩大，对词义的理解逐渐确切和加深。说出的句子越来越长，使用的修饰成分越来越多，表意也越来越准确和清楚。如

---

① 张明红．学前儿童语言教育[M]．上海：华东师范大学出版社，2006：105．

② 乐守红．2～3岁儿童语言中表修饰的句法成分的发展[J]．中国科教创新导刊，2009(30)：198．

③ 李佳礼．对2～3岁儿童自言自语的研究[D]．长春：东北师范大学，2000：47．

3～4 岁幼儿能初步脱离情景独立讲述自己生活的事情，但是由于逻辑思维水平的局限，讲述常常主题不明、逻辑不清，只能单纯地罗列一些事实。4～5 岁幼儿能够主动、大胆地讲述故事或各种事情。5～6 岁幼儿口头语言表达的顺序性和逻辑性有了明显增强，而且能够自然、生动地进行描述。这一时期的幼儿已基本掌握了本民族的口头语言[①]，能与人进行自如交流和对答。

一、3～4 岁：口语发展初期

（一）发音不断完善

3～4 岁幼儿已经获得了一些基本的语音，但是由于神经系统发育不够完善，发音器官和听觉器官的调节、控制能力还相对较差，所以部分幼儿发出的语音不够准确和清晰，主要集中在声母、卷舌音及前后鼻音上。例如，部分小班幼儿说“立正（zheng）”说成“立登（deng）”，“我是（shi）××”说成“我系（xi）××”，所以对刚入幼儿园的小朋友，如果发音不太准确，老师刚开始听不明白小朋友说什么意思，等熟悉几天后，老师就知道了。此外，如果照料者有地方口音，幼儿也会带有地方口音，如老家在湖南的奶奶照顾了小小 3 年，奶奶把“飞机”说成“灰机”，小小看到“飞机”也会说“灰机”，把“黄色”说成“王色”，把“上街”说成“上该”。随着发音器官的成熟、语言环境的扩大，尤其是给予幼儿正确语音的示范，大部分幼儿都能在4 岁之前正确地发音。

（二）理解大量实词，但运用词汇交流尚不熟练

3～4 岁幼儿掌握了大量的实词，尤其是与自己日常生活密切相关的物体、动作、事件等。如老师问：“昨天爸爸妈妈带你去哪儿了？”幼儿答：“去粥面故事了（一个餐馆的名字）”，“粥面故事是干什么的地方？”“吃饭的地方？”“吃什么了？”“面”。但是，幼儿在用拼插玩具拼完一件物品后说：“这是电子动车。”老师没听明白就引导性地问：“这是干什么用的？”“充电的。”“那是不是充电器啊？”“不是。”“是电动车吧？”“对。”幼儿心里知道电动车这个物体，但不能熟练地用正确的词表达出来，甚至有时候会出现类似“口吃”的现象。这是因为幼儿认知水平提高，思维快于言语表达，想到了但一着急却说不出来。这也进一步证实，思维先于语言，语言是思维的外壳，对于初学口语表达的 3 岁幼儿来说，运用语言熟练外化思维还是有一定难度的。

【有趣的现象】

鸡有两个脖子

吃午饭时，妈妈从一段鸡脖子上面撕下一小条肉喂给 3 岁的宝宝吃，宝宝说：“这是

---

① 潘月娟．0～6 岁孩子的口头语言发展历程[J]．家庭教育，2003(3)：41.

什么?"妈妈回答:"鸡脖子。"宝宝说:"鸡为什么有两个脖子?"妈妈奇怪地问:"怎么会呢?"宝宝说:"一个脚脖子,一个头脖子。"接着,又跑到爸爸身边,摸了摸爸爸的手腕,说:"这是手脖子。"

在理解词义方面,3～4 岁的幼儿对词义的理解往往趋于表面化,有时只是从字面意思出发来理解,而不能理解其在语境中的真正含义。如幼儿听到家长们在聊天:"拉倒吧你,我都不行,你能行?"幼儿走过去,就做拉倒家长的动作。随着生活经验的丰富,运用语言进行交流机会的增多,幼儿对词义的理解会逐步准确,运用词义进行表达的准确性逐步提高,这也是整个幼儿期的主要任务之一。

【有趣的现象】

坐火车还是睡火车

4 岁的米米跟着爸妈出差,因去时买的火车票是硬座票,回来时买的是卧铺票而感到奇怪,兴奋的同时问妈妈:"妈妈,是坐火车还是睡火车?"妈妈一听就明白了她的意思,就说:"我们一般都说坐火车。"结果,米米指着满车厢的卧铺说:"妈妈,你在这里看到了座位吗?"(意指:有座位的是坐火车,有床位的就是睡火车。)

(三)掌握基本的语法结构

3～4 岁幼儿的词汇量迅速增加,因此句子中的修饰语显著增多,如名词性结构的"的"字句:"红色的珠子","黄色的小鸭",介词结构的"把"字句:"把玩具给我",以及其他一些比较复杂的时、空状语从句。但他们较少用连词,这说明他们语言的连贯性还不强,结构很松散。这一阶段的儿童学会了基本的否定句和疑问句,如"没有饼干了""我不想洗澡""那不是我的猫咪"等,以及"你在干什么""你是不是不高兴"等不同类型的疑问句[①]。

他们还能用一些虚词表达语法关系,能说出完全符合语法的完整的句子。他们表述的句子以简单句为主,考虑的不是事物的连续变化或几个事物间相互作用的复杂关系,而常常只是描述某一事物。3～4 岁的幼儿在简单句尚不完善时,复合句已经开始出现,复合句在简单句的发展过程中同时平行地发展起来。

(四)表达和交流只是简单罗列事实

3～4 岁幼儿能独立讲述自己生活的故事,但是由于思维水平的局限,讲述常常主题不明、逻辑不清,只能单纯地罗列一些事实。他们的语言不够完整,有时会出现断断续续

① 劳拉·E. 贝克. 儿童发展[M]. 吴颖,等译. 5 版. 南京:凤凰出版传媒集团,江苏教育出版社,2002,530.

的现象。如3个女孩在拼插区自由拼插，一个小女孩说，我去过蓓蕾学校，但是没有跳舞，什么也没做，就只是看了一下。她对面的女孩说，我也去过，我什么也没玩。坐在第一个女孩旁边的女孩则边穿珠边说，我去过香港跳舞。于是对面的女孩说，我去过南京跳舞。接下来第一个女孩说，我是2月的生日，我过完生日就是姥爷过生日，姥爷过完就是姥姥过，姥姥过完就是爸爸过，爸爸过完就是妈妈过……对面的女孩也说，我是2月18号的生日，我过完就是爷爷过，爷爷过完就是奶奶过……就这样边应和着边玩着玩具，同时随意换着主题地聊着。

【有趣的现象】

3岁女儿对"停电事件"的叙述

贝贝讲述："爸爸和叔叔在那里吃饭，然后我跟妈妈去买东西，然后电就出问题了，然后就过生日了，然后吹完蜡烛电就来了。"

事情真相：爸爸的朋友一家来了，大家一起出去吃饭，吃完饭别人都走了，就剩下爸爸和叔叔还在那里吃。贝贝拉着妈妈出去买东西，之后与爸爸一起回家，因家里没电就点了一根蜡烛，贝贝以为自己又过生日了，唱了一会生日歌，来电了就把蜡烛吹灭了。

二、4～5岁：口语发展中期

（一）语音发音基本准确

整个幼儿期的发音能力都在逐步加强，但4～5岁时的进步尤为明显。4～5岁的绝大部分幼儿基本能发出本民族的全部语音。

4～5岁时，幼儿对语音的意识也明显发展起来，他们开始自觉地、有意识地重视发音。他们喜欢纠正、评价别人的发音，并且特别专注自己的发音，能调节和控制自己发音并有意识地重复练习，有时还故意回避难发的音，或为自己发错的音进行申辩。

（二）对词义的理解逐渐确切

4岁左右的幼儿大概掌握了1600～2000个词汇①，是词汇量飞跃发展的时期，幼儿掌握的词汇数量和种类也在迅速增加，对词义的理解逐渐确切和加深。因此，4～5岁的幼儿已能听懂日常生活对话或一段话的意思。

在幼儿的词汇中，最初名词占主要地位，但随着年龄的增长，名词在词汇总量中所占的比例逐渐减少，4岁以后，动词的比例开始超过名词②。在4～5岁的幼儿掌握的词汇

①② 陈帼眉，冯晓霞，庞丽娟．学前儿童发展心理学[M]．北京：北京师范大学出版社，1995：239.

中，有积极词汇和消极词汇之分，其中积极词汇是指儿童自己能说能用的词汇，消极词汇是指能理解但不能正确运用的词汇。积极词汇数量远比3～4岁时多。

（三）开始掌握复合句

4～5岁幼儿在使用简单语句的基础上，语言逐渐连贯起来，复合句数量有所提高。复合句是指两个或两个以上意思关联比较紧密的单句合起来而构成的句子。他们能理解一些简单的复合句，例如并列复句。但是对一些结构复杂的句子，如被动句、双重否定句等则不能很好理解。这个时期幼儿的复合句结构还比较松散，连词的使用较为单一，“如……也……也……”“又……又……又……”，或者“然后……然后……然后……”，部分幼儿对条件复句“如果……就……”“只有……才……”有所掌握，因果复句也有所体现，但转折复句相当少见。

4～5岁期间，儿童使用的句子平均包含4～5个词，可能是陈述句、否定句、疑问句或祈使句①。表7-3为儿童语言中的连接词出现的年龄。

表7-3　儿童语言中的连接词出现年龄

类型	年龄							
	1岁8个月	2岁	2岁半	3岁	3岁半	4岁	4岁半	5岁
转折复句					可是但是	不然的话，要不然	但，不然	却
因果复句				因为	因为……所以	……所以……	既然……就	
选择复句							也许……也许、要么……要么……	
条件复句		就			一……就……、才		只要……就	不管……总是……
让步复句							还	
连贯复句		然后、再、先……再……、先……再……	一……就……、后来				先……然后……	
假设复句		就	要……就……		要是……就……	……的话、如果……就……	要……的话……就	如果……那，万一……就
递进复句							而且、连	
并列复句	也	又，是……不是……	还		一边……一边	再		不是……而是

（资料来源：杨先明．0～5岁汉语儿童语言发展的认识研究[D]．武汉：武汉大学，2010．）

① 黛安娜·帕帕拉，等．孩子的世界：从婴儿期到青春期[M]．郝嘉佳，等译．11版．北京：人民邮电出版社，2013：343．

（四）表达交流能力迅速发展

随着幼儿交往范围的扩大，4～5 岁幼儿能够主动、独立、大胆地讲述故事和各种事情，但其表述仍带有情景性（见图 7-3）。

图 7-3　5 岁幼儿和爸爸一起阅读绘本

4～5 岁是幼儿内部语言发展的重要时期，他们在游戏中或遇到困难和疑惑时常出现自言自语。4～5 岁幼儿已经初步学会了有效交流的基本规则之一，即必须使自己的话语适应听者的水平。4～5 岁的幼儿即使在说者话语的字面意义提供线索很少的情况下，也能推测出说者的意图。

三、5～6 岁：口语发展成熟期

（一）语音主动意识加强

5～6 岁幼儿言语器官已发育成熟，能够听清和发清楚母语的全部语音。5～6 岁的汉语儿童在语音方面获得了语调规则，这就意味着他们将字词语音更大范围地放入句子范畴，形成更大范畴的新的结构原则，从而使所说的话产生更大的影响力。同时，该年龄段幼儿的语音意识进一步发展，已经能意识到自己和别人语音中的问题，他们具备了正确发音的条件，也有了说话清晰准确的愿望。

（二）抽象意义词汇发展

5～6 岁幼儿词汇量大幅度增加，而且质量上也有明显提高。他们不仅掌握了名词、动词、形容词、数量词，还开始掌握一些常用副词和连词。这个时期幼儿从较多掌握代表具体意义的词向掌握具有抽象意义的词过渡，他们的语言中出现了许多对幼儿来说比较难以掌握和运用的词汇，还包括很多成语。5～6 岁幼儿所掌握的词义更加确切、丰富和深刻。

5～6岁幼儿已经能听懂一些较复杂的句子，理解一段话的意思。能够掌握表示类概念的词汇以及表示因果关系的连接词，语言的连续性有所加强。

（三）语法结构趋于严谨

5～6岁的幼儿已经能实际掌握和运用许多规范的语法，在语言中反映事物简单的逻辑关系。5～6岁幼儿语言中的复杂句大大增加了。5～6岁幼儿复杂句中的词汇较丰富和复杂，出现了"因为""为了""结果""要不然""如果"等说明因果、转折、条件假设等关系的连词，也出现了"没有……只有……"，"如果……就……"等成对连词。这时幼儿的关联词虽然比较丰富，但并不总是用得恰当。在复合句中有时也会出现主语或谓语动词脱漏的情况，以及语句形式和内容不一致。

5～6岁儿童的话语越来越像成人，他们使用更长、更复杂的句子以及更多的连词、介词和冠词，他们使用复合句和复杂句，并能单独处理话语的各个部分。此外，虽然这个阶段的儿童说话流畅，能让人听懂，并相当符合语法规则，但他们还不能掌握语言的许多细微之处。如他们很少用被动句①，如儿童不说"我被他打了一下"，而倾向于说"他打了我一下"。

（四）语言表达较为顺畅流利

由于有了一定的语法基础，5～6岁幼儿口头表达能力进一步发展，能把一些思想、感情用简单的词表达出来。言语的连贯性增强，情境性减少，成人不再需要根据幼儿的表情、动作去推测幼儿的意思。非情境性言语和连贯性言语的发展使得幼儿能够独立、清楚地表达自己的思想情感。

5～6岁幼儿口头语言表达的顺序性和逻辑性有了明显增强，而且能够自然、生动地进行描述。他们有强烈的语言要求，他们谈话的内容广泛，想象丰富。他们经常模仿大人的语气讲话，也乐于表演自己熟悉的故事，扮演角色游戏。

5～6岁的幼儿已经能根据事物所处的具体情境而调节自己的语言。如研究者指出，大多数5岁儿童可以根据听众所知道的来调整自己说话的内容。他们可以运用语言解决争执，而且在对成人说话时会使用更礼貌的语言，更少发出直接命令②。

【经典实验】

儿童正字法意识发展实验

正字法意识是指对文字构成规则的意识，是儿童后期文字阅读和书写能力发展的重要基础。本实验考查学前儿童正字法意识的发展特点，即给幼儿呈现单部件意识测验、

①② 黛安娜·帕帕拉，等．孩子的世界：从婴儿期到青春期[M]．郝嘉佳，等译．11版．北京：人民邮电出版社2013：343-346.

部件位置及功能意识测验，让他们判断看到的字是不是一个好看端正的汉字？结果发现正字法意识的各层面在学前期已经存在明显的发展趋势，单部件意识发展早于部件位置及功能意识的发展。单部件意识就是对单部件的文字知识方面的认识，即学习者应该能够辨认哪些部件是真实存在的，哪些部件是不存在的。部件位置意识就是对部件位置的认识，如有些部件位置比较灵活，有的部件位置却是固定的，只能出现在汉字的某一个位置。功能意识即部件组合规律的认识。

（资料来源：秦金亮，王恬．儿童发展实验指导[M]．北京：北京师范大学出版社，2013.）

第三节　言语是怎样发生的——模仿强化还是转换生成

虽然我们大概了解了学前儿童言语发展的历程但是，言语究竟是怎么发展起来的，是儿童在后天通过模仿成人说话并得到强化而习得的？还是人类先天具备发展言语的生物机能，随生物机能的成熟而逐渐发展起来？心理学家和语言学家都致力于这个问题的研究，并从各自角度对这个问题给予了不同的解释，从而形成了言语发生发展的各种学说。

讨论与分享

影响语言发展的因素

结合你的生活经历，就你所了解的语言发展的知识进行思考和讨论：语言的发展受哪些因素的影响？

一、模仿强化说

模仿强化说主要强调后天环境和学习对儿童言语发展的重大影响。其中，模仿说更加强调儿童对身边成人言语的模仿和学习；强化说则更强调成人对儿童言语学习的及时鼓励和强化。

（一）模仿说

依据模仿程度的不同，模仿说又可以分为早期的机械模仿说和后来的选择性模仿说。机械模仿说，强调儿童言语发展就是对成人尤其是其父母言语的完整翻版，儿童在这一过程中完全是机械被动的接受者，这一理论流行于 20 世纪 20～50 年代，其代表人物是奥尔波特(F. H. Allport)。

怀特赫斯特提出，儿童学习语言并不是对成人语言的机械模仿，而是选择性模仿，其中儿童对语言的理解起了非常重要的作用。当儿童能理解某种语言现象时，就会对这种语言现象进行选择性模仿。此外，选择性模仿是对语言结构的模仿，而不是对其具体内容的模仿。选择性模仿把示范句的语法结构应用于新的情景以表达新的内容，或把这些结构重新组合成新的结构，这样便产生了儿童自己的话语[①]。日常生活中，成人在引导幼儿观察和学习新鲜事物时，常常会一边引导孩子仔细观察，一边用清晰、放缓的语音语调重复事物的名称，并有意识地让孩子加以模仿。图 7-4 展现的就是一位妈妈带女儿在植物园里看到火龙果时，向女儿介绍这就是"火龙果"并重复了几次，随后女儿也一边看着眼前的果实，一边模仿着"火龙果"的发音。

图 7-4　幼儿一边观察一边模仿妈妈的发音

由此看来，选择性模仿比机械模仿更强调儿童在言语获得过程中对语言的理解作用，儿童能选择模仿已经理解了的某些句法结构并应用到新的情境中，这应该是儿童获得言语全过程中的一个阶段。理解在儿童言语发展过程中具有非常重要的作用。但是，选择性模仿对于 1 岁以内的婴儿，尤其 3、4 个月婴儿的咿呀学语来说，是无法合理解释的。因为，我们无法确定 1 岁以内的婴儿是否具有真正的语言理解能力，是否能进行有意或无意的选择性模仿。

【有趣的现象】

糯糯学说话

3 岁的糯糯在玩橡皮泥，问"妈妈，你要不要一个馄饨啊"。妈妈说："要。"糯糯说："你等着，我给你整去啊。"过了一会儿，又问："妈妈你要不要鸡蛋啊？"妈妈说："要。"糯糯说："你等着，我给你整去啊。"东北话的精髓已经掌握了。

有时候，糯糯说话还故意阴阳怪气的，号称自己说的是武汉话。而且，很多后鼻音的字都说成前鼻音了，平舌和卷舌也几乎不分，把锅说成锅子，把狗说成狗子，把虾说成虾

① 张明红．学前儿童语言教育[M]．上海：华东师范大学出版社，2006：60．

子，等等。总之，她也掌握了一些武汉话的精髓。

糯糯妈妈的网络日志

点评：

“整”是东北话的精髓之一，相当于一个万能动词，大概可以代替任何动词跟任何名词连用，跟普通话或者南方话里“弄”或者“搞”相似。

糯糯是个语言发展非常好的女孩，她比同龄的孩子说话早，而且语言表达比较准确，语言也相对丰富。这与她的母亲具有能言善辩的特点有关系。上述有趣的现象中，糯糯之所以带着东北话和武汉话的口音，就是因为糯糯的妈妈是东北人，爸爸是武汉人，2岁的糯糯在学说话的关键期，在潜移默化中模仿了父母各自的方言。

（二）强化说

强化说是20世纪40年代和50年代初，最有影响的解释儿童言语发展的行为主义理论，它的代表人物是伯尔赫斯·弗雷德里克·斯金纳（Burrhus Frederic Skinner，1904—1990），如图7-5所示。该理论把儿童的言语也看作一种行为，言语行为的获得如同人类其他行为的获得一般，是通过不断强化而实现的。

图7-5 语言发展行为主义理论代表人物斯金纳

（图片来源：百度图片．http://image.baidu.com.）

例如，儿童最初随机发出声音，照料者用微笑、拥抱和温柔的声音回应以强化成人认为像语言的声音，接着，儿童会重复那些受到强化的声音，照料者会更加欣喜并给予更多的爱抚，从而进一步强化了儿童的有意重复，儿童的言语就是在这样不断地强化中发展起来的。

强化说在一定程度上解释了儿童在言语发展早期，成人的不断强化给予了儿童言语发展的动力和言语学习的方向。但是，强化说不能解释，儿童为何在出生的头几年就能快速而高效地掌握人类复杂的语言规则并能进行灵活运用，也不能解释，儿童为何能说出自己从没有听过的，不太符合语法规则的句子，如孩子听到爸爸说：“你吹牛！”孩子便回答：“我没有吹牛，我这里没有牛。”因此，强化说也无法解释儿童言语获得的全部过程。

二、转换生成说

转换生成说又称先天语言能力学说，是美国语言学家艾弗拉姆·诺姆·乔姆斯基（Avram Noam Chomsky）在其《句法结构》（1957年）一书中提出的一种语言理论。

乔姆斯基主要针对行为主义将语言看作是口头行为，并由外界强化而获得的观点进行了深刻的批判，尤其指出，行为主义将动物研究中的行为原则应用到实验室之外的人类身上是毫无意义的。他特别指出，要想理解人类的复杂行为，我们必须假定负有终极责任的大脑中有一些无法被观测到的实体。这两点都与斯金纳的激进行为主义针锋相对。由此，乔姆斯基发动了一场心理学的认知革命。

首先，他研究分析了世界各国的语言，发现世界各国语言存在相似的内在结构，他将这种相似的内在结构称之为语言的普遍语法规则（Universal Grammar），认为儿童之所以能在出生的头几年迅速、准确地掌握母语，就是因为儿童大脑中有个语言获得的神经系统，他把这个系统称为"语言获得装置（Language Acquisition Device，LAD）"并提出这个装置本身就能让儿童获得语言的内在结构，实现语言的转换生成（言语的获得）。

乔姆斯基还指出，LAD 作用的发挥也是受机体成熟水平所制约的，即在某个特定的时间段，LAD 才会起作用，超过这个时间段，LAD 就会退化，就无法使儿童获得言语。这也正好解释了，为什么类似"狼孩"的一些特殊儿童，在被人类解救后无论经过多少特殊的训练，其言语水平也无法达到同龄人的水平，因为其 LAD 不能正常运转。同时乔姆斯基的这一观点也证实了，成人学习第二语言的能力不如儿童，因为，儿童进行第二语言的学习是有生物基础的，成人的 LAD 已过了关键期而不能发挥作用了。

转换生成说对"强化说"进行了深刻的批判，一时震撼了美国心理学界和语言学界，因而，也被称为语言学的革命。乔姆斯基的语言转换生成说对世界各国心理、语言、哲学、认知等产生了广泛的影响。

但是，乔姆斯基的转换生成说过于强调先天因素对儿童言语获得的影响，也就不可避免地过于低估了后天语言环境在儿童言语获得过程中的重要作用。我们知道，语言是在交流的过程中发展起来的，如果没有交流的环境，言语的获得自然无法实现。此外，乔姆斯基的语言获得装置仅仅属于一种假设，而且是无法证实的。

三、相互作用说

无论模仿强化说还是转换生成说都不能完全解释言语获得的全过程。因此，一些理论家开始转向将两派观点结合起来的新理论。相互作用说认为，语言发展是由遗传因素和有助于语言学习的环境（包括与成人的交流）共同作用的结果。

首先，相互作用说赞同先天因素作为儿童言语发展的生理基础所起的决定性作用，但同时也提出，言语发展的特定进程是由儿童听到的语言和他们使用这些语言时得到的强化所共同决定的。此外，儿童成为家庭成员或社会成员的动机激发了儿童与成人交往的愿望，从而激活了语言的使用和语言技能的发展，因此，社会交往的动机和能力也是儿童言语发展的重要因素①。

以上三种派别都从某一个角度解释了儿童言语获得的过程，但每一种观点又不能完全解释言语获得的全过程。虽然我们不能确定究竟哪种派别最终会提供最好的解释，但

① Robert S. Feldman. 发展心理学——探索人生发展的轨迹[M]. 苏彦捷，等译. 北京：机械工业出版社，2013.

是，我们更倾向于认为，不同的因素在儿童言语获得的不同阶段会发挥不同的作用。例如，儿童出生的头一年，可能生理因素，尤其是大脑生理机能的成熟对言语的发展更具决定性作用，在2 岁到 4 岁，儿童通过模仿成人的语言并在成人的强化中能学会说很多简单的词句，4 岁以后，通过儿童与他人积极主动的交流和互动，产生自主表达的愿望，儿童积极大胆的表达和体验等都是促进儿童言语发展的重要因素。

【幼儿园实例评析】

口吃的明浩

老师发现，刚入园的明浩出现了较严重的口吃问题。据明浩的妈妈说，孩子在语言方面发展较晚，1 岁半以后才开始说话，2 岁才会结结巴巴地讲完整的句子，上幼儿园后，口吃的现象还比以前更严重了。而且，明浩的性格比较内向，妈妈形容他腼腆得就像个小姑娘。

据老师的观察，明浩平时与小朋友交谈时，越着急越说不出话来，遇到集体讨论时，他刚说几个词便卡了壳，急得满脸通红，嘴唇颤抖，有时甚至还直流口水。但是，当明浩朗读课文或唱歌时，并没有出现口吃的现象。

口吃给明浩的生活和人际交往带来了许多困扰，他变得孤僻和自卑起来，而孤僻和自卑的性格特点，反过来又加重了他的语言障碍，为此，明浩没少挨爸爸的打。

这样下去可不行！老师经过细致了解与认真思考，采取了以下教育对策。

第一，告诫明浩的父母，不要对孩子的口吃问题过分着急，要沉住气，耐心指导和帮助他，减少环境的紧张因素，更不能任意体罚。而是要给予他必要的心理支持，帮助他克服自卑、害羞、焦虑等情绪问题，这是克服明浩口吃问题的关键。

第二，当明浩的情绪过分紧张、激动时，老师及时解除他的紧张情绪，然后再让他讲话。

第三，在语言教育活动中，老师经常鼓励明浩树立信心，多讲话，多练习朗读和唱歌，加强语音方面的训练。

以上做法逐渐使明浩获得了成功的体验，慢慢地，明浩口吃的问题得到了缓解，他的语言表达越来越连贯流畅了，整个人也变得越来越活泼自信了！

（资料来源：徐慧．幼儿教育心理实践活动案例[M]．北京：高等教育出版社，2009.）

案例评析

口吃现象是一种语音的节律性障碍，表现为说话中不正确的停顿和重复的表现。造成口吃的心理原因之一就是说话时过于急躁、紧张和激动。案例中明浩的口吃问题就属于这种情况。当明浩的情绪过分紧张、激动时，老师及时解除了明浩的紧张情绪，并给明浩提供了在集体面前练习讲话的机会，经常鼓励他。实践证明老师的做法比较适宜，行之有效。特别需要注意的是，对待口吃的儿童，一定不要严厉斥责或着急要求其改正，那样会更加剧其紧张心理，使口吃现象恶性循环，甚至会导致幼儿有意回避讲话，或避免说出某些词，口吃问题就难以得到矫正。长此以往，还会使幼儿变得自卑、孤僻和怯懦。

在幼儿园里，还有一个常见的幼儿口吃的原因，那就是相互模仿。幼儿的好奇心强、爱模仿，他们觉得口吃好玩儿，就相互模仿，有时，口吃就像“传染病”一样迅速蔓延。这时，教师一定要及时给予正确引导。

【延伸阅读】

婴儿靠什么与人交流

加拿大 Queen's university 的研究者达尔文·穆尔(Darwin Muir)设计了一系列个实验来研究婴儿对不同面部表情的反应。

第一个实验　没有表情的人脸

让母亲坐在5个月大婴儿的对面，微笑着讲话、唱歌，发现婴儿非常喜欢母亲的表演，同时还面带微笑的做出a、a的回应，手指放在嘴中吸吮，伴有蹬腿动作。

接下来，母亲的面部表情突然停止，婴儿对着母亲微笑并发出声音，想要与母亲进行沟通(见图7-6)，而当他无法引起母亲回应时，他感到很受挫(见图7-7)。研究者认为，婴儿生气是因为在自己毫无准备的情况下母亲就破坏了沟通的渠道。

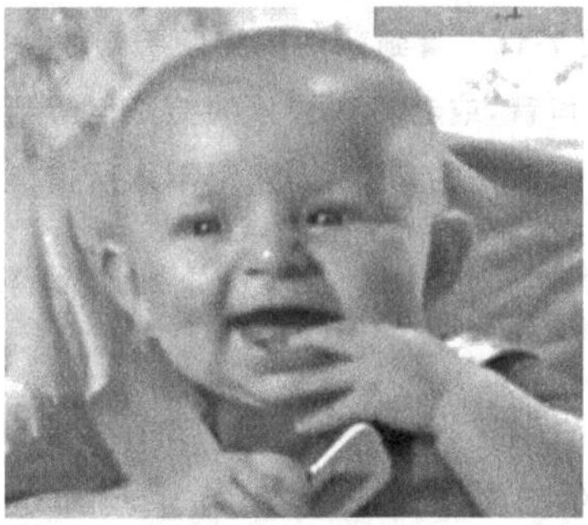

图7-6　看母亲微笑的脸时婴儿的表情

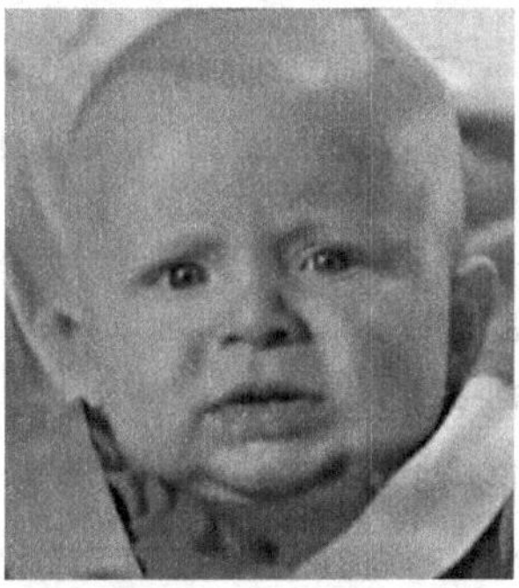

图7-7　婴儿无法引起母亲回应感到受挫

第二个实验　颠倒的面部表情

让6个月的婴儿坐在电视机前，看着屏幕上坐在另一个房间的妈妈，当妈妈微笑着跟婴儿讲话时，婴儿认出了母亲，而且用微笑回应(见图7-8)。然后情况突然改变，妈妈还是微笑着跟婴儿讲话，但屏幕上妈妈的图像上下颠倒过来，婴儿看到后停止微笑，由于无法辨认倒过来的图像是人脸，所以婴儿无法与母亲继续交流，婴儿开始坐立不安(见图7-9)。

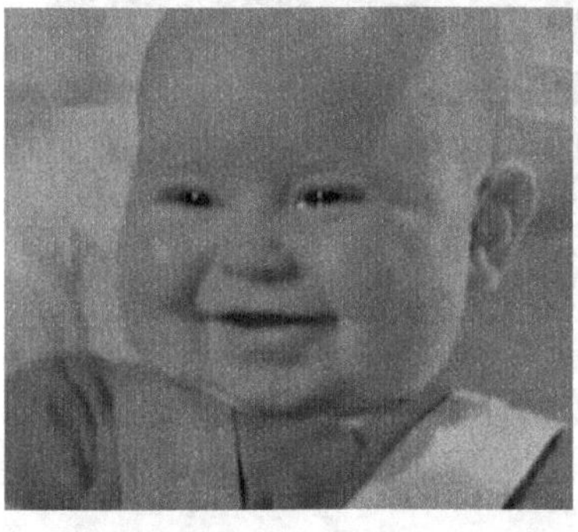

图7-8　看到屏幕上母亲的笑脸，婴儿笑了

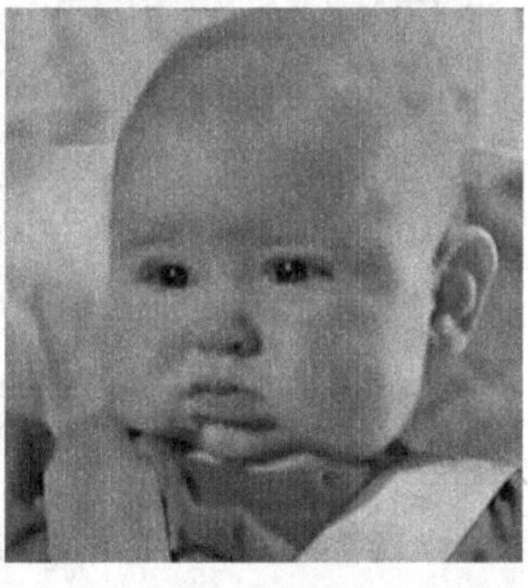

图7-9　看到屏幕上颠倒的母亲的笑脸，婴儿感到不安

第三个实验　高兴的和悲伤的面部表情

让婴儿看事先录好的研究人员开心的声音和愉快的面部表情，婴儿特别高兴（见图 7-10）。但当播放哀伤的面孔和声音，婴儿的笑容消失，变得很严肃。接着出现了快乐的面孔加上哀伤的声音，婴儿感到很困惑，接着换成哀伤的面孔加上快乐的声音，婴儿同样很困惑，而且开始不感兴趣（见图 7-11）。

图 7-10　看到高兴的面孔听到愉快的声音，婴儿表现出兴奋

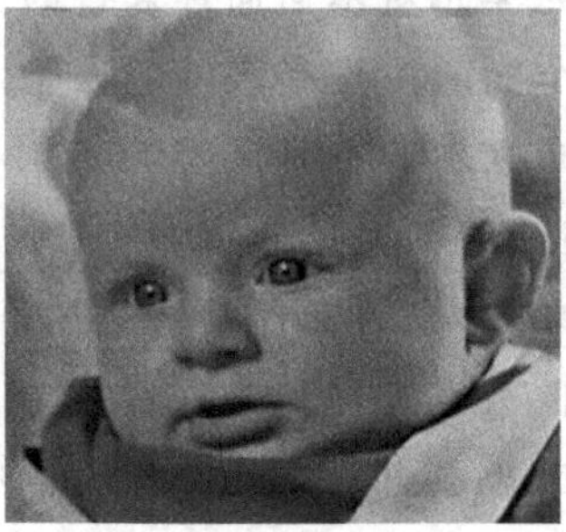

图 7-11　看到悲伤的笑脸听到愉快的声音，或者看到快乐的笑脸但听到悲伤的声音，婴儿都不知所措

研究者的结论是婴儿很早就对面孔和声音的情绪表达十分敏锐，并知道面孔和声音的情绪应该吻合。

第四个实验　凝视

这个实验与注视有关，因注视是人类进行沟通的重要渠道。婴儿天生就知道，凝视是引起大人注意及维持互动关系的方法之一。母亲对着幼儿说话，婴儿凝视母亲片刻（见图 7-12）之后，母亲继续说话，但视线离开婴儿，起初，婴儿试图引起母亲的注意但失败了，婴儿开始难过（见图 7-13）。研究人员认为，眼神接触在人类的互动中也扮演着重要的角色。

四个实验都进一步证明，婴儿不仅用语言与人交流，还有诸如面部表情、声音、目光等其他方式的交流，在婴儿期，这些非语言因素在交流中发挥着非常重要的作用。

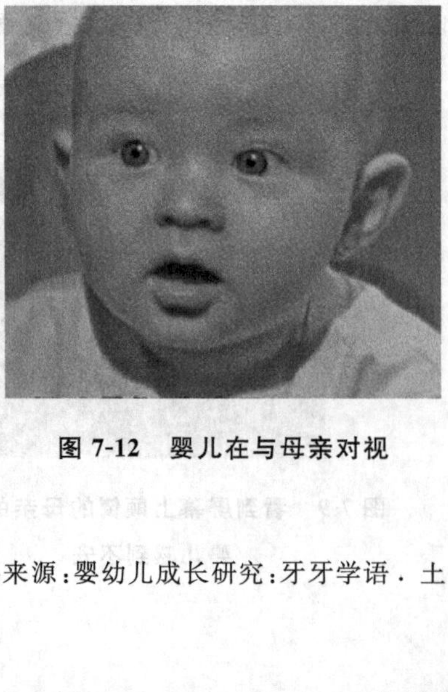

图 7-12　婴儿在与母亲对视

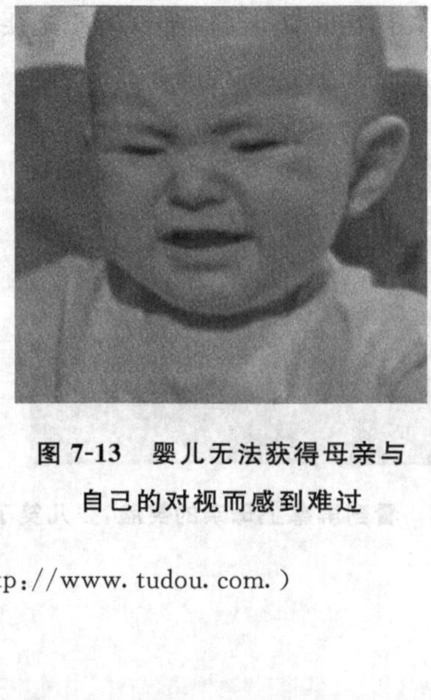

图 7-13　婴儿无法获得母亲与自己的对视而感到难过

（资料来源：婴幼儿成长研究：牙牙学语．土豆网．http://www.tudou.com.）

【课程思政目标】

语言是人类最重要的交际和思维工具，同时也是人类心理活动的重要内容。学前期是语言发展的敏感期。通过语言，幼儿的学习活动、生活环节、与他人的互动才得以全面开展。成人教育幼儿也离不开语言，无论是丰富幼儿的知识经验还是向幼儿进行一定的思想道德教育，都必须借助语言，没有语言就无法交流。因此，成人应抓住这一敏感期，根据幼儿语言学习和发展的特点，为幼儿创设适宜的语言发展环境，促进幼儿语言学习不断发展。同时，要加强文化自信，在幼儿早期双语学习时，要根据语言发展规律帮助幼儿从小说好中国话，讲好中国故事。学前教育工作者也应思考通过什么样的方法发展幼儿的语言能力，鼓励幼儿去说、敢说，并逐渐喜欢说。

【复习要点】

◆ 你会解释吗？

语言　电报句　词义过宽　词义过窄　词语爆炸

◆ 你能回答吗？

1. 你能说出语言发展的各种学说分别有哪些观点吗？
2. 你更赞同哪种语言发展学说，说说你的理由。
3. 你认为，1 岁以内的婴儿会与人进行交流吗？
4. 你了解 2～3 岁婴幼儿语言的特点吗？
5. 你能说说，3 岁的幼儿说话时会有哪些表现？
6. 你能举例说说，幼儿园中班幼儿和大班幼儿的语言特点有什么不同吗？

第八章 学前儿童情绪发展

第 8 章　学前儿童
情绪发展课件

学习导航

- 学前儿童的奇闻趣事：“多情”的入园第一天
- 第一节 认识情绪
  - 一、什么是情绪
  - 二、情绪的基本功能
    - 经典实验：认知对情绪的决定性作用
    - 有趣的现象：一眼看见发怒的人
    - 讨论与分享：行为影响情绪
- 第二节 学前儿童情绪发展的特点
  - 一、儿童情绪的早期发展
  - 二、学前儿童情绪理解的发展
  - 三、学前儿童情绪调节的发展
    - 有趣的现象：同胞的共情能力好于独生子女
    - 有趣的现象：愿望与信念对情绪的影响
    - 讨论与分享：幼儿的情绪理解
- 第三节 快乐宝贝——促进学前儿童情绪健康
  - 一、学前儿童情绪能力的促进
  - 二、学前儿童常见的情绪问题及对策
    - 经典实验：陌生人焦虑实验
    - 讨论与分享：如何应对学前儿童的情绪问题
- 幼儿园实例评析：贝贝为什么不敢去卫生间
- 延伸阅读：运用绘本开展情绪主题教学
- 小组案例讨论：我要大发雷霆

【学前儿童的奇闻趣事】

“多情”的入园第一天

开学第一天，刚入园的“小班们”哭闹一片，多情的宝贝让家长伤别离，让老师招架乏力。

熊多多的咆哮式哭泣：“爸爸妈妈肯定是不要我了，不然就不会把我丢在幼儿园，那如果爸爸妈妈都不要我，我该怎么办？都不知道幼儿园是什么地方，让我在小区花园里玩不就挺好的吗？幼儿园里也没有我熟悉的小伙伴，到了那儿都没人陪我玩……”

3岁的岳岳第一次走进教室，老师赶快给他戴上胸卡。爸爸看到岳岳安顿妥当了，转身要离开。岳岳以为是胸卡“害”得自己与爸爸分离，狠狠地把胸卡摘了下来，大哭起来。

岳岳爸爸站在教室外面走也不是、不走也不是……

呜呜只是重复一句话："我要爷爷……我要爷爷……"

"你们快走吧，不管是不是自己的家长，孩子只要看到大人的影子就哭。"刘老师艰难地从哭闹的孩子堆中挤出教室，劝解着趴在教室窗户和门玻璃前不肯离去的家长们。虽然抢在前面的家长尽量小心地不让孩子发现，可架不住后围上来的家长越来越多。很快，教室玻璃窗后面围上来的家长就把透光的玻璃挡死了，只见玻璃窗前"摞满"了家长们的头。这时，孩子们哭声更响了，教室里4位老师的怀里、腿边、身后……到处都围满了号哭的孩子。

"大家都散了吧，在这儿看有什么用，早晚得有这么一天，难道还能带回去啊。"在将孩子送入教室后，一位20多岁的年轻妈妈突然说道。就在其他家长错愕互望时，这位妈妈毅然走出了教室。此时，她却已是泪流满面。"我再舍不得，他都要长大。"说完这句话后，这位刘女士的眼泪再次涌出，扭身跑出了幼儿园。

上述场景是很多幼儿园开学时常会上演的一幕，这是初次长时间离开父母等主要抚养者而表现出的分离焦虑，同时也充分体现出了幼儿情绪情感发展中的一些突出特点，如易感性、外露性和自控性差等。

第一节 认识情绪

微笑与愉快、放松与满足、泪水与忧伤、沉默与愤怒、回避与恐惧……是所有学前教育工作者每分钟都可能面对的。认识情绪、探索情绪如何工作、掌握学前儿童情绪发生发展的历程以及学前儿童常见情绪问题的处理策略，可以帮助学前教育工作者更准确地理解幼儿，更恰当地回应幼儿，更积极地促进幼儿发展。

一、什么是情绪

在经历了一百多年的争论后，人们对什么是情绪依然各执一词。这种不一致，从另一面恰恰证明了情绪是"多元的、复杂的综合事件"。

（一）情绪的成分

情绪是个体对事件（内部或外部）的主观反应，涉及语言、心理社会、行为及神经生物等多方面。情绪成分理论认为，在情绪发生的时候，以下五个基本元素在短时间内协调运行：认知评估、身体反应、表达、行为倾向、感知经验①。

① Scherer, K. R. What are emotions? And how can they be measured? [J]. Social Science Information, 2005 (44): 693-727.

（二）情绪的类型与等级

情绪的微妙复杂之处已经大大超越了语言能够形容的范围。尽管如此，喜、怒、哀、惧，这四种情绪所对应的特定面部表情，在不同的文化中普遍存在，因此这四种情绪常被称作基本情绪。基本情绪与生物遗传有密切关系，是人和动物都有的本能反应模式。

不同基本情绪混合的结果称为复杂情绪，如悲喜交加、羡慕嫉妒恨等。Plutchik 认为，情绪具有强度、相似性和两极性等三个维度，并用一个倒锥体来说明三个维度之间的关系（见图 8-1）①。顶部是八种最强烈的基本情绪：悲痛、恐惧、惊奇、钦佩、狂喜、愤怒、警惕、厌恶，每一类情绪中都有一些性质相似、强度依次递减的情绪，如厌恶、厌烦，哀伤、忧郁。相邻的基本情绪可以混合成更复杂的复合情绪。例如，快乐和接受混合成“爱”，愤怒和厌恶混合成“蔑视”。这种分类方法更加精致地细化了情绪的类型。与基本情绪不同，复杂情绪是生物本能与社会需求交互的产物，也是情绪最主要的表现形式。

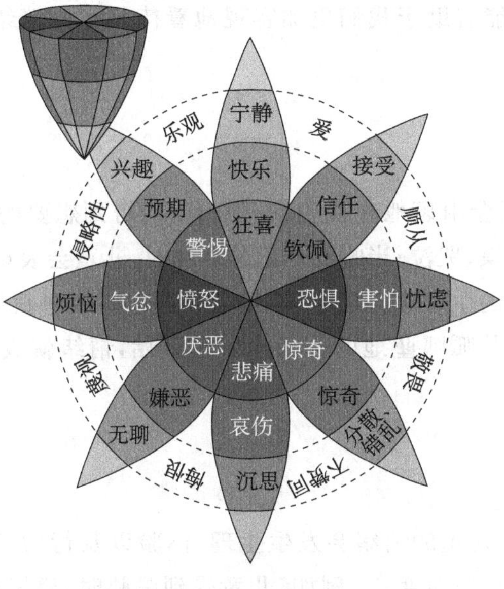

图 8-1　情绪的多维模型

（资料来源：http://www.fractal.org/Bewustzijns-Besturings-Model.）

还有研究者根据情绪的反应性质、神经生物机制和社会属性，将情绪划分为三个等级：反射性情绪、一级情绪和高级情感②。

【经典实验】

认知对情绪的决定性作用

沙赫特和辛格（Schachter & Singer，1962）给被试注射肾上腺素和食盐水。注射肾

---

① 孟昭兰．情绪心理学［M］．北京：北京大学出版社，2005.

② 斯托曼．情绪心理学——从日常生活到理论［M］．王力，等译．北京：中国轻工业出版社，2006.

上腺素能引起心跳加快、血压升高、手发抖、脸发热等情绪生理反应。

被试分为三组：正确告知组（新药会出现心跳加快、手发抖、脸发热等反应）、错误告知组（新药可能无感觉）和无告知组。然后，主试的助手（该助手受过训练，和被试一起，被试以为他也接受同样的注射，在同样的情况下参加实验）同被试一起唱歌、玩耍和跳舞。

实验后，主试询问被试当时的内心体验。结果，错误告知组的反应最容易受环境气氛所感染，正确告知组的反应不容易受环境气氛影响，无告知组的反应则介于上述两组之间。

该实验说明，认知对情绪的产生起着决定性的作用。

（资料来源：孟昭兰．情绪心理学[M]．北京：北京大学出版社，2005.）

二、情绪的基本功能

审视情绪的基本功能有助于我们更加客观地看待儿童的情绪，更深入地理解儿童情绪背后的渴望和需求。

（一）适应功能

当妈妈出现时，儿童会由衷地欢喜和张开双臂；当得到想要的玩具时，儿童非常满足；当身体疼痛时，儿童会恐惧、哭泣；当吃到不适的食物时，儿童会表现出厌恶。这些情绪帮助儿童趋利避害，具有显著的生存适应功能，是儿童从进化遗传中获得的、非常珍贵的自我保护能力。可以肯定地说，从呱呱坠地的第一声哭泣开始，情绪就成为儿童第一个有效的生存适应工具。

（二）动机功能

当面对应激情境时，儿童的情绪会发生生理、体验以及行为三方面的变化，这些变化会引导其动机潜力的方向和强度[①]。例如，儿童受到威胁时，恐惧（情绪体验）会唤醒儿童身体警觉（呼吸急促、心跳加速）并促使儿童做出采取措施的准备（逃跑还是战斗）。情绪具有激励作用。情绪能够使儿童针对不同的刺激事件产生灵活自如的适应性反应，并调节或保持儿童与环境间的关系。许多种情绪都具有调控群体间的互动功能。譬如，羞怯感可以加强儿童与社会习俗的一致性；当儿童对他人造成伤害时，内疚感可激发社会公平重建。

（三）信号功能

在人际交往中，儿童除借助言语进行交流之外，还通过情绪的流露来传递自己的思想和意图。情绪的这种功能是通过表情来实现的。表情具有信号传递作用，属于一种非

① 动机潜力是在具有挑战性的环境下所表现出的行为变化能力。当个体面对一个危险的情境时，动机潜力会发生作用，促使个体做出应激的行为。

言语性交际。儿童可以凭借一定的表情来传递情绪信息和思想愿望。

在婴儿不会说话之前，主要是靠表情来与他人交流的。表情比语言更具生动性、表现力、神秘性和敏感性。特别是在言语信息模糊不清时，表情往往具有补充作用，儿童可以通过表情准确而微妙地表达自己的思想感情，也可以通过表情去辨认对方的态度和内心世界。

【有趣的现象】

一眼看见发怒的人

经过长年累月的进化，人类具有超凡的能力，可以从人群中一眼看到愤怒的脸。用各种表情图像进行的实验表明，男人和女人分辨出愤怒情绪的速度比分辨其他情绪要快，而男人尤其迅速。女人能较快地分辨出不具威胁性的面部表情如快乐、伤心或厌恶。

研究人员认为，男人比女人能更快地分辨愤怒情绪可能是男人之间为争夺异性和资源而不断进化的结果，而女人能较快分辨出不具威胁性的面部表情是因为进化过程中女人需要结成群体相互合作。

（资料来源：新华网天津频道 . http://www. tj. xinhuanet. com/shkj. ）

（四）健康功能

儿童通过调节情绪来进行社会适应，情绪调控的好坏会直接影响到其身心健康。“一个小丑进城胜过一打医生”。积极的情绪有助于身心健康，消极的情绪是各种疾病的风险因素。我国古代医书《内经》中就有“怒伤肝，喜伤心，思伤脾，忧伤肺，恐伤肾”的记载。有许多心因性疾病也与儿童的情绪失调有关，例如溃疡、偏头痛、哮喘等。

讨论与分享

行为影响情绪

动作体验：坚持一分钟“嘴角上扬”，感受如何？再坚持一分钟“眉头紧皱”，感受如何？请比较这两种感受，并与同学讨论“日常生活中，行为反馈如何影响我们的情绪”。联系学前教育工作实际，思考对儿童“坐如钟、行如风、站如松”的行为要求会对儿童产生怎样的影响？

第二节　学前儿童情绪发展的特点

儿童情绪的发展是一个有序的过程，在生物因素和社会因素的共同作用下进行。本节将从情绪的分化开始，来谈　谈儿童情绪的早期发展，还将介绍儿童情绪发展的两个核心——情绪理解和情绪调节。

一、儿童情绪的早期发展

情绪的早期发展总体上表现出从简单到复杂、从笼统到分化、从直接到间接的发展趋势，引起情绪的事件也从生存需求快速过渡到兼顾生存、社会两种需求。

在中国儿童早期情绪发生和分化的时间表中（见表 8-1），婴儿出生时即有基础情绪（如痛苦、厌恶、快乐、兴趣）的表达和体验。随着大脑的发育，随着与环境互动的深入，儿童的情绪内容更丰富，情绪诱因也变得多样化。有人记录了 1～24 个月的儿童情绪发作的总次数从 500 次下降到 170 次，而引发事件由身体原因（疼痛、饥饿等）为主变为社会阻挠（妈妈离开等）原因为主，引起情绪发作的其他因素也相应增加，表明儿童情绪的内容变得丰富了。

表 8-1　儿童情绪发生时间

情绪类别	最早出现时间	诱　因	经常显露时间	诱　因
痛苦	出生后	身体痛刺激	出生后	
厌恶	出生后	味刺激	出生后	
微笑	出生后	睡眠中，内部过程节律反应	出生后	
兴趣	出生后	新异光、声和运动物体	3 个月	
社会性微笑	3～6 周	高频人语声（女声），人的面孔出现	3 个月	熟人面孔出现，面对面玩
愤怒	2 个月	药物注射痛刺激	7～8 个月	身体活动受限制
悲伤	3～4 个月	治疗痛刺激	7 个月	与熟人分离
惧怕	7 个月	从高处降落	9 个月	陌生人或新异性较大的物体出现，如带声音的运动玩具出现
惊奇	1 岁	新异物突然出现	2 岁	同前
害羞	1～1.5 岁	熟悉环境中陌生人出现	2 岁	同前
内疚	1～1.5 岁	抢夺别人的玩具	3 岁	做错事，如打破杯子

（资料来源：孟昭兰．情绪心理学[M]．北京：北京大学出版社，2005.）

（一）哭与痛苦

啼哭是新生儿与外界沟通的第一种方式，表达其对持续的或超水平不良刺激的痛苦感受，也是儿童表达个人需要的最初手段。啼哭具有明显的个体差异性和性别差异：当被单独留在陌生房间时，1 岁的婴儿可以成功地抑制住眼泪，但当母亲或其他监护人出现时，他会突然大声哭叫、泪如雨下。从引发情绪的事件和需求看，儿童啼哭的发展经历如下三个阶段。

第一阶段：生理激活阶段（从出生到 1 个月）。该阶段儿童的哭泣通常为生理性啼哭，多由饥饿、寒冷或噪声等引起的身体不适所致。3 周或 4 周的新生儿哭泣时便有明显的分化，有经验的父母可以从他们的哭声中听出是由于饥饿、便溺或疲困。过度啼哭对保持婴儿体重不利，适度哭闹对新生儿而言则是很好的运动方式。哭闹时，新生儿全身得到了运动，这样对血液循环、消化和排泄都有帮助，因此能促进新生儿成长。

第二阶段：心理激活阶段（1～2 个月）。该阶段婴儿的哭声有了分化，表现为一种低频率、无节奏的、没有眼泪的“假哭”现象。这是婴儿发出的“关注我”信号。当婴儿得到注意和照看时，“假哭”就会停止；6 周时，母子对视，婴儿倾向于停止哭泣。这个阶段的哭泣与儿童的认知发展有密切关系，哭泣具有明显的操作性特征。面对这个阶段的婴儿哭泣，成人要表现出更多的耐心。与婴儿进行身体接触可以明显缓解婴儿的痛苦。

第三阶段：有区别的哭泣阶段（2 个月后）。该阶段儿童的哭是一种有区别的哭泣，这种哭泣其实是一种社会行为，反映了婴儿的某种社会需要，可以由不同的人来激活或终止。依恋对象（如母亲）往往是最能激活或中止婴儿哭泣的人。对于婴幼儿来说，身体的和心理的分离是引起痛苦的重要原因。身体的分离如与母亲别离，心理的分离如情感剥夺、精神虐待、在团体中受排斥、不为集体接纳等。当依恋对象离开或不在身边，应尽量分散幼儿的注意力，并给予适当安抚。

（二）笑与快乐

微笑是婴儿快乐情绪的表达，也是与人交往、吸引成人照料的基本手段。婴儿的第一次微笑不仅激荡着父母的心灵，也是其心理发展和快乐启程的重要里程碑。婴儿的微笑分为以下几个阶段。

第一阶段：自发的微笑（0～5 周）。婴儿嘴角偶尔上翘、眼睛周围的肌肉收缩、脸的其余部分仍保持松弛的状态，这就是最初的微笑；不易发觉，但母亲经常能捕捉到。这种微笑是由婴儿自身的生理与心理状态产生的，并非源于外部的刺激，因此也称为内源性微笑。这与中枢神经系统，特别是髓鞘的发育有关。第三周的新生儿可以表现出真正的微笑。有效的刺激是人声，尤其是妇女的嗓音。而在第五周时，引起微笑的有效刺激就成为视觉形象，如人的眼睛、面孔等。

第二阶段：无选择地社会性微笑（3～4 周起）。这个阶段开始，人的声音和人的面孔特别容易引起他们的微笑。婴儿经常睁大眼睛关心周围，特别注意人们的脸，且会清楚而明确地展示自己的笑容。一个半月左右，这种笑更为频繁和明显。3 个月的婴儿只要看到人脸就会绽露微笑，4 个月的婴儿会对陌生人笑，并不害怕陌生人，他们对新奇的事物（包括陌生人）显示了极大兴趣。此阶段的最大特点是逗引就可发笑，只要自己高兴，不管面对谁，都会慷慨地奉献笑容，这被称为“天真快乐反应”。“天真快乐反应”的出现，是婴儿主动社会交往的第一步，在心理发育上是一个飞跃。

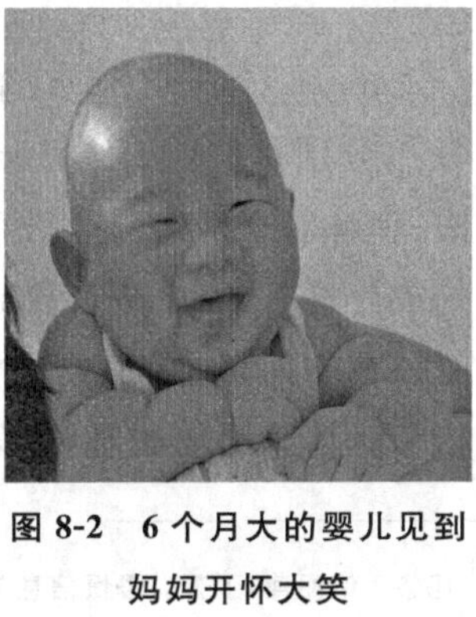

图 8-2　6 个月大的婴儿见到妈妈开怀大笑

第三阶段：有选择地社会性微笑（5～6 个月起）。随着大脑的发育和认知能力的提高，婴儿能够区别出熟悉的脸和其他人的脸，并能对此作出不同的反应。婴儿面对熟悉的人脸会无拘无束地微笑（见图 8-2），而对陌生人的脸却带有戒备,不轻易展示微笑。4~5个月的婴儿注意陌生人的时间多于注意熟人的时间。5~7个月时,婴儿见到陌生人往往会出现一种严肃的表情。7~9个月时,婴儿见到陌生人时则会感到苦恼。

(三)恐惧

恐惧是高等动物在发展过程中对现实或预想威胁的反应,具有进化价值,但对儿童来说具有很高的伤害性。一份调查资料表明:正常儿童中,90%以上存在着不同程度的恐惧体验;40%左右2~4岁儿童至少有一种恐惧;43%的6~12岁儿童则有7种以上的恐惧[①]。

引起婴幼儿恐惧的事件包括四大类:自然恐惧,如打雷、鞭炮声、高处降落、动物;陌生恐惧,如陌生人、陌生情境等;臆想恐惧,如影子、黑暗和鬼怪;社会恐惧,如上幼儿园、被批评、警察、医生等。儿童恐惧的发展大致经历如下几个阶段[②]。第一阶段,强烈的感官刺激、失去支持等容易引起恐惧(0~6个月),比如高分贝噪声。第二阶段:与抚育者分离或遭遇陌生人引起恐惧(6~12个月)。第三阶段,随着认知能力的发展,特别是儿童想象和思维的发展,并对想象出来的东西或未知情况下的预想产生恐惧(1~6岁),比如强盗、黑暗等。4岁时达到高峰,此后开始下降。这个时期孩子有了独立意识,想象力也丰富起来,但又缺乏足够的认知。第四阶段:对学校、抢劫、身体损伤和自然灾害等产生恐惧(6~12岁),这个时期孩子开始认识死亡,并由于父母对学习的过分关注而可能出现对成绩的焦虑。

二、学前儿童情绪理解的发展

情绪理解是儿童对自己和他人情绪心理状态的认知能力,以及对情绪线索和情境信息进行解释的能力。情绪理解为情绪交流和社会行为提供基础,理解情绪是儿童社会性技能的要素,对儿童社会能力的发展有着重要作用。

(一)情绪理解的成分

Pons和Harris(2004)基于北美和欧洲相关研究,概括出了儿童情绪理解的9个构成成分[③],分别是识别情绪、理解情绪线索、理解愿望、理解信念、理解暗示、理解调节、理解掩饰、理解混合情绪、理解道德情绪。这9个成分可以聚合成三个随儿童心智发展而递进的成分群:第一个成分群,可以被标定为"外部的"情绪理解,是最简单的。它反映了情绪的外在方面,包括面部表情的识别、情景因素对情绪影响的理解以及相关的外部事件或暗示对情绪影响的理解;第二个成分群,可以被标定为"心理的"情绪理解,难度是中等

①② 傅丽萍,丁芳.恐惧信息与儿童心理发展[J].中国教育学刊,2004(11):5-8.

③ 卓美红.2~9岁儿童情绪理解能力的发展研究[D].杭州:浙江大学,2008.

的。它包括对“信念和愿望对情绪的作用”的理解，以及对“外部表达和内在真实体验情绪的区别”的理解；第三个成分群，可以被标定为“内省的”情绪理解，是最困难的。它反映了儿童能理解“个体可从多个视角考虑某特定情绪事件”，包括正确判断同时发生的混合情绪，理解认知对情绪的控制策略，理解隐瞒的影响。

卓美红等参照上述框架体系对中国儿童情绪理解能力的发展进行了研究。总体看来，儿童的情绪理解能力向越来越高的层次飞跃，具有如下发展趋势：第一，早期的情绪理解与具体事件相关联，且情绪与事件之间呈一一对应的关系；第二，随年龄增长，儿童对情绪的理解具有相对性，能了解到同样一个情境或事件对不同的人来说可以引发不同的情绪，而这取决于人们的愿望、信念等内部心理状态；第三，发展到情绪理解的较高阶段时，儿童能理解同一情境可以引发一种以上的矛盾或混合情绪。

（二）学前儿童情绪理解发展的典型现象

下面将重点介绍儿童情绪理解发展过程中的典型现象：情绪的社会参照作用、移情以及愿望和信念对情绪理解的影响。

1. 情绪的社会参照作用

当处于陌生、不确定情境时，婴儿往往从成人的面孔上搜寻表情信息，然后再采取相应的行动或作出相应的反应，这就是情绪的社会参照作用。情绪的社会参照作用是情绪线索识别的典型，集中表现在儿童对成人尤其照看者表情的呼应上，是其情绪社会化的重要里程碑。

在不确定性增加的环境中，6～8 个月的婴儿需要从照看者，主要是母亲的面孔上寻找信息支持，从而决定自己该怎么办。尽管儿童出生后不久，亲子（母婴）之间就开始了情绪的交往，但社会性参照作用使情绪的信号功能大大地放大。在新刺激面前，亲子双方处于共同的情感状态中，婴儿受到成人情绪的感染，亲子共享同样的情感。社会性参照作用能促进儿童与成人对环境认识、经验、情感体验的分享，促使亲子心理过程的共发、共振、共鸣，因而有利于儿童自我知觉和道德行为的发展，对儿童的身心健康和人格的最终形成有深远的影响。

情绪的社会性参照是一项复杂的心理技能，昂德（R. Emde）将它的发展划分为以下四个水平①。

第一水平（0～2 个月）：不完整的面部知觉。新生儿往往视线停留在脸部的边缘（如下颌、发际），对显示表情的面部中心部位注视不够，因而不能整合脸部整体轮廓和表情。这时，婴儿自发的情绪与成人的表情还没有形成联系。

第二水平（2～5 个月）：无意义的面部知觉。2 个月的婴儿已经能对成人面部表情作出情绪回应，但这些反应不具备理解表情意义的性质。例如，这时的婴儿无论是对成人

① 孟昭兰．婴儿心理学[M]．北京：北京大学出版社，1997.

面部的微笑表情还是忧伤表情，一律报以愉快的反应。可见，这时的婴儿只是对成人面部特征做出反应，而不能对成人面部的表情信息进行加工。

第三水平(5～7 个月)：对表情意义的情绪反应。6 个月左右的婴儿对不同的正、负情绪发生不同的反应，能更精细分化面部表情的细微变化，因而对不同人或不同情景中表现出的表情有了一致性的理解，表明婴儿对面部表情有了概括化的认识。

第四水平(7～10 个月)：在因果关系参照中应用表情信号。这时的婴儿已经学会识别他人的表情并影响自身行为，使情绪成为信息交流的方式。如 8 个月的婴儿面对母亲的微笑表现出相应的微笑，对母亲的悲伤表情表现出呆视或哭泣，对母亲的漠无表情表现出犹豫等。

值得注意的是，消极的社会性参照同样会对婴儿起作用，容易引起婴儿不良的情绪和行为体验，形成消极、怯弱的性格，限制婴儿的探索和操作，阻碍智力发展。因此，早期教育工作者和家长要注意创造适宜的参照信息，避免消极的社会性参照。

2. 共情

在儿童社会交往中，情绪理解起着重要作用。当一个人感知到对方的某种情绪时，他自己也能体验到相应的情绪，心理学上称为共情。共情既是对他人情绪的意识，又是与他人情绪的共鸣。例如，发现别人不愉快时，1 岁的婴儿会停止自己的哭闹，幼儿会用拥抱、言语和递送玩具等方式来减轻对方的不愉快。6 岁儿童能觉察到对方心中的不快，使用言语安慰对方，包括父母。

霍夫曼(M. Hoffman)认为，儿童共情的发展大致经历以下四个阶段。

第一阶段为整体共情(1 岁左右)，儿童通过情绪感染，获得他人的情绪信号，产生相应的情绪体验。这个阶段，儿童对他人的情绪反应比较笼统，绝大多数是从自身感受和体验出发。例如，听到其他婴儿的哭声，自己也会跟着哭起来，这可能是由于他们想起了自身经历，甚至有的婴儿认为那个哭声就是自己发出的。

第二阶段是自我中心共情(2～3 岁)。儿童知道别人的情绪，但只有自己体验到时才做出反应。移情特征开始从“自身的体验出发”向“对他人情感产生共鸣”过渡。例如，看到别的孩子受到责罚，他们会感到很难过。但由于“自我中心”的发展特点，他们识别、判断、体验他人情感的能力不够，容易受外界刺激或别人情绪的影响，所以，他们的移情大多还保留在模仿阶段。

第三阶段开始分化(3～4 岁)，儿童开始认识到他人与自己的情绪是不同的。儿童开始走出自我中心，对他人情感的理解能力更强，能从“表情”来辨别和理解各种情绪，并能通过一定的方式来取悦他人。例如，通过经验积累和良好教育，孩子能理解爸爸妈妈很辛苦，并做出给大人倒水、帮大人做事等举动。同时，开始主动从他人的角度出发，做出一定的情绪反应。

第四阶段能修正目标(4～6 岁)，儿童对他人的共情真正开始。这种共情的能力使儿童逐渐体验到他人的情绪感受，开始理解人在不同情景下会有不同的感受；开始注意到即使同一情景之下，不同的人也会有大不相同的感受；开始理解角色地位和经验背景对个体情感的影响等。例如，小朋友受伤，他们不仅能体会到同伴的伤痛，还能感受到同伴将要面对的窘迫和困苦：也能理解大人受伤和小朋友受伤的感受截然不同。儿童能认识到不同的情绪会引发接受者不同的行为反应，生气会引发接受者更多的恐惧、生气和远离；伤心和害怕引起接受者更多的伤心、安慰和亲社会反应。

儿童对情绪的理解，显然与他们自身的认知发展水平相关，我们从共情发展的四个阶段的划分中，感受到儿童认知发展四个阶段的影响。儿童积极的共情，是他们亲社会行为发展的内在因素。但消极的共情有时会对儿童自身形成发展障碍，尤其是当消极情绪，如烦躁、焦虑等源自自己的父母和与自己关系亲密的人时，会扰乱儿童自己情绪的稳定性。

【有趣的研究】

同胞的共情能力好于独生子女吗

在实验中，给 90 名二孩和独生子女幼儿播放带有情绪色彩的音频故事，并出示相应的故事图片以帮助儿童理解故事。每播放完一个故事就让幼儿重复刚听过的故事，以检测儿童是否理解了故事内容。在儿童理解了故事以后，再逐一进行问题测试(你觉得故事中小朋友和你的感觉及程度分别是什么，并进行解释)与计分。结果发现二孩的共情好于独生子女的共情。

(资料来源：杜媛．同胞共情好于独生子女共情吗[D]．北京：首都师范大学，2020.)

3. 愿望、信念和情绪理解

与愿望相联系的情绪是指由现实情境、愿望引发的基本情绪，如高兴、悲伤、痛苦以及愤怒等。与信念相联系的情绪是指由信念等认知评价介入其中的认知性情绪，如骄傲、失望以及嫉妒等复杂的情绪，对这些主观性情绪而言，认知评价起着重要的作用。

【有趣的现象】

愿望与信念对情绪的影响

实验情境：在小白兔不知情的情况下，用橙汁换掉了小白兔喜欢的苹果汁。研究者分别询问儿童：小白兔在喝橙汁前和喝橙汁后的感受。

结果发现：3 岁以上的幼儿都能都根据愿望做出判断“小白兔的愿望没满足，不会觉得高兴”；3～6 岁儿童依据小白兔的信念(是苹果汁)判断情绪的准确率逐年提高。儿童首先学会了依据愿望理解情绪，其次学会了依据信念理解情绪。

(资料来源：杨小东，方格．学前儿童对事实、信念、愿望和情绪间关系的认知[J]．心理学报，2005.)

3 岁及以上幼儿能理解基于愿望的情绪。儿童对日常情景中的情绪预期能力与他们理解主观愿望的能力有关。他们逐渐了解快乐、悲伤、害怕等基本情绪，是愿望和现实之间关系的一种表现。如一个人感到悲伤难过，是由于失去了想要的，或没有得到期望的。对于能理解别人愿望的儿童，他们知道只要人们的愿望得不到满足，那无论情景如何，都能引发悲伤的情绪。即一个情境引发人们哪种情绪，要看该情境是否满足了人们的愿望，个体的愿望是决定情绪状态最主要的原因。

讨论与分享

幼儿的情绪理解

1. 请与同学讨论下面这些儿童的话或事反映了其处在情绪理解的哪个层次？

(1) 他今天得了一个小五角星，所以他很高兴。

(2) 当你想到伤心的事，你就会难过的。

(3) 一个人不可能一边笑，一边哭，因为他没有两张嘴。

(4) 她是装哭的。

(5) 一名幼儿为了吓唬同伴假装一个妖怪，由于装得太过分，把自己给吓哭了。

2. 观察不同年龄段幼儿的情绪现象，讨论分享幼儿期情绪理解的年龄特征。

4～5 岁儿童逐渐开始理解信念对情绪的影响。这个年龄的儿童知道人们的行为是为了达到他们的目标，但如果他们对目标的信念是错误的，那么他们会沿着错误的方向去寻求目标，而且人们感到高兴或悲伤是依赖于他们对能否获得想要客体的预期，不管预期是否符合现实的情境。例如，儿童知道，虽然一个糖果盒里没有糖果，但对于认为里面装有糖果的人，当得到或看到糖盒，也会感到高兴。

三、学前儿童情绪调节的发展

情绪调节往往涉及积极情绪或消极情绪的增强、减弱或相对保持不变。儿童对不同的情绪所采用的调节方式有所不同。例如，对愤怒可以采取压制的方式，而对恐惧则往往采取回避相关情境的方式。研究者认为情绪调节包括以下 5 个要素①：①情境选择。个体能够趋近或回避某些人、地方或客体。②情境调整。对不能选择的情境，个体可对其中成分进行调整。③注意力的配置。包括集中注意力、分散注意力和(或)沉思。④认知的调整。调整自身所做出的认知评价，包括心理防御及进行对自身有利的社会比较(贝贝故事讲得好，我手工做得好)。⑤对情绪反应的调节。往往发生较晚，包括直接压制情绪反应、药物使用、酒精使用、各种运动或寻求心理治疗。

大脑皮层兴奋和抑制过程的发育、语言交流能力的发展、表征和推理能力的发展以

① 斯托曼．情绪心理学——从日常生活到理论[M]．王力，等译．北京：中国轻工业出版社，2006.

及情绪理解能力的发展，共同推动着儿童情绪调节能力的发展。另外，个体社会化程度和照料者所提供的外显或内隐的示范指导会制约儿童情绪调节的发展。例如，在儿童早期，照料者的气质类型和行为，包括他们对儿童情绪所作出的反应、他们对情绪的讨论和自身情绪的表达、家庭的教养方式等均对学前儿童情绪调节的发展具有重要影响。

学前儿童情绪调节的发展要经历以下发展阶段①。

（一）0～1岁：他控为主

新生儿完全依靠成人来应付烦恼。婴儿的情绪调控能力是很有限的，当他们的情绪发作时，需要成人及时照应。轻拍婴儿、有节奏地摇晃、目光注视、面对面说话，或用温水给婴儿泡脚，都能有效地帮助婴儿平稳地控制和调节情绪、使其平静下来。值得注意的是，小婴儿也会尝试使用情绪调节的技巧：偶然把大拇指放在嘴里，产生出欢喜的安慰效果。

（二）1～3岁：自控起步

在这个阶段，最重要的是儿童形成了自我意识，可在一定程度上体验和使用自主控制，因此，学步阶段也被公认为“第一个逆反期”。在情绪调节上，儿童的自主性很鲜明，已经能用语言表达他们的情绪感受，并学会采用一定的方式来控制情绪。当儿童逐渐能够思考问题后，情绪调节就进入“象征水平”。这样，他们可以通过假装游戏表达情绪。

语言发展在本质上促进了情绪调节能力的进步。成人与儿童之间的情绪对话可以帮助儿童更好地理解和调节情绪，交谈有很多作用：使儿童能直面自己的情绪；有助于解释他人的情绪；加深儿童对多样情绪的深入理解；帮助儿童观察人际关系的实质和背景；促进儿童分享情绪经历等。

（三）3～5岁：习得表达规则

这个阶段，儿童使用语言和思维来考虑情绪的能力越来越强，且逐渐客观化，把自己和情绪区分开来。这样，他们就能够用不同的方式解释情绪。另外，通过与别人讨论，儿童能够彼此分享情绪体验和情绪理解。在游戏中模仿情绪的能力也在增长，他们也越来越能够掩饰或者缓解自己的情绪。

情绪表达规则是儿童在社会化过程中获得，用以指导特定社会情景下调节情绪的表达，以符合社会期望的一套规则。学前阶段是儿童学习情绪表达规则发展的重要阶段。6岁儿童常见的表达规则可以分为四类：第一，最小化。与真实感受相比，情绪的表达在强度上减弱。例如，遇到伤心事，有儿童会自言自语“这没什么，大孩子不能哭了”；第二，最大化。与真实感受相比，情绪的表达在强度上增强，一般是积极情绪的表达。例如，在

① 鲁道夫·谢弗．儿童心理学[M]．王莉，译．北京：电子工业出版社，2005.

许多情况下儿童会迎合成人的好意，夸张地笑；第三，面具化。用中立的表情掩饰自己的真实感受。有研究发现，儿童掩饰情绪的理由主要是出于自我保护；第四，替代。用一种情绪（通常是相反的）替代另一种情绪。在许多情况下，社会压力促使儿童根据更多的社会期望来调节情绪。例如，即使得到一个不喜欢的礼物，也要微笑并表示喜欢这个礼物。

（四）5岁以后：内省自控策略

认知能力的发展使得儿童能够更抽象地思考情绪，用一种更客观的方式来反思情绪。他们能意识到情绪是如何被管理的，因此他们会问自己："我怎样才能最好地应对我的恐惧（或者愤怒或者耻辱）？"此时儿童还发展了调节其他人情绪的方法，即找到减轻别的孩子愤怒的方法。儿童认为生气/羞愧的最佳调节方式是问题解决，伤心的最佳调节方式是寻求支持，害怕的最佳调节方式是问题解决和寻求支持。总体上，这个阶段儿童情绪调节策略的范围扩大了，使用这些策略的差别和成败也越来越明显。儿童情绪自我调节策略的发展里程碑如表8-2所示。

表8-2　儿童情绪自我调节策略

策　　略	行为表现	开始时间
转移注意	从情绪刺激源移开目光	大约3个月
自我安慰	吸吮手指，玩弄头发	1岁内
寻找大人	靠着、跟着、呼唤、拉手、抱等从成人处获得安全	8～12个月
使用物体	握住毛绒玩具、衣服、被子等令儿童舒服的东西	8～12个月
回避	离开烦恼和刺激的环境	1岁以上
幻想	在假装游戏中安全地表达情绪	1岁到2岁
言语控制	与他人讨论情绪、思考情绪	学前期
压抑	回避对刺激事件的回忆和谈论	学前期
情绪概念化	反思情绪表现，用抽象的方式说出想法	儿童中期
认知独立	自我意识到情绪是怎样产生和被控制的	儿童中期

（资料来源：鲁道夫·谢弗．儿童心理学[M]．王莉，译．北京：电子工业出版社，2005.）

情绪调节能力低下往往会导致两种后果：要么出现抑制和过度控制，要么可以控制但易失控。一般而言，低水平的情绪调节往往表现为失去控制、攻击性、低社会道德准则的行为，易受负性情绪和社会排斥的影响。而高水平的情绪调节则正好相反。由于学前儿童对周遭环境的威胁或可能发生的危机较不敏感，应付技巧也较为简单或直接。

第三节　快乐宝贝——促进学前儿童情绪健康

了解幼儿情绪并提供适当的正向情绪引导，培养幼儿情绪觉察、情绪表达和情绪调节等基本能力是学前教育的重要课题。促进学前儿童的情绪健康尤为重要。对幼儿教师来说，需要在以下两方面做好准备：一是能促进全体儿童的情绪积极健康发展，这就需要了解并掌握促进幼儿情绪能力的目标及其策略；二是能应对个别情绪问题或危机，这则需要熟悉学前儿童常见情绪问题及其辅导方法。

一、学前儿童情绪能力的促进

情绪教育的内容包含察觉和了解自我与他人的情绪、学习适当的情绪表达与调节方式，以及帮助他人处理情绪问题①。

（一）学前儿童情绪能力促进的目标

1. 察觉情绪

引导学前儿童辨识、描述与接受相关的情绪感觉，如：快乐、害怕、惊讶、悲伤、厌恶、好奇等，并以此作为其行动的依据。对自我与他人情绪的觉察是促进学前儿童情绪能力的第一个目标；这种情绪觉察能力也是幼儿适当的情绪表达、情绪自我调控等的重要基础。

2. 了解情绪与社会行为之间的关系

引导学前儿童辨认会影响情绪的经验和情绪反应可能后果的能力，以及对情绪做适当反应和分辨具有潜在伤害性的情绪行为的能力，包括情绪辨识与情绪理解。

3. 建设性的沟通感觉

培养学前儿童以下两种能力，一是通过直接指明、运用比喻或陈述该感觉触发的行动等方法描述感觉；二是对感觉采取不伤害自己或他人的适当行动。情绪感觉的沟通可经由引导幼儿讨论、思考及表达情绪的方式进行。

4. 发展出对别人感觉的敏锐性

发展学前儿童辨识和描述他人感觉的能力，以及和他人沟通此种了解的能力。鼓励幼儿与他人交往时，判别与感受他人的情绪反应，并强化社会观点取代②能力，这有助于个体良好社交关系的建立。

在教育部 2012 年最新发布的《3～6 岁儿童学习与发展指南》中，也将“情绪安定愉快”作为学前儿童身心健康发展的重要目标之一，具体目标描述如表 8-3 所示。

---

① 孟昭兰．情绪心理学[M]．北京：北京大学出版社，2005.

② 社会观点取代能力：也叫观点采择能力，指儿童区分自己与他人的观点以及发现这些观点之间的关系的能力。经常被形象地比喻为“从他人的眼中看世界”或者是“站在他人的角度看问题”。

表 8-3 学前儿童情绪发展目标

3～4 岁	4～5 岁	5～6 岁
1. 情绪比较稳定，很少因一点小事哭闹不止 2. 有比较强烈的情绪。反应时，能在成人的安抚下逐渐平静下来	1. 经常保持愉快的情绪，不高兴时能较快缓解 2. 有比较强烈情绪反应时，能在成人提醒下逐渐平静下来 3. 愿意把自己的情绪告诉亲近的人，一起分享快乐或安慰	1. 经常保持愉快的情绪。知道引起自己某种情绪的原因，并努力缓解 2. 表达情绪的方式比较适度，不乱发脾气 3. 能随着活动的需要转换情绪和注意

（资料来源：教育部关于印发《3～6 岁儿童与发展指南》的通知．教育部门户网站．http://www.moe.edu.cn/publicfiles/business/htmlfiles/moe/s3327/201210/xxgk-143254.html.）

（二）学前儿童情绪能力促进的策略

1. 以对话分享促进儿童情绪体验

教师常常鼓励儿童清楚地表达自己的情绪，分享自己的感受，有助于儿童理解他人的情绪。儿童揣摩别人的想法和感受时，常常依据观察到的成人互动经验而来，幼儿园和家庭中的情感分享是儿童了解他人情绪的基本来源。如果儿童在较多谈论感情话题的环境中长大，不仅有利于他们更好地理解他人的情绪和感受，发展社会交往技能，还可以引导学前和学龄儿童表现出良好的道德情感。

2. 以情境游戏促进儿童情绪理解

利用各种媒介，如童话故事、动画片、电视故事中的情境来引导幼儿情感体验，也可以把生活中的事编成故事，讲给幼儿听；鼓励孩子运用替代想象，即在特定情境中，或在感受了一定的情绪体验之后，想象自己处于别人位置时的感受；或者采用装扮游戏的活动，引导儿童进行社会性表征，一个装扮成其他人的儿童也必须反映被装扮人的感知、情绪、思想和愿望，会有效地促进儿童情绪理解能力的发展。还可运用创造性戏剧进行幼儿情绪教学。在戏剧情境中，教师利用不同戏剧技巧引导儿童运用自己的身体、动作、声音和语言，去分享心中的想法与感觉，并同理另一个人物的观点和处境。

3. 以实践活动增进情绪表达的适宜性

教师可运用行为契约、赏罚和榜样示范等策略，以渐进的方式引导儿童改进具体、可观察的情绪行为，使情绪表现符合社会和自己的规范。

4. 以运动或艺术活动疏导情绪、陶冶情感

运动能疏导负面情绪；音乐、绘画、舞蹈及故事创作等可借助艺术感染力，鼓励孩子寄情于景，寄情于物，也能使幼儿从艺术创作中体验情绪、陶冶情操，促进情绪健康。

《3～6 岁儿童学习与发展指南》中的教育建议如下。

如何保持幼儿情绪安定愉快

(1) 营造温暖、轻松的心理环境，让幼儿形成安全感和信赖感。

① 保持良好的情绪状态，以积极、愉快的情绪影响幼儿。

② 以欣赏的态度对待幼儿。注意发现幼儿的优点，接纳他们的个体差异，不简单与同伴做横向比较。

③ 幼儿做错事时要冷静处理，不厉声斥责，更不能打骂。

(2) 帮助幼儿学会恰当表达和调控情绪。

① 成人用恰当的方式表达情绪，为幼儿做出榜样。如生气时不乱发脾气，不迁怒于人。

② 成人和幼儿一起谈论自己高兴或生气的事，鼓励幼儿与人分享自己的情绪。

③ 允许幼儿表达自己的情绪，并给予适当的引导。如幼儿发脾气时不硬性压制，等其平静后告诉他什么行为是可以接受的。

④ 发现幼儿不高兴时，主动询问情况，帮助他们化解消极情绪。

(资料来源：教育部关于印发《3～6 岁儿童学习与发展指南》的通知．教育部门户网站．http://www.moe.edu.cn/publicfiles/business/htmlfiles/moe/s3327/201210)/xxgk-143254.html.)

二、学前儿童常见的情绪问题及对策

首先需要将情绪问题和情绪障碍进行区分。儿童专家柴斯(Chess)指出，有些问题是几乎每个儿童都可能经历的，可以被看作成长过程中不可避免的问题，因此儿童在下列情境中感到困难都属于正常现象：偶尔闹觉、害怕(怕狗、怕黑、怕上学、怕陌生人等)、害羞和容忍欺负、对所有的事情都不满意、逆反和发脾气、黏妈妈等。

但是，如果上述问题的强度加大，影响到儿童正常社会功能的发挥，影响到日常生活的进行，阻碍儿童发展(如不能出门，不能与小朋友交往等)；或持续很长时间(超过 3 个月以上)，就需要专业人员诊断是否已经构成情绪障碍，如是则需要进行专业干预或临床医学上的治疗。

下面介绍四种学前儿童常见的情绪问题及一般性的辅导方法。

(一) 分离焦虑

1. 什么是分离焦虑

儿童在依恋对象(如妈妈)离开时表现出的不安和烦躁，就是“分离焦虑”。约翰·鲍尔比(John Bowlby)通过观察把儿童的分离焦虑分为三个阶段：①反抗阶段：号啕大哭，又踢又闹；②失望阶段：仍然哭泣，断断续续，动作性的吵闹减少，不理睬他人，表情迟钝；③超脱阶段：接受外人的照料，开始正常的活动，如吃东西，玩玩具，但是看见母亲时又会出现悲伤。大多数儿童在 6～8 个月时出现分离焦虑，1 岁半左右达到顶峰，上幼儿园后儿童远离“安全基地”的探索逐渐增多，安全经验使分离焦虑逐渐减弱。

分离焦虑的出现映射出儿童认知能力的发展，能更加有效地预期事情，甚至能用新获得的能力有目的地改变一些事情。例如，能从妈妈穿衣拿包的动作预期到分离，把妈妈的大衣拖到地上躺在上面哭，以阻止妈妈离开。半岁前的儿童认知能力简单，尚不能预期到妈妈这些动作的后果，因此不会有强烈的分离焦虑。所以，分离焦虑的出现说明儿童变得更聪明了。

分离焦虑的缓解也依赖于儿童认知能力的发展。客体永久性认知，是指无论客体（如妈妈）是否在视线范围内，儿童都是认为其必然存在的观念。当儿童拥有了客体永久性认知，即便妈妈不在眼前，依然相信妈妈还会回来，分离焦虑就会缓解。当儿童无法预期妈妈去向时，分离焦虑会更加强烈。

2. 如何缓解分离焦虑

分离焦虑在学前儿童中很普遍，但却在入园时才可能发展得较为显著。入园前教师和父母需做好充分的铺垫工作，帮助儿童缓解焦虑，顺利过渡。可尝试采用以下方法。

(1) 转移注意。采用情感贴近、言语引导和游戏转移儿童对“分离”的关注。3岁左右的儿童注意力不稳定、情绪变化快，游戏可以很有效地转移儿童的分离焦虑。教师可扮演幼儿喜欢的形象，表演幼儿喜爱的故事；去户外玩儿童喜爱的大型组合玩具；让孩子玩一些有趣的电动或声响玩具等，使儿童在丰富的活动之中忘掉“忧伤”。情感上贴近儿童能缓解其不安全感。教师直呼婴幼儿的乳名；理解、尊重婴幼儿在家的一些习惯（像抱着娃娃睡觉等）；教师以形体语言亲近幼儿，抱抱他、亲亲他、摸摸他等，都会让孩子有一种亲切感。

(2) 允许宣泄。教师把儿童抱在怀里，安抚儿童的情绪，耐心倾听儿童的诉说，这不仅可以更清楚地了解事情发生的原因和儿童的想法，更重要的是，儿童哭诉的过程也就是宣泄心中不快的过程，教师的理解和宽容会使儿童感受到自尊和力量，从而转化为健康的情绪和意识。

(3) 及时肯定。教师对幼儿所获得的点滴进步给予及时的肯定与鼓励，强化幼儿的积极情绪，促使其向稳定行为发展。

(4) 家园互动。在物质环境和心理环境上注意家园的互补、互通和互融。

（二）陌生人焦虑

在陌生人接近时，儿童表现出明显的警惕和戒备，即认生，心理学称之为陌生人焦虑。通常在6、7个月左右开始，大部分在2岁半后逐渐消失。具体时间的长短，因人而异。

【经典实验】

陌生人焦虑实验

刘易斯等人为了了解婴儿害怕什么样的陌生人，让7～24个月的婴幼儿与陌生成人、侏儒、儿童在一起，观察婴儿的反应。实验结果发现，婴儿对陌生成人、侏儒的害怕多于对陌生儿童的害怕。于是实验者认为，单凭高矮大小不能作为害怕陌生人的线索，脸部特征是重要的线索。

（资料来源：秦金亮．儿童发展概论[M]．北京：高等教育出版社，2008.）

1. 哪些情境容易引起陌生人焦虑

当然，陌生人焦虑不是绝对地“不和陌生人讲话”，幼儿对于个别陌生人还是会有积极的反应。在哪些情境下，幼儿最容易认生呢？①陌生的环境：陌生环境中的陌生人，双重“陌生”使孩子缺乏安全感。②特殊的情境：医院和医生是孩子最容易“认生”的情境之一，这里能勾起幼儿痛苦的记忆，非常容易诱发消极情绪，也使得幼儿条件反射性地提高警惕。③超热情的陌生人：忽略幼儿这个阶段的警戒机制，一下子就要靠近和拥抱幼儿的鲁莽陌生人自然会遭到反抗。④严肃的陌生人：面对表情严肃的陌生人时，幼儿会东张西望，有的甚至会哭起来。⑤幼儿身体不适的情境下：发烧、感冒等身体不适的情况并没有使幼儿放松警惕，反而更加紧张，似乎心理警戒和生理免疫旺盛存在着一定联系。

2. 如何缓解陌生人焦虑

如何帮助儿童尽早建立成熟适度的警戒机制，从认生到“认可陌生人”呢？有以下建议可供我们参考。

(1) 熟人在场是避免陌生人焦虑的一个好办法。如果父母在身边，即使有陌生人出现，幼儿对危险的紧张感也被安全感抵消了很多。

(2) 熟人与陌生人“套近乎”。父母是孩子社会行为的重要参照。父母能接受的，幼儿也会学着接受和适应；父母远离的，幼儿也不敢贸然接近。例如，不妨在医院里与医生“谈笑风生”，幼儿对白大褂的恐惧就会减少很多。

(3) 广开幼儿的见识。经常进入各种陌生情境，再遇到陌生人的时候也就不以为“陌生”了。所以，应该不刻意回避陌生情境，不刻意回避陌生人，并鼓励儿童在陌生情境中的探索行为。

(4) 循序渐进。如果家长明显感受到了幼儿的紧张和警惕，那么带儿童稍稍远离。等儿童的紧张缓解后，再慢慢地接近陌生人，直到幼儿不恐惧为止。急于让幼儿接纳陌生人，在一定程度上反而会强化孩子的恐惧。

（三）恐惧

1. 学前儿童恐惧的一般情况

恐惧存在着不同的程度和发展阶段，如不安、担心、害怕、恐惧、恐怖等，恐惧的发展有着正常和异常的状态表现。例如，很多人对蜘蛛或蛇都会感到一定程度的不安或恐惧，但这种不安或恐惧并不妨碍他们日常的活动，是可以适应的。如果对蜘蛛的恐惧干扰了他们的适应，导致了明显的痛苦，限制了指向目标的必要活动时，恐惧的性质就发生了变化。前者为正常恐惧，而后者则已呈病态，是恐惧症。

儿童的恐惧不同于成人，除了通常意义上的恐惧之外，儿童的恐惧对象还包含着许多在成人眼里毫无恐惧含义的东西。他们是儿童在发展过程中正常而普遍的情绪体验，是对周围环境必要而健康的反应，与儿童的情感生活、认知和表征能力及对环境的感知和想象有关。虽然儿童恐惧发生的频率、强度和持久性不同，但总的趋向是随着年龄的增长呈下降趋势，且多数是暂时的，儿童是可以适应的。

2. 如何帮助幼儿克服恐惧心理

成人可以从多方面来帮助学前儿童克服恐惧心理，如以下这些策略。

(1) 认知调节：儿童惧怕某事物，常是因为不了解该事物。一旦明白真相，其恐惧心理便会自然消除。如儿童对雷电的恐惧，教师可向儿童说明雷电产生的简单道理，从而消除他对雷电的恐惧，并说明不足惧怕的理由。成人此时最好也表现出一种无所畏惧的表情。

(2) 系统脱敏：国外有位叫琼斯的心理医生曾治疗过一名患“恐猫症”的男孩。这个小男孩有一次被猫吓了一跳，此后见猫就害怕，后来见到凡有毛的东西都感到恐惧。于是，琼斯就采用系统脱敏治疗法：他先用兔子做试验，将一个兔笼放在离孩子较远的地方，而后用兔子喜爱吃的食物鼓励孩子拿着去步步靠近兔笼。孩子便不知不觉地走到了兔笼前并用手摸了一下兔子。以后，琼斯又用同样的方法消除了这个男孩对猫的恐惧。这就是系统脱敏法。当儿童惧怕无须恐惧的事物时，成人可诱导他一点点接近所怕事物，久而久之，他便会见怪不怪，习以为常了。

(3) 榜样示范：老师和父母是儿童成长中的重要他人，其言行会给孩子潜移默化的影响。因而，老师和父母要做好榜样。一方面，不要用恐吓类的话语刺激儿童，如用鬼神、毒蛇、猛兽等来吓唬。因为这些事物虽然能奏效一时，但在其心灵上却播下了恐惧的种子，得不偿失。另一方面，加强孩子行为习惯的指导，以坚毅勇敢的行为影响儿童，帮助儿童克服恐惧的心理。

(四) 抑郁

1. 学前儿童抑郁的主要表现

儿童抑郁的发生一部分由受到急剧或严重的精神刺激（如父母离异、丧亡、不和）引起。一部分是因受蔑视和抛弃，心理长期自卑，抑郁成疾，这些幼儿大多是被遗弃儿童或残疾、低能儿童。儿童抑郁主要有如下表现：①情绪波动大，行为冲动。有易激惹、发脾气、离家出走和拒绝上学的表现。②部分儿童还不能准确表达情绪感受（如愤怒和沮丧等），有些儿童则在表达自己的想法上还存在困难。③不同年龄段幼儿的表现有所不同。3～5 岁儿童主要特点为明显对游戏失去兴趣，在游戏中不断有自责或自残表现；6～8 岁儿童主要有躯体化症状如腹部疼痛、头痛、不舒服等，其他症状还包括痛哭流涕、大声喊叫、无法解释的激惹和冲动等。

2. 学前儿童抑郁的辅导方法

认知行为法是应对学前儿童抑郁的有效辅导方法之一。抑郁儿童通常会自我批评，夸大失败而贬抑成功，辅导的重点在于“提升儿童的自我形象和改变对外在事物的看法”①。教师应引导儿童用积极建设的方式来面对各种处境。认知行为辅导的策略及技巧如下。①儿童常把失败归因于稳定可预测的、内在的因素，因此容易产生一些无助的感受，而教导个人对成功和失败正确的归因，则能克服自卑的策略。再通过行为改变法，运用示范、模仿、增强，教导其社交技巧，增加个人与社会互动的能力。②训练儿童记录及监控活动、安排活动，体会成功的感觉，挑战负面思考，并对事件有较真实和令人愉快的解释和反应。③倾听儿童非理性的自我语言，澄清其偏颇的态度，改变消极的行为，以提高自尊，建立信心。

值得注意的是，幼儿抑郁的缓解通常需要长期、综合、专业的干预，幼儿教师应做到：①对儿童情绪抑郁的表现敏感，早期觉察、早期预防；②肯定儿童优点，让儿童了解自己受人欢迎之处，建立儿童的自信心，并鼓励同伴接纳和支持有忧郁困扰的儿童，切勿孤立儿童；③对自己不能处理的问题要及时与家长或其他监护人做好沟通，并转介给专业人员。

讨论与分享

如何应对学前儿童的情绪问题

情绪问题与情绪障碍的区别与联系是什么？学前儿童有哪些常见的情绪问题？作为幼儿教师，该如何应对幼儿的这些情绪问题？

【幼儿园实例评析】

贝贝为什么不敢去卫生间

贝贝上小班，是一个聪明可爱的小男孩儿。一次集体活动时，贝贝想要小便可是又不敢跟老师说，这可怎么办呢？老师还在继续讲着，过了一会儿，贝贝终于憋不住了，尿湿了裤子。老师帮他换洗了裤子，并叮嘱贝贝：“记住，下次遇到这种情况，一定要及时告诉老师，老师会让你去卫生间的。”

可是，贝贝还是经常尿裤子。老师猜想，是不是贝贝不敢自己上厕所呀，于是老师后来主动领着贝贝去卫生间，可是他又尿不出来。再后来，老师听保育员说，看见贝贝昨天在墙角偷偷地尿尿来着。

---

① 勒夫朗索瓦．孩子们　儿童心理发展[M]．王全志，等译．北京：北京大学出版社，2007.

老师和贝贝的家长进行了交流，得知这样一个情况：有一次妈妈领贝贝去卫生间，不知怎的，还没尿尿，可能是水箱出了点问题，水流自动“哗”地一下冲了出来，发出很大的声响，贝贝吓得直哭。从此，他就再也不敢去卫生间尿尿了。

弄清楚了原因，老师便有针对性地对贝贝进行引导和教育。首先，在班里语言教育活动时，老师给全班小朋友讲了一个《咕咚》的故事。然后引导小朋友们思考和讨论：遇事要仔细观察，动脑筋弄清楚情况，不要盲目地害怕不存在的危险。

后来，老师问贝贝：“贝贝，你认为咕咚可怕吗？”“一点儿也不可怕。”“那么，厕所里很大的声音是怎么回事呢，咱们也需要搞清楚对不对呀？”“对，我要和小朋友们去仔细查看一下。”“好，如果弄清楚了原因，贝贝就不再害怕了，老师发给你一朵小红花！”

于是，很快贝贝就弄清楚了，原来正常的水箱不会措不及防地“哗”的一声放出好多水，我们拉动水箱或按下按钮的时候水箱里的水才会放出来，并且帮助我们把便池冲刷干净。放水的声音一点都不可怕！于是，老师也兑现承诺，奖励给他一个朵红花。贝贝不再害怕上卫生间尿尿了，尿湿裤子的现象也没有再发生过。

（资料来源：徐慧．幼儿教育心理实践活动案例[M]．北京：高等教育出版社，2009.）

案例评析

容易引起幼儿恐惧的事情有很多，如打雷、鞭炮声、猫、狗、陌生人、影子、黑暗、鬼怪、医生等。这很正常，俗话讲“初生牛犊不怕虎”，幼儿的恐惧也是伴随着他们的认知能力发展而逐渐显现的。例如，随着幼儿想象发展，开始对想象出来的东西或未知情况下的预想产生恐惧，如怕强盗、黑暗等。但他们又缺乏足够的认知和科学知识，于是很多在成人看来并不足以害怕的事物也会引起他们的恐惧。案例中的贝贝就是一例，教师的方法得当，找清楚恐惧的原因，并且增加贝贝对冲水声音的正确认知，同时还结合幼儿具体形象思维的特点，用《咕咚》的故事做铺垫和参照，帮助贝贝“脱敏”。可见，幼儿教师要具备相关的基本知识和教育策略，同时也需要细心、耐心，及时发现和解决幼儿身上出现的问题。

【延伸阅读】

运用绘本开展情绪主题教学

我国台湾地区对幼儿情绪的认知教育有一些出色的尝试，多以绘本为教学媒介进行幼儿情绪教学。

情绪主题绘本的特性包含：以简化的过程表现情绪转折；以幼儿立场描述情绪变化；多元性的情绪主题；提供情绪表达与调节等示范行为，另外还可以借助故事主角情绪经历，增进幼儿觉察、体会他人情绪的能力。

而绘本运用于教学的优点包括：借由故事述说增进幼儿与成人的交流互动，获得温暖与安全感，易引发幼儿在温和情境下分享与表述自身情绪感受；绘本对幼儿具吸引力，能激发幼儿学习动机、专注力与学习兴趣；借故事讨论表达幼儿内心的情绪感受；绘本蕴含社会价值观、生活规范等日常知识。

以绘本进行情绪教学的方法大致可归纳为绘本导读、故事讨论及延伸活动三方面。

在绘本导读方面：师生共读情绪绘本，可边讲故事边进行情绪议题的讨论；运用教具、计算机多媒体辅助绘本导读，吸引幼儿注意力；强调图画中的具体情绪图像，引导幼儿关注情绪线索。

在故事讨论方面：创造安全温馨的讨论气氛；运用团体或分组讨论的方式进行；鼓励幼儿提出自身情绪经验、情绪调节和情绪表达的方法。

在延伸活动方面：可根据绘本内容设计相关趣味活动，让幼儿阅读图文外，亦实际演练情绪表达与调节等技巧；游戏活动可帮助幼儿抒发情绪、体验和处理情绪；角色扮演活动能增进幼儿同理心和角色换位能力；可搭配情绪主题设计相关的语文活动、戏剧表演、艺术创作等。

【课程思政目标】

良好的情绪是人的精神和身体健康的前提，反之，消极和不愉快的情绪会对机体产生不良影响。学前期是儿童情绪发展的重要时期，这一时期情绪的发展关系到今后其认知、个性及体格能否得到正常发展。当前社会、学校、家庭在重视儿童德、智、体全面发展的同时，也不能忽视儿童良好情绪的形成与发展。而在儿童的发展过程中，学前儿童的情绪发展具有不稳定、易受他人影响、自我调控力弱等特点，成人要会鉴别哪些情绪是该阶段的正常现象，哪些情绪是应该引起重视的，要掌握学前儿童情绪发展的历程和常见情绪问题的处理策略，更准确地理解学前儿童，提升学前儿童心理健康水平，还应注重从不同角度来培养幼儿高级社会性情绪与共情能力的发展。

【复习要点】

◆ 你会解释吗？

情绪　情绪的社会参照　情绪表现规则　分离焦虑　陌生人焦虑

◆ 你能回答吗？

1. 你知道学前儿童恐惧情绪的发展趋势是什么吗？

2. 通过本章的学习，我们了解到学前儿童的情绪理解能力和调节能力对他们的心理发展都很重要，那么你知道学前儿童情绪理解能力和情绪调节能力的发展特点分别有哪些吗？

3. 作为幼儿教师，我们促进学前儿童情绪的基本目标是什么？

4. 关于如何缓解幼儿的分离焦虑，你有什么办法？

第九章 学前儿童人格发展

第 9 章　学前儿童
人格发展课件

学习导航

- 学前儿童的奇闻趣事：小人国里的孩子王
- 第一节 生而不同——人格及其代表性观点
  - 一、什么是人格
  - 二、人格的代表性观点
    - 经典概念：恋母情结
    - 经典研究：人格的因素分析研究
- 第二节 最初的底色——学前儿童气质发展
  - 一、学前儿童的气质类型
  - 二、学前儿童气质的特点
  - 三、学前儿童的气质与行为预测
    - 经典研究：托马斯的纽约纵向研究
    - 有趣的发现：困难型气质的头胎儿童更容易因弟弟妹妹的出生而产生焦虑
- 第三节 我是谁——学前儿童自我的发展
  - 一、学前儿童的自我意识
  - 二、学前儿童的自我概念
  - 三、学前儿童的自尊
    - 经典实验：路易斯的点红实验
- 第四节 男孩和女孩——性别同一性与性别差异
  - 一、性别刻板印象
  - 二、学前儿童的性别差异
  - 三、性别认同
  - 四、双性化人格与儿童的性别角色教育
    - 有趣的现象：男孩与女孩的游戏偏好
- 幼儿园实例评析：懦弱的楠楠
- 延伸阅读：关于性别平等的绘本
- 小组案例讨论：君君、牛牛和琪琪

【学前儿童的奇闻趣事】

小人国里的孩子王

有一个地方叫巴学园，这里是个小人国。在这里，有一个很具领袖气质的男孩——池亦洋，用大李老师的话说，他身上有着这个时代许多男孩子所缺少的品质——坚强、洒脱、有担当、不娇气、勇敢，总之池亦洋很有男子气。

池亦洋 4 岁时来到巴学园，他很快就适应了新环境，赢得了很多女孩子的青睐，有些小男孩对他也是崇拜不已。他总是觉得自己很棒，一次在玩沙坑游戏中，池亦洋给大李老师分配任务，也给其他小朋友分配任务，其他小朋友不愿意，说你为什么给我分配任务，他就说："因为我是这儿的领导！"而又一次在玩沙坑游戏时，佳佳和陈炳栋发生了争吵，池亦洋主动过来解决问题，最后佳佳和陈炳栋和好了，三个人开心地一起玩沙坑游戏。在一次"军事演习"中，大班男孩们在池亦洋的带领下开始了训练，跑步演习、过独木桥、摔跤竞技。他点子很多，有组织才能，也精力充沛、行为活跃，正是因为这样，他很容易跟小朋友发生冲突，也经常攻击别的小朋友。

池亦洋在巴学园里算是比较有特点的一个孩子，但如果仔细观察，你会发现，每个孩子的心理和行为都是那么的特别，像一块块浑然天成的璞玉，等着时光来打磨。

（资料来源：纪录片《小人国》. 张同道导演．中国教育电视台，2009.）

第一节　生而不同——人格及其代表性观点

在人的生命过程中，从出生开始，直到衰老，始终表现出广泛的个体差异。这其中除了生理的差异之外，人格的差异就当数个体之间差异的最显著特征。

一、什么是人格

人格一词源于拉丁语，意思是演员在舞台上表演时所戴的面具，展示着舞台人物典型的人格特点。此后，许多不同流派的心理学家从各自的研究角度对人格内涵进行了丰富的阐述，但迄今为止，人格还没有形成一种公认的定义。

（一）人格的概念界定

人格是一个有多种含义和多种属性的模糊概念，人们在日常生活中经常使用人格这个词，例如我们会说"某人人格高尚"，这是从道德伦理的角度给人的评价。我们采用黄希庭对人格的界定：人格是个体在行为上的内部倾向，表现为个体适应环境时在能力、情绪、需要、动机、兴趣、态度、价值观、气质、性格和体质等方面的整合，是具有动力一致性和连续性的自我,是个体在社会化过程中形成的给人以特色的身心组织[①]。

(二)人格与相关概念的区别

人格与气质、个性这两个概念在理解中容易混淆,为了更加深入地理解人格,这里首先对这两对概念进行简要区分。

1. 人格与气质

气质是个体与生俱来的心理活动的动力特征,即我们平时所说的"脾气""性情""秉性"等。我们熟知的"胆汁质""多血质""黏液质""抑郁质"就是气质的类型,它使每个人都染上了独特的色彩,具体有关气质的内容,在第二节中会详细进行阐述。气质是人格形成的基础之一,是人格中的先天倾向。

2. 人格与个性

对人格和个性这两个概念,有时我们会当作同义词来用,那么这时个性就理解为"一个人区别于他人的稳定的、独特的整体特性"。但二者仍然是有区别的,首先个性指的是个体在与他人比较时的个别差异,是相对于"共性"而言的;而人格则指的是对一个人的总体的、本质性的描述,这种描述只是对个人而言的,人格比个性有更多的内涵和外延。

二、人格的代表性观点

对人格的研究是一个既古老又时新的话题,许多理论学派都对此进行了探究,在这里选取了在人格研究领域较有代表性的精神分析学派和特质学派,具体对弗洛伊德、奥尔波特、卡特尔和艾森克的理论进行讨论。

(一)精神分析学派的人格观

精神分析学派由弗洛伊德创立,强调潜意识、性本能等人格动力的重要性。弗洛伊德对人格结构的描述在不同的时期有不同的说法,早期用潜意识、前意识和意识,后期他将人格划分为本我、自我和超我三部分,并在此基础上对人格的发展进行了研究。

1. 人格的结构

在弗洛伊德的理论中,人格也被称为精神或心理生活,他认为人格结构由本我、自我和超我三部分构成:①本我。本我是人格的心理结构中最大的一块,是与生俱来的,是人类基本需求的源泉所在,完全处于潜意识当中。本我遵循快乐原则,要求即时满足,刚出生的婴儿就属于本我的人格。②自我。自我是人格中的理性部分,由本我分化而来的,

---

① 黄希庭.人格心理学[M].杭州:浙江教育出版社,2002,8.

一部分处于意识中，一部分处于潜意识中。在儿童人格发展中，自我能够协调本我、超我与外部环境的相互作用，引导本我的冲动，使其在合适的时间与地点作用于合适的对象，因此自我也被称为人格的实际执行者。婴儿期的自我小而弱，随年龄的增长在对父母的模仿中不断成长。③超我。它是从自我中分化而来的，是传统价值观和道德标准，儿童在与父母的交往中逐渐发展起来，引导自我走向更高尚的途径，最终与社会的价值理念相一致，充分发展的超我有良心和自我理想两个部分。

弗洛伊德认为，整个人格系统中的能量是一定的，人格的特点则取决于人格结构中能量的分布。如果大部分能量被本我控制，那么人的行为就表现出原始的冲动性；如果大部分能量被自我控制，那么人的行为就显得很实际；如果大部分能量被超我控制，那么人的行为就是很道德的。儿童在学前阶段建立起来的本我、自我和超我之间的关系将决定个体的基本人格。这三者之间的关系可以通过一个例子加以生动地说明，当儿童看到同伴手里有自己想要的玩具时，本我会驱使儿童从同伴手里把玩具抢过来，而超我则发出警告：这样做是错误的行为，这时自我就必须在这两种力量之间做协调，最终决定了儿童的行为。

2. 人格的发展

弗洛伊德认为，人格的发展源于婴幼儿时期心理性欲的发展，在性心理发展的各个阶段中，每个阶段都有一对矛盾冲突，顺利解决，那么儿童顺利地进入下一阶段；而如果这一阶段的需求没能得到适当的满足，就会产生固着，到成年之后，这一阶段的特征行为还会继续存在[①]。

(1) 口腔期

口腔期又称口唇期，从出生到1岁左右，婴儿的大部分活动主要集中在口腔，这一时期，父母要引导婴儿建立起吮吸乳房和奶瓶的行为。如果口腔的需要未能得到适当满足，那么就可能形成诸如吮吸手指、咬手指甲、嚼铅笔头以及成年后的暴食、抽烟或沉溺于接吻等不良习惯。

(2) 肛门期

1～3岁的儿童能从大小便的排泄中获得快感，便溺训练就成为父母训练儿童的主要内容之一。如果父母的训练过于严格，则成年后可能会形成洁癖、吝啬、对时间和金钱严格预算或其他过分控制的行为；而如果父母对儿童的排泄过分夸奖，那么成年后可能会形成慷慨大方、喜赠礼物、乐善好施等博爱行为。

(3) 性器期

3～5岁期间，儿童知道了两性生殖器官上的差异，发现了性刺激的快感，这一时期就出现了男孩的恋母情结和女孩的恋父情结。儿童对父母中的异性产生了“性”的意愿，为了避免惩罚，他们放弃了这个意愿，而以认同同性父母的特征和价值观取而代之。在这个过程中，超我得以形成，这一时期建立起的本我、自我和超我之间的关系决定了个体基

① 劳拉·E.贝克.儿童发展[M].吴颖，等译.5版.南京：凤凰出版传媒集团，江苏教育出版社，2002：20.

本的人格方向。

(4) 潜伏期

6～11 岁左右，由于超我的发展和活动范围的扩大，儿童的性欲被移置为了其他替代活动，如学习和体育等。儿童从家庭以外的成人和同性伙伴那里获得了新的社会价值观念，并有排斥异性的倾向，因此这一时期也被称为同性恋期。

(5) 生殖期

生殖期又称两性期，这一时期，儿童已经进入青春期，随着性成熟，潜伏期的性冲动再度出现，并将异性作为性对象，如果前面几个阶段发展得顺利，那么以后便是结婚、性生活与生育后代。弗洛伊德认为潜伏期和生殖期对于人格基本结构的发展是无关紧要的，5 岁之前，人格的基本结构就已经建立起来了。

【经典概念】

恋母情结

恋母情结又称“俄狄浦斯情结”，来源于古希腊神话与传说。传说底比斯国王拉伊俄斯受到神谕警告：如果他让新生儿长大，他的儿子长大后就会杀父娶母。于是他让猎人把儿子带走并杀死，但猎人动了恻隐之心，只将婴儿丢弃。被丢弃的婴儿被一个农民发现并送给其主人养大。多年以后，拉伊俄斯去朝圣，求神解除这个诅咒，在路上遇到一个青年并发生争执，他被青年杀死，这位青年就是俄狄浦斯。后来俄狄浦斯破解了斯芬克斯之谜（见图 9-1），被底比斯人民推举为王，并娶了王后伊俄卡斯特。后来底比斯发生瘟疫和饥荒，人们请教了神谕，才知道俄狄浦斯杀父娶母的罪行。俄狄浦斯挖了双眼，离开底比斯，四处漂流。

（资料来源：“百度百科”之“恋母情结”）

图 9-1 斯芬克斯

（图片资源：百度图片．http://image.baidu.com.）

（二）人格发展的特质理论

如果现在让你评价一下自己，你会怎么说呢？我很勤奋、做事认真、意志坚强、乐于助人等，或许多数人都会这样列出一些特征，这些就是人格特质。特质论者认为特质是人格的基本单元，个体之间的差异就在于这些特质单元表现程度的不同所形成的不同人格类型。奥尔波特、卡特尔和艾森克是人格特质流派的三位杰出代表。

1. 奥尔波特的特质理论

奥尔波特是人格特质理论的创始人，他根据特质是用来描述普遍的人还是只描述单个的人，将特质分为共同特质和个人特质。在此基础上，他又根据个人特质的重要程度，将特质划分为3类：首要特质、中心特质和次要特质。他认为，人格是一种网状结构、相互牵连的、重叠的特质结构，一种特质对另一些特质仅是相对独立的，它们之间没有固定的界线①。

2. 卡特尔的特质因素论

与奥尔波特主张人格是整体的、有组织的特质结构不同，卡特尔主张用因素分析法来研究人格特质。他将特质划分为表面特质和根源特质，经过多年的大量测量，最后得出了16个根源特质，如表9-1所示。

表9-1　16种人格根源特质

1. 服从性对支配性	9. 平静对忧虑
2. 保守性对试验性	10. 注重实行对富于想象
3. 情绪性对稳定性	11. 松弛对紧张
4. 权宜性对真心实意	12. 缄默对开朗
5. 直率对机灵	13. 胆小对冒险
6. 团体志向对自负	14. 清醒对听天由命
7. 谦恭对武断	15. 坚强对柔弱
8. 低智力对高智力	16. 信任对多疑

（资料来源：黄希庭．人格心理学[M]．杭州：浙江教育出版社，2002.）

3. 艾森克的人格维度理论

艾森克也主张用因素分析法来研究人格的结构，他认为各种人格类型中包含3种基本的人格维度——内倾—外倾、神经质—稳定性、精神质—超我机能，个体之间人格特征的不同也正是因为在这些维度上所占程度的不同所造成的。

【经典研究】

人格的因素分析研究

因素分析法是现代统计法中一种重要而实用的方法，使用这种方法，研究者能够把一组反映事物性质、状态、特点等的变量简化为少数几个能够反映事物本质特征的因素。卡特尔用这种方法编制了16PF——16种人格因素问卷，艾森克用这种方法编制了EPQ——艾森克人格问卷，这两个人格测验量表在当代仍然应用广泛。

（资料来源：张小远，解亚宁．心理健康教程[M]．广州：广东高等教育出版社，2003.）

① 张金荣．3～12岁儿童人格的结构评定及其发展特点的追踪研究[D]．大连：辽宁师范大学，2011.

第二节 最初的底色——学前儿童气质发展

气质是与个体生理特征、特别是脑神经活动特征紧密联系的心理活动的动力特征。

当我们说某人像林黛玉一样忧郁，某人像张飞一样易怒，这说的就是气质，个体之间的气质各不相同，它使人的整个心理活动带上独特的色彩。“脾气”“性情”“秉性”等都是气质的通俗说法。

一、学前儿童的气质类型

学术界对学前儿童气质类型的划分有多种标准：传统地，希波克利特以人体内体液的分布比例为标准、以高级神经活动类型为标准；近年来西方气质研究影响力最大的托马斯和切斯以儿童基本生活中的9个维度为划分标准。

（一）传统的气质类型

1. 体液说

传统的气质类型以古希腊医生希波克利特的体液说为代表①。他根据人体内黄胆汁(生于肝)、血液(生于心脏)、黑胆汁(生于胃)、黏液(生于脑)这4种体液的分布比例将人划分为4种类型。

(1) 胆汁质：黄胆汁过多造成。这类人精力充沛、意志坚强、感情外露；但急躁、易发怒、感情爆发不能自控、人际关系处理不好。

(2) 多血质：血液过多造成。这类人活泼好动、兴趣广泛、与人相处融洽；但注意力不集中、情感不稳定、精力易分散。

(3) 抑郁质：黑胆汁过多造成。这类人情感细腻、不易外露、敏感多思、体验深刻；但内向孤僻、多忧愁、多伤感、不大与人合群。

(4) 黏液质：黏液过多造成。这类人沉着安静、情绪稳定、注意力集中、善于控制自己；但情感不易外露、与人相处不合群、反应缓慢、认死理。

希波克利特用体液来解释气质的成因，在现在看来缺乏科学根据，但他所划分的这4种类型却比较切合实际，因此，心理学至今一直沿用了这一分类，但已不再认同各种气质是由体液的多少决定的这一分类依据。

2. 高级神经活动类型说

俄国生理学家、心理学家巴甫洛夫通过实验研究发现高级神经系统有强度、平衡性

① 王振宁. 学前儿童发展心理学[M]. 北京：人民教育出版社，2004:133.

和灵活性三个基本特点。这三个基本特点的不同结合形成了 4 种最典型的高级神经活动类型。这 4 种神经活动类型与希波克利特所划分的 4 种气质类型相对应[①]，具体如表 9-2 所示。

表 9-2　4 种气质类型

气质类型	神经类型	心理表现
抑郁质	弱	敏感、畏缩、孤僻
胆汁质	强、不平衡	反应快、易冲动、难约束
黏液质	强、平衡、惰性	安静、迟缓、有耐性
多血质	强、平衡、灵活	活泼、灵活、好交际

（资料来源：陈帼眉，冯晓霞，庞丽娟．学前儿童发展心理学[M]．北京：北京师范大学出版社，1995．）

①弱型：与抑郁质的气质类型相对应，兴奋和抑制都很弱，难以承受强刺激，胆小并显神经质。②兴奋型：强而不平衡型，与胆汁质的气质类型相对应，其特点是兴奋占优势，易怒难以抑制。③安静型：强、平衡、不灵活型，与黏液质的气质类型相对应，其特点是条件反射易形成但难以改变，迟缓有惰性。④活泼型：强、平衡且灵活型，与多血质的气质类型相对应，其特点是条件反射形成或改变均迅速，且动作灵敏。

（二）托马斯的气质分类

托马斯和切斯对 141 名儿童从新生儿起到成人阶段进行了追踪研究，提出了气质的 9 个维度，如表 9-3 所示，并根据这 9 个维度将气质类型划分为以下 3 种。

（1）易适应环境儿童：这类儿童约占 40%，这类儿童在婴儿期就很快建立起生活常规，大多乐观，对新事物适应得很快。

（2）难适应环境儿童：这类儿童约占 10%，这类儿童的日常生活没有规律，对新环境适应很慢，且反应消极、紧张。

（3）慢慢适应环境儿童：这类儿童约占 15%，这类儿童不活跃、对环境刺激采取温和、低调的反应，情绪消极，对新环境适应较慢。

相比于这三种典型性儿童，还有 35% 的儿童不属于其中的任何一类，他们表现出独特的混合型气质类型。

难适应环境型儿童，在儿童早期和中期容易表现为焦虑退缩，或者有较多的侵犯性行为。而慢慢适应环境型儿童在早期并未遇到很多问题，但进入学校后易出现适应困难，如极端的恐惧。

表 9-3　气质的 9 个维度

维　度	表　现
活跃水平	从活跃到不活跃的比例分配。有些儿童很活跃，有些儿童却很不活跃
节奏性	身体机能的规律性。有些儿童入睡、醒来，饮食和身体内部功能都很有规律地动作，有些儿童就没有这种规律

① 陈帼眉，冯晓霞，庞丽娟．学前儿童发展心理学[M]．北京：北京师范大学出版社，1995：325．

续表

维　度	表　现
注意力不集中	环境刺激对行为的改变程度。有的儿童如果因饥饿而哭闹，只要安慰一下或给他玩具就会停止，有些儿童却要直到去喂他时，才停止哭闹
接近/退缩	面对新的人或事物，儿童是接受新事物还是退缩。有些儿童会接受新的食物和玩具，有些儿童却对陌生人或东西哭闹、退缩
适应性	儿童对环境变化的适应自如度。虽然有些儿童对陌生的东西哭闹、退缩，但第二次就适应了，有些儿童仍旧焦虑
注意周期和坚持性	在一项活动上投入的时间长度和控制分心的努力。有些儿童能长时间玩一样玩具，有些儿童过几分钟就对一样东西失去了兴趣
反应的紧张度	反应的紧张程度和能力水平。有些儿童大声哭笑，有些儿童却很温和
反应的最低限度	能引起反应的最低刺激度。有些儿童对声音或光线的微弱变化反应强烈，有些儿童对这些刺激的反应很小
情绪品质	将友好、愉快、喜悦的行为数量与不愉快、不友好的行为作比较。有些儿童游戏或与人交往时常会笑，有些儿童却常常焦虑和哭闹

（资料来源：劳拉·E. 贝克．儿童发展[M]. 吴颖，等译．5版．南京：凤凰出版传媒集团，江苏教育出版社，2002.）

除上述分类之外，学术界还有多种关于气质的分类，如巴斯的活动特性说等，这里不再详述。

【经典研究】

托马斯的纽约纵向研究

美国儿童心理学家及精神病学家 Thomas 和 Chess 领导的研究小组通过著名的纽约纵向研究(New York Longitudinal Study，NYLS)提出儿童气质包括九个维度，即活动水平、节律性、趋避性、适应性、反应强度、情绪本质、坚持度、注意分散度、反应阈。并根据其中五个维度（节律性、趋避性、适应性、反应强度、情绪本质）将儿童分为："难养型气质""启动缓慢型气质""易养型气质"，其余为中间型。

1977 年 NYLS 小组设计了家长评定的"3～7 岁儿童气质问卷(Parent Temperament Questionnaire，PTQ)"，该问卷为其他儿童气质测查量表的发展奠定了基础，目前仍是测查 3～7 岁儿童气质的常用工具，我国的学者首先将此问卷引入国内，进行了本土化的修订，证明了其较高的信度和效度。通过本量表可以帮助家长了解孩子的气质类型以及在气质各维度上的水平。

（资料来源：劳拉·E. 贝克．儿童发展[M]. 吴颖，等译．5版．南京：凤凰传媒出版集团，江苏教育出版社，2002.）

二、学前儿童气质的特点

目前关于气质，学术界还没有统一的科学界定，不同学者从不同角度对气质加以理解，但综合各种概念界定可以发现一个核心共同点：大家都认为气质是儿童早期表现出来的受生物基础制约的行为差异，并且在发展过程上是相对稳定的，后天的环境可以对气质进行塑造，这说明气质在一定程度上是可变的。[①]

（一）稳定性

稳定性是气质的一个重要特征，如果儿童的情绪类型长期不稳定，那就很难说气质真正存在。也就是说，一个儿童表现出的敏感性、社会交往能力、害羞程度在几个月到几年甚至到成年以后都是这样的，俗话所说的“禀性难移”，即气质的稳定性。传统关于气质的研究注重气质的稳定性，“气质在个体毕生发展中高度稳定”这一命题已为诸多研究所确证。其中最经典的研究当数 Gesell 对同卵双生子 T 和 D 所进行的长达 14 年的追踪研究。该研究发现，T 和 D 的气质发展几乎表现出首尾一致的个体差异，而且这些差异在 14 年间表现出较强的稳定性和连续性。

（二）发展性

气质是变化最为缓慢的个性心理特征，但也并不是一成不变的，气质具有跨时间、跨情境变化的可能性。这是因为，气质所依存的生理基础本身就是一个不断发展的系统，随着儿童生理的不断成熟，气质的性质、组织结构也将发生改变；另外，社会环境和后天教养对气质的影响也不可忽视，这种先后天因素的相互作用就造成了幼儿气质的可变性。

不需要科学研究的验证，生活中我们就可以发现，有些早期难适应环境的儿童在儿童后期或成年后变得活泼开朗、容易接受新环境变化与要求，而原来是迟缓型的儿童也可能变得不再畏缩、被动。我国张建端等人研究发现：随着年龄的增长，儿童活动水平降低、节律性增强、注意分散度降低且更易于接近，气质朝积极方向发展[①]。总之，许多实验事实说明，婴儿的气质是可以变化的，但至于这种变化的实质和内在机制是什么，目前尚无定论，还有待于进一步探讨。

三、学前儿童的气质与行为预测

气质作为个性的重要成分，对个体的发展有重要的影响，一般认为，婴幼儿时期的气质是人类情感和社会行为发展的基础。由此可见，早期的气质类型可以作为儿童后期以致成年后认知和行为发展有效预测。

（一）气质对认知的预测

儿童的气质特征与学习和认知有紧密相关。总结相关研究发现：气质的规律性、活动性、注意持久度对儿童的智力水平有较强的预测作用，并且中西方研究结论较一致。

---

① 张建端，张静，徐翠青，等．武汉市 1150 例学龄前儿童气质特点分析[J]．中国临床心理学杂志，2004(4)：391-393.

根据托马斯对儿童气质的3类型划分，易适应环境儿童比难适应环境儿童和慢慢适应环境儿童的学习成绩好。Guerin等人的研究发现，活动水平较高、注意力易分散、坚持性较低气质特征的儿童学习成绩较低。我国沈理笑等通过对230名学习困难儿童的智商研究发现，气质维度中的5个维度与语言智商有关：高活动性、日常活动和学习有良好的规律、对陌生事件或环境不回避、反应强度高、坚持性强的儿童语言智商相对高，而注意力不集中和过于活跃的儿童则相反①。

（二）气质对社会行为的预测

气质对社会行为的预测作用在日常生活中就表现得十分明显。例如，我们经常可以看到性格外向、活跃度高的儿童善于和同伴交往，但如果活跃性过高就容易卷入同伴的冲突；情绪敏感、易激动的儿童更容易发生打人、抢玩具的行为；而内向、害羞的儿童则更多的是看着他们的同伴，不善于交往，胆小退缩。

1. 气质与亲社会行为

庞丽娟的研究发现受欢迎的儿童积极友好、外向、活泼、较大胆、爱说话；被拒绝儿童很外向、性子急、脾气大、易冲动、非常活泼好动；被忽视儿童很内向、好静、慢性、脾气小、不易兴奋与冲动、胆子较小。而合作、助人等亲社会行为与个体受欢迎程度呈正相关；攻击、破坏行为则与个体不受欢迎程度呈正相关。刘金梁在气质对合作行为影响的研究中发现，趋避性、适应度、坚持度高的儿童在与同伴合作的类型上倾向于主动型合作，而相反气质特征的儿童则倾向于被动型合作；回归分析显示规律性和适应度对合作的主动性有显著的预测作用。由此也可看出儿童的气质对同伴关系、亲社会行为有预测作用②。

2. 气质与问题行为

难适应环境型气质与儿童问题行为之间的关系是研究者们特别关注的。越来越多的研究表明，这类儿童在不利的环境中发生各种行为问题的可能性较其他儿童大，并且这种气质类型与攻击行为和反社会行为有关，这说明难适应环境的气质和消极的气质特征对儿童期乃至成年后的问题行为有预测作用。我国邹华等对330名4～5岁儿童的气质类型与问题行为的研究发现，以易适应环境型儿童为对照，难适应环境型儿童的行为问题发生率为前者的3.13倍，行为问题以攻击性、违纪行为为代表③。

另外，有研究发现气质与其他因素结合起来才有较强的预示作用，如母亲孕期的危险因素、父母亲不良的个性特点和教养方式等，气质在行为问题发生的过程中只是奠定了基础，而环境因素则起着更大的作用④。这一发现说明气质类型本身并不会造成以后

① 沈理笑，张劲松，刘学政，等．学习困难儿童气质与智力的研究[J]．临床儿科杂志，2005，23(4)：236-238.

② 刘金梁．3～6岁儿童气质对合作行为的影响[D]．呼和浩特：内蒙古师范大学，2008.

③ 邹华，等．4～5岁儿童气质与行为问题的相关研究[J]．中国儿童保健杂志，2010(7)：593-595.

④ 莫书亮，陶莉莉，贾蒙蒙，周宗奎．3～5岁儿童的攻击——破坏行为与心理理论、气质的关系[J]．心理研究，2012(5)：20-32.

的问题行为，当儿童的气质与外界环境协调一致时，即当儿童处于良好的调节状态时，儿童将得到正常的发展。而当儿童的气质与环境不能协调时，儿童就容易出现问题行为。这里就又运用到了托马斯的“拟合优度模式”，对于一个难适应环境型的婴儿，如果母亲没有认识到他的气质特点，采用不敏感的教养方式，那么母亲的期望与儿童的行为之间就会产生不协调，儿童在这种环境中成长，心理发展会受到挫折，最终导致问题行为的发生，因此，在儿童的早期教育中，要求父母应当根据儿童的气质类型，运用适应儿童气质类型的教养方式，让儿童在协调的环境中健康成长。

【有趣的发现】

困难型气质的头胎儿童更容易因弟妹的出生而产生焦虑

困难型气质的头胎儿童在面对弟弟妹妹的到来时，更容易产生适应不良问题。例如，更多的退缩、粘人和睡眠问题，在日后也不愿意去主动照顾弟弟妹妹。

我们可以采用亲子阅读或师幼共读的方式（如阅读《彼得的椅子》《跟屁虫》《汤姆的小妹妹》等），借助故事内容来帮助头胎儿童缓解弟妹出生所带来的焦虑情绪，更好地适应同胞生活。

资料来源：Qian, G. et al. Relationship between social development and psychological adaptation of the first-born children in China. Current psychology, 2019(12), 10.

第三节　我是谁——学前儿童自我的发展

一百多年前，美国哲学家詹姆斯首次提出了“自我”的概念，从那以后，自我一直是心理学家关注的焦点。自我是人格的核心，是个体维持心理健康、形成健全人格的关键因素。儿童在第二年里，自我意识就产生了，接下来，当儿童的自我评价开始发展时，儿童又逐渐形成了自我概念和自尊。

一、学前儿童的自我意识

几个月大的婴儿，在照镜子时，会对着镜子里的“婴儿”笑并做出友好的动作，这时的婴儿能不能意识到镜子里那个望着他、也朝他笑的那个婴儿就是他自己呢？对这一部分的内容学习之后，就可以对这一问题作出回答了。

（一）自我与自我意识

我们先来了解一下自我的结构。詹姆斯最先认识到自我的主客二元性，将自我从两个基本方面进行区别定义，即作为主体的I和作为对象的Me，也被称为认识者和被认识者①。

1. 主我

主我(I-self)也就是主体自我，是行动者或认识者，独立于周围的世界之外，能回应并能控制周围环境，是别人无法介入的内部世界，并能持久存在。包括自我意识、自我指导、自我监控、自我批评、自我实现等。

2. 客我

客我(Me-self)也就是客体自我，是个人认识的对象，是“被客观地认识的事物经验的集合体”。客我包括使自己成为独一无二的个体的一些特征——物理特征，如外貌和财产；心理特征，如态度、信仰和思维方式；社会特征，如社会角色和人际关系。自我知觉、自我概念就是客我。

一直以来备受心理学家们关注的对自我的研究大多集中在客我及其相关的层面上，如自我概念、自尊等。近代研究者们认识到I是建构Me的重要角色，因此认识I过程的发展对于了解Me的发展变化就显得极为重要。在儿童的自我意识的发展中，主我和客我是密切联系、相互影响的。

（二）自我意识的发生与发展

自我意识是个体对自己内在状态、需求、思想和情绪的认识，包括对自己本身、对自己与他人、自己与社会关系的认识。自我意识不是与生俱来、一成不变的，而是在个体的一生中不断发展、不断变化的。刚出生的儿童没有自我意识，大约两岁左右，开始逐步产生主我和客我的自我意识。从这时开始直到青少年时期，儿童的自我意识发展呈曲线上升趋势。

1. 主我的发生

刚出生的新生儿没有自我意识，他们的第一个发展任务就是将自己与周围的环境区别开来。目前，研究者们一致认为儿童最早萌发的自我意识是“主我”，当儿童最早意识到自己的行为能够引起物体移动和他人的反应以可预测的方式进行时，儿童作为“主我”的自我意识就开始出现了。

研究者在对婴儿的主我意识进行研究时设计了一个实验，向一个3个月的婴儿播放一段婴儿与其他小朋友在一起的录像，结果发现婴儿对同伴录像的注视时间更长，这说明3个月大的婴儿就能够将自己与他人区分开来，这是自我的萌芽②。儿童在与成人和其他外在环境相互作用时，他们逐渐注意到不同的结果能将他们与其他人或物区别开

---

① 戴蒙．儿童心理学手册(第三卷上)[M]．林崇德，董奇译．6版．上海：华东师范大学出版社，2009：550．

② 王振宇．学前儿童发展心理学[M]．北京：人民教育出版社，2004：140．

来，从而认识到自身的作用，从而逐步将“我”与“非我”区分开来，儿童也随之逐渐建立了一个独立于外在现实世界的自我形象。

2. 客我的发生

婴儿出生的第二年，儿童开始了“客我”的建构。他们开始更多地意识到自己的一些外在特征。路易斯著名的“点红实验”揭示了儿童“客我”的发生，实验者在 88 名 3～24 个月大的婴儿鼻子上点一个红点，然后观察他们照镜子时的反应，并对其中 2 名 12 个月的婴儿作追踪研究，结果发现，年龄小的婴儿会去摸镜子或不理睬，好像这个红点和他一点关系没有，但 15 个月大的婴儿在对着镜子时会去摸自己的鼻子，这说明这个年龄的婴儿有了对自己独特形象的敏锐意识(见图 9-2)。2 岁左右，儿童用人称代词“我”来称呼自己，标志着儿童“客我”意识的建立，也标志着儿童自我认识的建立，认识到自己是区别于其他人和物的独立个体。这时儿童在看到不同人的照片时，儿童更多地会冲着自己的照片笑。直到 15 个月以后，幼儿才可能意识到镜子里的婴儿就是他自己。

图 9-2 14 个月大的朱丽雅看到镜子里的自己时，对鼻子上的红点无动于衷

（图片来源：纪录片《人之初》）

【经典实验】

路易斯的点红实验

研究者选取了 9～24 个月的儿童作为实验对象，在婴儿未察觉的情况下给婴儿鼻子涂上红点，观察婴儿在镜子前看到自己形象时的反应。实验结果是只有 25%的儿童立即用手去摸或擦自己的鼻子。可是 24 个月的儿童中，有 88%会立即用手去摸自己的鼻子。

（资料来源：杭州幼儿师范学院 . http://zjys. com. cn/cn/etfzkc/onews.）

3. 自我意识的发展

儿童在 2 岁建立了客体自我之后，自我意识开始不断发展，主要经历了三个时期。①第一个时期：自我中心期，即生理自我，8 个月到 3 岁左右成熟；②第二个时期：客观化时期，从 3 岁到青春期，即获得社会自我的时期，是社会自我观念形成的关键期；③第三个时期：主观化时期，从青春期到成年期，即心理自我时期。在自我意识发展的三个阶段中，客观化时期最为重要，而婴幼儿期作为基础和开端，对自我意识的发展是尤为重要的。

二、学前儿童的自我概念

儿童从 3～4 岁开始有意识地思考自己，对自己的心理特征作出初步评价，此时他们开始了自我概念的建构，学龄前期儿童的自我概念多建立在身体特征、表现、活动能力及拥有的物品上。

（一）什么是自我概念

儿童自我概念的形成是以自我认识为基础的，2 岁以后，儿童开始领会信念、行为和愿望的关系，其内心世界和自我评价开始发展，自我概念开始形成并随年龄增长而不断发展。研究自我的先驱詹姆斯认为自我概念是人们对自己能力（认知能力、运动能力、人际交往能力等）的体察与评价，由此自我概念可以分为四个成分，即身体和物质的、社会的、精神的和纯粹自我概念。如“我很聪明”“我擅长跑步”“大家都喜欢我”等就是儿童自我概念的反映。

（二）儿童期自我概念的发展

自我概念的发展从 2 岁开始一直持续到青春期后期，这里我们选取儿童期自我概念的发展作简要介绍。

1. 学前初期（3～4 岁）

“我叫萌萌，今年 3 岁了，我有一双大眼睛，我的衣服很漂亮，我有一套芭比娃娃，今天早上爸爸送我来的幼儿园，我喜欢画画，我会玩绳子挑花，能变很多花样，你看！”

儿童早期的自我概念是十分具体的，这一时期的儿童只能对自我可观察到的特征建构具体的认知表征，仅仅能将自我概念理解为相互分离的身体（如“我有一双大眼睛”）、行为（如“我会玩绳子挑花，能变很多花样”）或心理（如“我很开心”）等的类型特征。除了对行为作具体描述，儿童还用偏好（如“我喜欢画画”）或拥有物（如“我有一套芭比娃娃”）来定义自己。这一时期的自我描述之间是分离的，儿童无法整合这些相互分割的自我概念，因此他们的自我描述是杂乱无章的，缺乏逻辑一致性。

2. 学前中晚期（5～7 岁）

“我有很多好朋友，有幼儿园里的，也有我们家小区里的。我学习成绩很好，会写很多字，还会背很多唐诗。我的个子比有的小朋友高，所以我跑得快，长大了我能像姚明一样打篮球，我一定会打得很棒。在家里我能帮妈妈做很多事，有些小朋友什么都不会做，但那绝对不是我，当我把自己的屋子收拾得很整洁时，爸爸妈妈会表扬我，我会非常开心。”

这是儿童中期典型的自我描述，儿童会继续用积极的自我表征来评价自己，例如常见的有关各种能力的描述。在这一年龄阶段得到发展的是，儿童开始展现出协调各个概念的初步能力，而在儿童早期这些概念之间是彼此分离的，从上述的自我描述中可以看出，儿童可以形成一种结合多种能力的类别或表征组，如“我有很多朋友，有幼儿园里的，也有我们家小区里的”。在儿童对自己与他人进行描述时，最明显的就是会把“好”和

“坏”完全对立起来，倾向于“全好”或“全差”。这一时期的儿童无法整合在概念上看似对立或不和谐的正性和负性的词，如儿童不能整合聪明和愚笨，他们认为一个人不可能同时具备正性和负性的特点，如一个 5 岁的儿童强烈地表示：“不，你根本不可能既聪明又愚笨，你只有一个脑子！”

3. 儿童后期（8～11 岁）

“我的名字叫娜娜，我长得不算太漂亮，有时我很能干，有时却很糟糕，比如学习上语文和英语学得很好，但数学却很差；我的钢琴和小提琴特别棒，我喜欢打羽毛球，游泳也很不错，但乒乓球就不行了。在班里我喜欢一些男孩子，也很喜欢一些女孩子，我很乐于助人，我的脾气很好，但有时候也会发火，我知道有一些男孩和女孩子不十分喜欢我。”

这是儿童后期典型的自我描述，相比前两个阶段的儿童，大一点的孩子对自己的描述不再局限于具体的行为，而开始强调自己的能力，如“钢琴和小提琴特别棒，游泳也很不错”，并且他们也清楚地强调了自己的心理特征，既包括优点也包括缺点，他们不再会像年幼的儿童那样用“全好”或“全差”的方式来描述自己。随着同伴关系对个人的重要性变得越来越明显，这一时期儿童的自我概念也显得越来越人际化。另外，自我描述中概念的概括程度更高，例如，上述描述中“能干”这一更高层次的概括是建立在整合语文、英语、钢琴和小提琴成绩好的基础之上的；而“糟糕”一词也是对数学和乒乓球方面表现不太好的一种更高层次的构建。

三、学前儿童的自尊

Rosenberg 说过：“自尊心强的人对自己属于哪一类人表示十分满意，他知道自己的缺陷在哪里，并努力完善自己。”自尊心强就表示对自己的特征和能力有一个现实的评价，包括对自我的接受和对自我的尊重。儿童在出生后不久，自尊就开始发展了，并且会对儿童的社会性发展产生重要影响[①]。

（一）什么是自尊

自尊是自我概念的核心，是自我意识中的一个重要部分，通俗来讲就是个体整体的自我评价[②]。詹姆斯是自尊研究的奠基者，他将自尊定义为“个体对自我的态度和情感，起着调节个体行动的作用”。他提出了自尊的著名公式：

$$自尊=\frac{成功}{抱负}$$

在这个公式中，成功是指现实的成就，是个体已经实现的部分，抱负是个体内心的标准，个体的自尊水平是个体所取得的成功与抱负的比值。通常个体关注于他渴望成功的

① 劳拉·E. 贝克．儿童发展[M]．吴颖，等译．5 版．南京：凤凰出版传媒集团，江苏教育出版社，2002：620.

② 戴蒙．儿童心理学手册（第三卷上）[M]．林崇德，董奇译．6 版．上海：华东师范大学出版社，2009：509.

领域，如果个体感到自己在这些重视方面能够胜任、得到认同，他就会获得较高自尊，反之如果不能达到自己的目标，就会产生较低自尊。

（二）自尊的结构

研究者们对自尊结构的划分类型有多种：一维结构模型、二维结构模型、三维结构模型、四维结构模型、六维结构模型、八维结构模型等。对于研究婴幼儿时期的自尊，研究者们偏向于选择二维模型，这里对儿童自尊的讨论也是基于二维结构模型的。

1. 自尊的二维结构模型

二维结构模型的代表人物是 Shavelson，在建构了自尊二维结构模型的基础上他提出了自己的自尊理论①。他认为自尊是一个人对自己的知觉，这种知觉是通过对环境的经验和解释形成的，受他人的评价、对自己的反馈和归因的影响。

2. 学前儿童自尊的结构

学前中晚期的儿童至少形成了三种自尊——学术的、身体的和社会的，并随着年龄的增长而不断细化。例如，学术自尊可以细化为各个学科，社会自尊可以细化为与同伴的关系和与父母的关系，身体自尊可以细化为体能和外貌。而事实上，儿童自尊的发展是一个相反的过程，先发展了一系列分离的自我评价，再合成为一个总的评价，这样就形成了如图 9-3 所示的自尊结构。

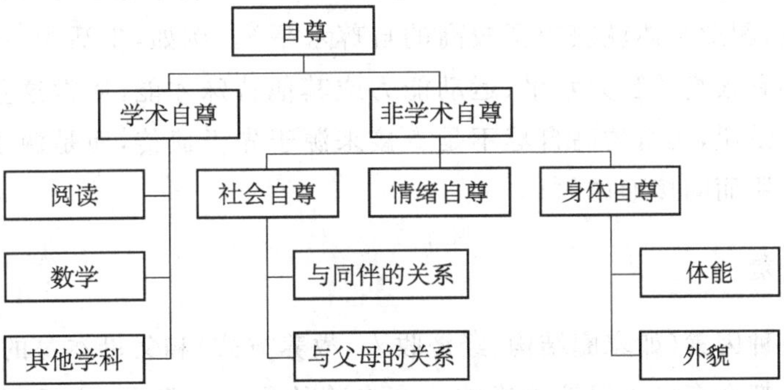

图 9-3　学前儿童自尊结构图

（资料来源：劳拉·E. 贝克. 儿童发展[M]. 吴颖，等译. 5 版. 南京：凤凰出版传媒集团，江苏教育出版社，2002.）

研究者们在全世界各年龄段的儿童中发现了一个普遍的规律——儿童的自尊与对外貌的重视程度呈显著相关，比其他因素的相关都要显著。通过同伴提名来问小朋友最喜欢的伙伴时，儿童选择受欢迎伙伴的一个重要原因就是外貌，长得漂亮的小朋友在幼儿园通常很受欢迎，受欢迎的儿童就容易形成高自尊。因此，在幼儿园教育中如何引导儿童合理评价外貌因素，是我们需要思考的问题。

---

① 张林. 青少年自尊结构、发展特点及其影响因素的研究[D]. 长春：东北师范大学，2004.

（三）学前儿童自尊的发展及其特点

我国心理学家林崇德认为，在儿童的自我情绪体验中最值得重视的就是自尊。个体一生中自尊的发展趋势是：在儿童阶段自尊稳定性较低，在青少年和成年期呈不断增长趋势，在中年和老年阶段呈下降趋势①。儿童在3岁左右对自己独立做事获得满足感，就产生了自尊感的萌芽；5岁时，自尊的发展达到了一个高度；小学阶段，自我体验与自尊的发展具有很高的一致性和紧密的关系，自尊心强的儿童往往对自己的评价比较积极，相反缺乏自尊心的儿童则自暴自弃。

（四）哪些因素会影响儿童的自尊

儿童个体之间的自尊差异很大，这种差异对儿童每天的行为会产生很大的影响。那么什么样的儿童自尊心强，什么样的儿童自尊心弱，哪些因素会影响儿童的自尊呢？这是我们接下来要学习的内容。

1. 遗传因素

自尊是可以遗传的吗？从遗传学的视角对双生子自尊的研究给出了这一问题的答案，大量研究发现：自尊是具有一定遗传性的。研究者们对此进行了解释，他们认为遗传因素会对个体的实际能力、人格特征和身体结构产生巨大影响，个体的高自尊更可能是先天的遗传因素在后天的环境中得以展现，使得儿童可以利用这些遗传优势在某些领域做出优异的成绩，因此个体就获得了较高的自尊水平②。例如，生活中我们会发现，如果一个儿童天生具有很高的智力水平、运动能力或其他特殊才能，通常这些儿童会形成较高的自尊。也就是说，儿童的高自尊不是直接来源于先天遗传，而是源于遗传能力在后天环境中发挥作用而间接形成的。

2. 家庭因素

家庭中的各种因素（如家庭结构、经济收入、教养方式）和父母本身的特点（如父母职业、受教育水平）都会直接或间接地影响儿童自尊的形成和发展，这里，我们讨论三种教养方式对儿童自尊的影响。①第一种教养方式：父母热情、积极地引导使儿童明白他们是有能力的、有价值的；父母对儿童是赞许的，对儿童的行为有合理的期望值，这能使儿童做出明智的选择、理智地评价自己的行为，这种教养方式下，儿童的自我评价就会发展得很好，自尊水平就相对较高。②第二种教养方式：父母苛刻的、强迫性的教养方式向儿童传递了一种他们能力不足的感觉，因为他们的所作所为必须接受成人的控制，这会使儿童的自尊心遭受强烈的打击。③第三种教养方式：父母过度的放任可能会使儿童产生

① 林崇德．发展心理学[M]．北京：人民教育出版社，1997：244．

② 戴蒙．儿童心理学手册（第三卷上）[M]．林崇德，董奇译．6版．上海：华东师范大学出版社，2009：560．

过于良好的自我感觉，然而儿童过度膨胀的自尊（自负）——自我评价远超过他人的评价，是十分危险的调节问题[①]，也会对儿童发展带来极为不利的影响。

3. 外貌

个体对自己的外貌是否满意、并在此基础上的自我感觉如何，都会对其自尊有着直接而显著的影响。Harter 及其同事在对自尊的研究中发现：自尊水平与外貌显著相关，相关系数高达 0.7～0.8，并且这一结果具有跨文化的一致性，在智力超常者及学习困难的特殊群体中也是如此。这里所说的外貌主要指的是吸引力、身高和体重这三个指标[②]。父母和幼儿教师从小就要引导儿童树立起对外貌的合理评价，这对儿童自尊发展具有重要的促进作用。

第四节　男孩和女孩——性别同一性与性别差异

“我是男孩子，我很勇敢，我喜欢玩士兵打仗的游戏。”“我是女孩子，我穿裙子，我喜欢玩过家家。”儿童在很小的时候就有了类似这样的性别意识。学前期是性别角色形成的关键时期，家长和幼儿教师应当对男女性别差异以及影响儿童性别获得的因素有一定的了解，以此来帮助儿童顺利获得性别角色，培养儿童正确的性意识和情感。

一、性别刻板印象

从远古时期至今，性别刻板印象一直存在于我们的生活和文学作品中。《红楼梦》中贾宝玉很著名的一句话：“男人是泥做的，女人是水做的”。诸如这样的例子俯拾皆是。尽管近些年经济快速发展，男女职业分工的界限不再像以前那么明显了，但人们对男性和女性各自擅长哪些能力、两者心理有何差异等的看法仍然明显近似刻板印象。

（一）学前儿童的性别刻板印象

性别刻板印象即被广泛接受的有关对男性和女性来说合适的个性特征的观点。而性别角色是在日常生活的行为中对性别刻板印象的反映，也即社会对男性和女性社会成员所期待的适当行为模式。Martin 进行了一项关于性别刻板特征的研究，要求大学生指出哪些典型的个性特征属于男孩子，哪些属于女孩子，得到了表 9-4 的结果[③]。

---

① 劳拉·E. 贝克．儿童发展[M]．吴颖，等译．5 版．南京：凤凰出版传媒集团，江苏教育出版社，2002：624.

② 张丽华．3～9 岁儿童自尊结构、发展特点及其相关影响因素的研究[D]．大连：辽宁师范大学，2004.

③ 劳拉·E. 贝克．儿童发展[M]．吴颖，等译．5 版．南京：凤凰出版传媒集团，江苏教育出版社，2002：724.

表 9-4 男性与女性性别刻板印象

男 性 特 点	女 性 特 点
积极	意识到他人的感情
行为像一个领导者	体贴
爱冒险	易哭
攻击性	情绪化
有抱负	在危机中易受伤害
有竞争性	温柔
不会轻易放弃	重家庭
支配性	喜欢小孩
独立	优雅
良好的抗压性	被动
容易做出决策	理解他人
不易受影响	与他人关系融洽

（资料来源：劳拉·E. 贝克．儿童发展[M]．吴颖，等译．5 版．南京：凤凰出版传媒集团，江苏教育出版社，2002.）

从表中可以看出，反映能力、理性和果断的工具性特点被认为是男性特有的；而强调温暖、照顾和敏感的表达性特点被看作是女性特有的，并且研究发现这种性别刻板的工具——表达二分法具有跨文化的一致性。

1. 学前初期性别刻板印象的发展

性别刻板印象大约在 2 岁左右就已经有了萌芽，这时候，随着言语的发展，儿童学会使用“男孩”“女孩”这样的词汇来标识自己及他人的性别，这种分类一旦建立，儿童就开始根据活动和行为来整理男女分别意味着什么，由此就掌握了许多性别刻板印象。对于儿童来说，性别刻板印象至少包括 4 个领域：角色行为、职业、物质和身体外貌①。到 3 岁时儿童已经具有这些领域的刻板印象知识，并且随年龄的增长而不断增加。

在年龄趋势上，儿童倾向于首先对性别化玩具、活动、服装颜色和样式及外貌特征形成性别刻板印象；随着认知的不断深化，儿童逐渐形成对职业和人格特质的刻板化认识。总的来说，儿童趋向于从运用具体的、外在的性别化特征发展到运用更抽象的、内在的性别化特征来描述他人。

2. 学前中晚期性别刻板印象的特点

学前儿童性别刻板印象的一个显著特点是：规则性高于灵活性，即只用典型的性别刻板印象来看待男孩和女孩，而不考虑其他非典型的独特信息②。3～5 岁儿童的性别刻板、灵活性较差，当问到一位 4 岁左右的小朋友，男孩子和女孩子各喜欢什么玩具时，他会说男孩子喜欢“汽车”“手枪”或“飞机”等，而女孩子喜欢“洋娃娃”等，我们会听到儿童说“男人不能留长头发，女孩不能当警察”……这一阶段的儿童将性别角色标准看作是不

① 许玭．学前儿童性别刻板印象发展及其对儿童性别观念教育的启示[D]．上海：上海师范大学，2008.
② 战欣．儿童性别刻板印象的发展及其对社会判断影响[D]．济南：山东师范大学，2006.

容侵犯的，他们坚定地把自己归入男孩或女孩，并开始意识到性别不会改变，因此他们可能会夸大性别刻板印象来强化自己对性别的认知。但随着年龄的增长，6～8 岁儿童各个领域的性别刻板印象变得越来越灵活，如 7 岁左右的小朋友已经能够知道并不是所有的男孩子都喜欢“汽车”和“手枪”，也并不是所有的女孩子都喜欢“洋娃娃”。

此外，男孩和女孩在性别刻板印象的认识灵活性上是不一样的，总的来说，学前期以后，女孩拥有更多、更灵活的性别刻板印象知识，而男孩具有的性别刻板印象观念则更严格。儿童的性别刻板印象越来越灵活，但是这并不代表性别刻板印象就此消失了，这种规则性和灵活性并存的现象尤其体现在儿童“找朋友”的游戏上，男孩还是喜欢“找”男孩，女孩还是喜欢“找”女孩[①]。

（二）学前儿童性别刻板印象的影响因素

儿童是如何获得性别刻板印象的？影响因素有哪些？对这一问题的答案我们可以从儿童所处的家庭、幼儿园、学校和同伴关系中去寻找，其中家庭是最主要的因素。

1. 父母教养

从儿童出生开始，父母对他们的知觉和期望就带有性别刻板印象的痕迹。研究者对儿童出生 24 小时内的父母进行访谈，尽管这时，新出生的男孩女孩在长度、重量等方面没有显著差异，但父母总是认为儿子更结实、身材更高大、更强壮；而认为女儿更温柔、更细腻[②]。在之后儿童的成长过程中，父母继续以刻板的方式对儿童进行教养：给儿童“性别适宜”的玩具，用性别刻板的价值观进行养育，对儿童与性别刻板相一致的行为进行积极强化等。父母在以上方面的教养促进了儿童性别刻板印象的形成。

2. 教师教育

在幼儿园里，教师的教育对儿童性别刻板印象的形成也有促进作用。我们经常可以听到老师们说：“女孩儿站一队，男孩儿站一队”；从小班开始，男女厕所分开；生活中遇到力气活儿，老师通常会让男孩子做；根据性别刻板印象对儿童的行为给予表扬，如教师表扬男孩子勇敢，女孩子温柔等。教师的这些行为都在潜移默化中影响着儿童性别刻板印象的形成。

3. 同伴交往

儿童一般偏向于跟同性别的同伴进行交往，因为他们有着共同的兴趣，游戏风格也相似；相反，当儿童表现出“性别不适宜”的活动时，如男孩子玩洋娃娃时，他们就会受到同伴的批评和拒绝[③]。这种同性别同伴交往、进行“性别适宜”的游戏对儿童性别刻板印象的形成有积极的促进作用，同时也对性别隔离起到了作用。这种隔离一旦形成，性别

---

① 王振宇．学前儿童发展心理学[M]．北京：人民教育出版社，2004：150．

② 劳拉·E. 贝克．儿童发展[M]．吴颖，等译．5 版．南京：凤凰出版传媒集团，江苏教育出版社，2002：737．

③ 王沛，高瑛．儿童同伴群体活动中的性别排斥[J]．心理学报，2004，36(3)：340-346．

隔离的同伴之间的联系就成为了加强传统观念和行为的有力环境。

4. 图画书的影响

图画书是学前儿童成长过程中一个重要的伙伴，在提倡早期阅读的教育浪潮下，学前教育学术界和早教市场都十分推崇儿童图画书的阅读。如果从儿童性别化的角度来看待图画书，我们会发现图画书也潜在地成为儿童性别刻板印象形成的一个载体。研究者对幼儿园常见的19本图画书中的性别刻板印象进行分析后发现，这些图画书文字中出现的人物，在人格特质、角色行为、职业这3个维度中均存在显著的性别刻板印象；图画中表现的人物，在角色行为和外表两个维度上也存在显著的性别刻板印象。这对学前儿童性别刻板印象的形成有强化作用①。

二、学前儿童的性别差异

男女儿童之间的差异是客观存在的。在生理方面，男女生殖系统、内脏器官、身体形态、生理机能的差异都十分明显；在心理方面，男女在认知、情感、人格及社会性行为的表现上也都存在显著差异。

（一）认知发展差异

研究普遍认为男女在认知方面也存在显著的性别差异，这种差异主要体现在：语言能力、空间认知能力两个方面。女孩的语言能力发展优于男孩，而男孩的空间认知及数学能力发展得要比女孩好。

1. 语言能力

从婴幼儿期开始，女孩在言语能力上就占优势，并且这种优势会一直持续到中学阶段，主要体现在词汇、阅读理解和言语创造性方面。从学话开始，女孩就比男孩更早地开始说话，并且词汇获得的速度也更快，但男孩在后期会赶上来，正如许多研究者们所发现的：3岁时男女儿童在词汇、语法、表达等方面的差异均十分显著，女孩显著优于男孩，而到了6岁时，男孩与女孩语言能力的差异不那么显著了，有些方面甚至与女孩一样优秀了。究其原因，关于大脑的研究表明：在大脑的发育过程中，女孩的大脑比男孩要早发育半年到一年半，女孩的这种更快的生理成熟促进了她们早期语言技能的发展，而后来男女之间的差距缩小，男孩甚至"后来者居上"，这说明只要给予同样的教育关注和语言表达机会，男孩的语言发展虽然起步晚但仍然能发展得和女孩一样好。

2. 空间能力

男女在空间能力上的性别差异从儿童早期就已经存在，男孩的空间能力普遍地优于女孩，这种优势会延续终生。在一项心理旋转的研究中，研究者要求儿童从图9-4中选择

---

① 张宇．幼儿园幼儿故事书中的性别刻板印象分析[D]．西宁：青海师范大学，2010.

两个除角度不同之外完成对应的图形，尽管儿童的回答因年龄不同而存在差异，但总的来说，男孩的成绩要优于女孩，这项测试要求儿童在头脑中既快又准确地旋转三维图形。

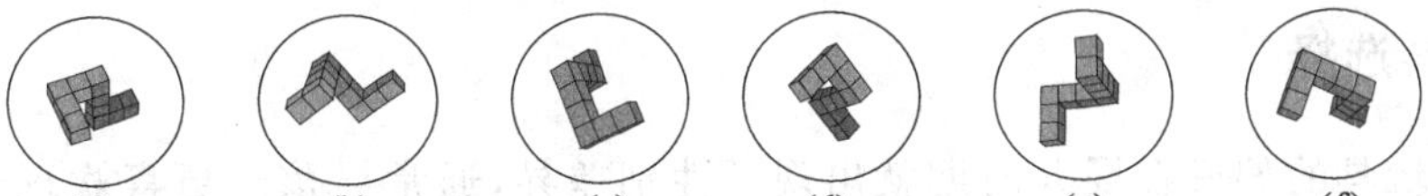

图 9-4　心理旋转任务图

（图片来源：科学网——博客，http://blog.sciencenet.cn/blog-2638-218391.html.）

（二）个性和社会性差异

1. 情绪敏感性

女性的情绪比男性更为敏感，这一差异在婴幼儿时期就出现了，3 岁是情绪理解能力发展的关键期。从学龄前期开始，在用语言判断他人的情绪状态时，女孩的表现要好于男孩；在表达自己的感受时，女孩通过使用语言和表情及身体姿态，在表达时更加自由；在移情、同情心、亲社会行为方面，女孩子的表现也要优于男孩子。陈英和等人在对 3～5 岁儿童情绪特点进行研究时发现，与男孩相比，女孩能更好地理解他人的情绪状态①。

2. 攻击性

男女儿童攻击性的性别差异是广泛存在于各社会阶层的普遍现象。与婴儿时期相比，学前儿童攻击性发展的一个重要特征就是出现了明显的性别差异——男孩比女孩更容易进行公开性的攻击，并且男孩表现出更强的身体和语言攻击性，国内外研究在这一观点上已经达成一致性的看法②。相比男孩的公开性攻击，女孩有着另一种形成的攻击——关系性攻击，女孩关系性的攻击行为远远超过了男孩。研究者们通常关注男孩身体和语言上的攻击而低估了女孩的关系性攻击。实际上，学前阶段女孩关系性攻击的表现不明显，但进入小学以后，公开性攻击的男孩和关系性攻击的女孩人数是大致相等的。

由于先天遗传决定的性激素类型的不同，男孩高水平的雄性激素是导致攻击行为的原因之一，这一点在关于荷尔蒙与动物攻击性的研究中得到了支持，但激素水平仍然只是攻击性的诱因之一，最近研究者们认为，当雄激素与环境因素一起作用时，会对某些行为产生影响进而导致攻击性行为出现的可能性增加。如家庭环境、自身的控制性和情绪的冲动性。张萍等人的研究发现，从 2 岁到 11 岁，男孩和女孩自我控制的发展变化存在差异，女孩的自我控制在各年龄阶段均显著高于男孩③。因此，为预防儿童过度的攻击

① 陈英和，仲宁宁，姚端维．3～5 岁儿童情绪能力的年龄特征、发展趋势和性别差异的研究[A]．2005 中国儿童情绪能力发展论坛，2005：4.

② 张付庆，钱文．3～6 岁儿童性别恒常性发展与性别角色偏好的实验研究[J]．幼儿教育（教育科学），2008(6)：44-48.

③ 张萍，梁宗保，陈会昌，张光珍．2～11 岁儿童自我控制发展的稳定性与变化及其性别差异[J]．心理发展与教育，2012，28(5)：31-40.

性，父母要为儿童创造一个和谐的家庭环境，教给儿童合理解决问题的方法，让儿童意识到当同伴之间发生冲突时，除了攻击还有更好的解决方式。

3. 玩具选择

儿童对玩具的偏好在婴儿时期就出现了性别差异，通常男孩子更喜欢玩卡车、积木，女孩更喜欢玩洋娃娃或柔软的东西，到幼儿时期，这种性别偏好更趋于明显而稳定。在玩具选择方面的性别差异不仅存在于儿童对玩具种类的偏好上，而且还表现在男孩、女孩形成玩具偏好的年龄发展趋势上。有国外的研究表明：10 个月的男孩在选择玩具时已经形成了性别刻板偏好，但这种偏好在 2 岁的女孩中尚未表现出来，在 3～5 岁间，男孩比女孩更多地索要与自己性别相符的玩具，并对与自己性别不符的玩具表现出更强烈的反感。研究者认为，女性性别观念发展的相对缓慢是造成男女两性玩具偏好发展趋势存在差异的主要原因。这一结论在杜丹等人的研究中得到证实①。

由于性别化的玩具可能会对儿童行为的某些重要成分的发展产生影响，如观察力、独立性等，因此有心理学家把儿童在玩具选择上的差异作为其性别行为的早期预测。

【有趣的现象】

男孩与女孩的游戏偏好

在幼儿园的活动区，如果留心观察我们就会发现，在区角和玩具的选择上，男孩和女孩是存在显著差异的，并且这种差异随着年龄的增长会更加明显。如图 9-5 和图 9-6 显示的那样，女孩在活动区时更喜欢去娃娃家照顾娃娃，而男孩则更倾向于玩搭建类的游戏。

图 9-5　女孩偏好玩洋娃娃

图 9-6　男孩喜欢玩搭建

① 杜丹，苏彦捷．性别刻板印象及刻板信息对 3～9 岁儿童玩具选择的影响[J]．心理学探新，2005(4)：56-61.

三、性别认同

性别认同又称性别同一性，是个体对自身性别的正确认识，即一个人在个性上把自己知觉为相对男性化或者女性化。正常情况下，从儿童期开始，父母就开始用“性别适宜”的方式来教养儿童，如姓名、服饰、玩具、行为要求等。慢慢地，儿童就开始从成人那里认识到自己的性别问题，并用相应的标准来标识周围的男性和女性，并获得性别一致性。对于这一过程，心理学家们从各自的研究视角，形成了不同的理论，其中影响较大的有精神分析理论、社会学习理论、性别图式理论和认知发展理论。

（一）精神分析理论

精神分析理论最早对儿童性别认同问题进行了分析。弗洛伊德认为，在3～5岁期间，男孩对母亲产生了依恋，这种依恋使他们产生了对父亲的焦虑，害怕父亲报复；而女孩则对父亲产生了依恋，害怕母亲的报复。男女的这种冲突通过对同性父母的认同得到了解决，认同是儿童开始健康适应同性别的父母人格特质的开始，通过认同过程，儿童表现出性别定型。精神分析学派用“恋母情结”“恋父情结”来解释儿童性别认同的过程。这一时期男孩有完全占有母亲的欲望，并想以某种方式摆脱父亲，因此就形成了对父亲的焦虑，害怕父亲报复。

恋父/母情结是儿童心理发展过程中无法回避的问题，这一时期儿童成长的关键就是如何从以母亲为核心转化为以父亲为核心的心理结构。这一情结的解除，标志男孩/女孩建立起了对自己作为男性/女性性别角色的认同①。

（二）社会学习理论

社会学习理论关于儿童性别认同的观点是建立在儿童社会行为发展理论的基础之上的。按照社会学习理论的观点，儿童的性别认同是在环境中由成人塑造而成的，强调父母对儿童“性别适宜性行为”的强化、儿童对同性别榜样的观察学习或模仿在儿童性别角色形成中的作用。

从婴幼儿时期开始，父母就用不同的方式来对待男孩和女孩，鼓励女孩的顺从、玩洋娃娃的行为，但对攻击性行为则表现出反对的态度，对待男孩子则相反。父母及其他成人逐渐成了儿童性别认同的强化者，关于这一点，西方的研究都已证实。观察或模仿同性别的榜样也是性别认同的途径之一，儿童通过对同性别父母、兄弟姐妹、教师或是同伴的观察也能习得适当的性别行为。根据社会学习理论，权威形象的力量是促使儿童模仿的原因之一。

社会学习理论的角色发展观虽然得到了一些实验结果的支持，但仍存在一定的局限

① 姬腾飞．从小汉斯案例看父亲对男孩性别认同的作用[J]．知识经济，2012(10)：55.

性——仅仅将观察学习作为儿童性别化的动力，忽视了儿童主体的认知在性别认同中的重要作用。

（三）性别图式理论

性别图式理论认为，性别图式是指用来选择和加工与性别有关信息的知识结构，即性别刻板印象的一种信息处理方式，有两种性别图式：第一种包括两个性别的普遍信息；第二种包括适合相应性别的行为的详细信息[①]。儿童早期会根据成人的指导做出相应的回应，并将其组织到性别图式男性和女性的类别中。儿童一旦对他们自己的性别进行归类，便会选择跟他们性别相一致的性别图式，并用这些图式来处理信息和指导自己的行为。

性别图式理论解释了为什么性别刻板印象和性别角色偏好具有恒常性的原因，并且解释了它们是怎样影响儿童的行为的。具体来说，儿童注意并接收到与图式一致的信息，不一致的信息被忽略或拒绝，这样儿童就知道了什么东西是适合女性的，什么是适合男性的，并根据图式做出适合自己性别的行为。

（四）认知发展理论

科称伯格认为性别认知在性别认同的过程中起重要作用，认知发展理论试图用皮亚杰的守恒概念来解释儿童性别认同的发展。一旦儿童获得了性别守恒，他们的信念就固定下来并不可逆转。性别恒定性发展划分为以下三个阶段。

1. 性别标识

早期的学前儿童能够正确地标识自己及他人的性别，但这时，儿童对性别的认识仅根据外部的、表面的特征。如果向儿童出示一个洋娃娃，并在儿童面前改变它的发型和衣服，这时儿童就认为洋娃娃的性别改变了。

2. 性别固定

这个阶段的儿童对性别的“守恒性”有了一定的理解。虽然儿童知道男孩长大会变成男人，女孩长大会变成女人，但是他们还会像小时候那样继续认为：改变发型和衣服或“性别适宜”的行为会导致性别的转变。

3. 性别一致性

到了幼儿园大班或小学低年级，儿童开始确信他们的性别一致性。他们知道即使一个人穿了“性别倒错”的衣服或从事非传统的活动，他们的性别也是保持不变的。

认知发展理论有一个根本性的缺陷，那就是科尔伯格认为性别守恒是儿童性别行为

---

① 劳拉·E. 贝克. 儿童发展[M]. 吴颖，等译. 5版. 南京：凤凰出版传媒集团，江苏教育出版社，2002：753.

的先决条件，只有在获得性别守恒之后，儿童才会出现相应的性别适应性行为，但是实际上在7岁左右儿童性别守恒出现之前，儿童就已经出现了性别化的行为，这一点是认知发展理论所无法解释的[①]。

四、双性化人格与儿童的性别角色教育

由于儿童的发展会受到性别刻板印象的影响，近年来，专家们认识到要培养儿童自由表现自己的能力，减少性别刻板印象对儿童的限制，培养双性化的人格。这一要求对父母和幼儿教师对儿童的性别教育实践都提出了重大挑战。

（一）双性化人格

传统观念认为男女两性存在着普遍的性别刻板印象，个体的男性化和女性化是同一程度上的两极，即是一种“单维两极统一模式”。如果一个人的男性特征越多，其女性特征就越少；如果一个人的女性特征越多，则其男性特征就越少。男女两性的人格特征和其生理特征一样是不可调和的，互不相容的。精神分析学派首先对这一传统观念提出了挑战，弗洛伊德提出了“潜意识双性化”的概念、荣格提出了著名的“阿尼玛和阿尼姆斯”理论，20世纪美国心理学家Bem认为一个人在心理品质上“可男可女”，他提出男性与女性分别是平面结构中的两个维度，每个人都可以在这个平面坐标上找到自己的位置，如图9-7所示，他将性别划分为四种类型，即男性化、女性化、双性化和未分化，柔情丈夫、巾帼英雄揭示的就是双性化人格[②]。

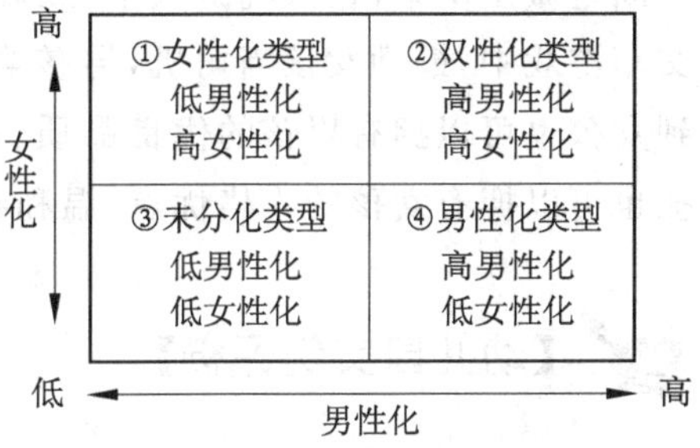

图9-7 男女双性化模式示意图

双性化人格在心理学上指的是，个体既具有明显的男性人格特征，又具有明显的女性人格特征，即兼有强悍和温柔，果断和细致等性格特征，按情况需要而做不同表现[③]。多项跨文化研究的结果都显示，双性化人格的个体无论在社会适应力、学业能力等方面都具有突出的表现，其心理健康程度更高、更自信和自尊。鉴于此，目前世界上许多国家都提出了以培养儿童双性化人格为主要目标的性别教育。

（二）儿童的性别角色教育

父母和教师在减少儿童性别刻板印象、促进双性化人格的发展中起着重要作用，成人可以通过自己的行为以及提供给儿童多种选择来消除传统的性别角色。

① 李红．幼儿心理学[M]．北京：人民教育出版社，2007：358.

② 刘春琼．论双性化人格教育的教师准备[J]．上海教育科研，2011(9)：15-18.

③ 宫亚男．学前儿童性别角色教育特点研究[D]．长春：东北师范大学，2008.

1. 父母的教养

在儿童性别化的婴幼儿时期，家庭的影响是最大的。在家庭生活中，父母首先可能通过如轮流做饭、做家务、照顾孩子、做决策时互相商议等行为向儿童传递这样的信息——并不是某种行为只属于男性或女性；另外，父母在给儿童准备玩具时，种类可以多样化，有洋娃娃，也有汽车玩具，在给儿童选择衣服时，可以红色、蓝色等多样化；还可以带孩子去拜访那些从事非刻板印象工作的男性和女性朋友，通过以上三种途径来减少儿童的性别刻板印象，培养双性化人格。

2. 教师的教育

当儿童进入幼儿园之后，教师在促进儿童双性化人格的发展中起到了重要作用，实施双性化教育的一个重要契机就是角色游戏。目前幼儿园的角色游戏中有关人物双性化的场景少之又少，我们可以在现有的角色游戏中加入"公共情境"情节，以消除此类游戏中性别刻板印象对儿童的影响①。例如，在"娃娃家"类游戏中设置一个有关"家庭决策"的"公共情境"，要求"爸爸"和"妈妈"拥有平等的决策权，鼓励扮演"妈妈"角色的儿童果断地做出决策；在医院游戏中，鼓励男孩当护士，并对他的细致耐心给予表扬；在开公交车游戏中，鼓励女孩当司机，男孩当售票员等。这些双性化游戏情节可以使儿童意识到女孩也可以拥有男孩的优良品质：顽强、果敢、不怕吃苦、不惧困难、勇于挑战自我；男孩也可以拥有女孩的人格优点：温和善良、耐心细致、善于团结、善解人意等。

【幼儿园实例评析】

懦弱的楠楠

楠楠是一个胆小、老实甚至有点懦弱的小女孩，做什么事情都不敢走在前面，显得很被动。

平时，楠楠总是很愁苦的样子，总也开心不起来，有很多烦心事似的。小朋友们也都爱欺负她，而她还不敢还口、不敢还手，更不敢告诉老师，内心孤独而可怜。

细心的老师通过观察发现了楠楠的心理和行为问题，分析她这种状况，并着重在以下几个方面加以引导和培养。

(1) 支持楠楠大胆做事，支持她独立自主地做选择，以及自行解决问题，对于楠楠做事过程中的失败和过错持宽容的态度。

(2) 鼓励楠楠大胆说话，老师经常对她说："你看怎么办？""你的想法是什么？"为楠楠提供独立思考和表达自己愿望的机会。

(3) 老师尽可能地创造条件使幼儿和楠楠友好相处，在集体生活中互相关心，互相帮助，不能欺负弱小的楠楠，要和她做好朋友，使她不感到孤独。

（资料来源：徐慧．幼儿教育心理实践活动案例[M]．北京：高等教育出版社，2009.）

---

① 胡晓萍，岳训涛．幼儿园角色游戏中的性别认同与双性化教育[J]．教育导刊，2012(8)：31-34.

案例评析

自尊是一个人对自己的知觉，这种知觉是通过对环境的经验和解释形成的，受他人的评价、对自己的反馈和归因的影响。对于幼儿来说，幼儿的自尊更容易受到他人特别是成人评价的影响。在幼儿园里，教师对幼儿的态度与评价会对幼儿自尊产生直接和重要的影响。面对楠楠这样的幼儿，教师一定要给予格外关注，多鼓励、多夸奖，并在其他小朋友面前给予她大胆展现自己的机会，得到小朋友们的认可，逐渐地帮助她建立自信和自尊。

【延伸阅读】

关于性别平等的绘本

图画书是儿童早期成长的好伙伴，对儿童认知、情感、社会性等方面的发展都有良好的促进作用。目前在儿童的性别角色教育上提倡培养儿童双性化的人格，减少性别刻板印象的影响，绘本在这当中起到了不小的作用，以下为大家介绍一些关于提倡性别平等、消除性别刻板印象的绘本。

1.《纸袋公主》

《纸袋公主》(蒙施(文)，马钦科(绘))是特别针对儿童之间性别平等教育的绘本，这个故事颠覆了以往童话故事中王子和公主的形象，故事里公主能像王子一样拥有智慧和力量。

2.《爱织毛线的尼克先生》

《爱织毛线的尼克先生》(玛格丽特·怀德(文)，赫克特利(绘))写的是一个爱交朋友、心地善良又温柔，并且织了一手好毛线的老先生，他用织毛线充实晚年生活，也织起自己与别人之间的友谊。哦……原来男人也会织毛衣。

3.《威廉的洋娃娃》

《威廉的洋娃娃》(夏洛特·左罗托(文)，威廉·潘讷·杜·波瓦(绘))是一个消除性别刻板印象的绘本。威廉想要一个洋娃娃，但是爸爸却给他买了电动火车，到最后还是奶奶满足了威廉的心愿，威廉这是怎么了？这个绘本让儿童了解到有的男孩子也是会喜欢洋娃娃的。

4.《神秘的无名骑士》

薇薇公主和白雪公主一样失去了母亲，但聪明的她却挣脱了传统女性角色的束缚，扮成了一个神秘的骑士。和《纸袋公主》相同，《神秘的无名骑士》(柯奈莉亚·冯克(文)，克尔斯汀·梅尔(绘))告诉儿童，女性一样可以拥有智慧和力量。

5.《爱花的牛》

《爱花的牛》(曼罗·里夫(文)，罗伯特·劳森(绘))是一个消除性别刻板印象的绘本。从前，在西班牙有一头公牛名叫费迪南，其他的公牛都喜欢跑跑跳跳、互相抵触，只有费迪南不喜欢。它常常坐在牧场外那棵他最爱的树下，静静地闻着花香。这个绘本和《威廉的洋娃娃》相同，让儿童了解男生有时也可能会喜欢女生的东西。

【课程思政目标】

我国教育家陶行知曾经指出："六岁以前是人格陶冶最重要的时期。"学校和家庭在关注幼儿的身体健康的同时，还应对幼儿的同伴冲突、爱发脾气、缺乏自信、不与人交流等问题多加关注。学前期这一阶段，幼儿的自我意识迅速发展，人格特征开始形成，健全幼儿的人格，关系到幼儿一生的幸福。因此，对幼儿健全人格的培养应放在学前教育突出的位置，应对学前儿童的健全人格和社会交往能力进行培养，对不同气质类型的幼儿因材施教，促进幼儿形成积极健康的人格和良好心理品质。

【复习要点】

◆ 你会解释吗？

人格　自我意识　自我概念　自尊　性别角色　性别刻板印象

◆ 你能回答吗？

1. 关于人格，你知道都有哪些主要的理论派别？其主要观点是什么？

2. 你知道学前儿童有哪几种不同的气质类型吗？

3. 你是否了解不同年龄阶段儿童的自我概念发展的主要特点？

4. 通过本章学习，你对影响自尊的因素有了哪些新的了解？应该如何培养儿童的自尊呢？

5. 男孩和女孩在性别上的差异主要体现在哪些方面？

6. 你知道如何对学前儿童进行双性化教育吗？

第十章 学前儿童社会关系与道德发展

第 10 章　学前儿童社会
关系与道德发展课件

学习导航

- 学前儿童的奇闻趣事：你弄脏了我的两张画
- 第一节　父母的力量——学前儿童亲子关系的发展
  - 一、依恋的发展及其影响因素
  - 二、家庭对学前儿童发展的影响
    - 经典实验：依恋的内部工作模式
    - 经典实验：恒河猴的依恋
    - 讨论与分享：家庭教养方式
- 第二节　不能没有你——学前儿童同伴关系的发展
  - 一、什么是同伴关系
  - 二、学前儿童同伴关系的发展
    - 有趣的现象："相爱相杀"的同胞关系
    - 讨论与分享：同伴群体角色
- 第三节　学前儿童道德与社会行为发展
  - 一、学前儿童道德发展的基本理论
  - 二、学前儿童社会行为的发展
  - 三、学前儿童社会交往技能的发展
  - 四、学前儿童的道德习得及培养
    - 经典实验：皮亚杰的对偶故事
    - 道德两难故事：海因兹偷药
    - 经典实验：攻击性行为的社会学习
    - 经典概念：观点采择
    - 经典实验：延迟满足
    - 讨论与分享：皮亚杰的对偶故事和柯尔伯格的道德两难困境
- 幼儿园实例评析：回到座位上坐好
- 延伸阅读：人生时时有依恋
- 小组案例讨论：乱吐口水的小玉

【学前儿童的奇闻趣事】

你弄脏了我的两张画

幼儿园中班的曼曼和蓉蓉是一对亲密的好朋友，在幼儿园里常常形影不离。哪知，好朋友却因为一件小事翻了脸。

曼曼撅着小嘴来找李老师告状："蓉蓉弄脏了我的画，也不向我道歉。李老师，我好生气啊！她算什么好朋友啊！"

蓉蓉一脸委屈的样子："我本来是想帮她把颜料水倒掉的，却不小心打翻了瓶子……"

曼曼气愤地说："你弄脏了我的两张画！一张我可以原谅，两张不可以！"

蓉蓉着急地说："我已经跟她道歉了，而且我真的不是故意的！"

曼曼："可是我的画没了！走开，我不要和你做朋友！"

蓉蓉："我也不和你做朋友了！"

曼曼的话真是有意思："你弄脏了我的两张画！一张我可以原谅，两张不可以！"原来她是以数量来衡量蓉蓉"破坏"她的画的严重程度的，却对蓉蓉是故意为之还是不小心造成的全然不考虑。看起来曼曼有点儿不讲理。不过，这恰好体现出了学前儿童道德发展中的一个突出特点，他们往往是简单武断地从行为后果出发，来对他人的言行进行道德评判，而完全不考虑其动机的善恶。

（资料来源：冯夏婷．透视幼儿园心理世界[M]．北京：中国轻工业出版社，2014.）

第一节 父母的力量——学前儿童亲子关系的发展

儿童的社会性发展（也称为儿童的社会化）是指儿童在一定的社会历史条件下，逐渐独立地掌握社会规范，恰当处理人际关系，妥善自治，从而能客观地适应社会生活的心理和行为发展过程①。学前儿童的社会化即儿童与环境之间一种渐进的、双向的互动过程，儿童的能力、情感、认知、社会行为、道德规范、人格品质等都是在这种交往过程中形成和发展起来的。亲子关系、同伴关系是学前儿童发展过程中尤为重要的社会关系。特别是亲子关系，对儿童未来的身心发展具有深远影响。亲子关系有狭义和广义之分，狭义的亲子关系指儿童早期与父母（主要抚养者）的情感关系，即依恋；广义的亲子关系即父母与子女的相互作用方式，即父母的教养态度与方式②。

一、依恋的发展及其影响因素

如果有世界最美瞬间评奖的话，下面这一幕必拔头筹。

宝宝——当妈妈出现在视野里，宝宝立即咧嘴大笑，张开双臂，欢呼雀跃；当被妈妈轻轻抱起时，宝宝身体兴奋，拍拍妈妈的脸，抓抓妈妈的头发，享受着天然的亲密和愉快。当感到紧张和害怕时，宝宝会东张西望，四处寻找妈妈；回到妈妈身边，依偎在妈妈怀里，紧张和焦虑就会大大缓解。

父母——宝宝没出生前就喜欢上了他/她，微微的胎动也能使爸妈喜悦激动，一说起自己的宝宝就满脸幸福洋溢。这种深刻的感情无可媲美。

依恋一般是指个体对某一特定个体的长久持续的情感联系。在发展心理学中，依恋

① 王振宇．幼儿心理学[M]．北京：人民教育出版社，2009：119.

② 陈帼眉，邹晓燕．幼儿心理学[M]．北京：北京师范大学出版社，1999：155.

则特指婴儿与成人（父母或其他看护人）所形成的情感联结①。由于这种情感联结，婴儿在不高兴时就会趋近这个人，如果强迫婴儿同这个人分离，婴儿则显示不满。依恋也是婴儿与主要抚养者之间最初的社会性联结，是情感社会化的重要标志。

（一）依恋的发展

根据心理学家鲍尔比(J. Bowlby)的研究，依恋的发展可分为以下四个阶段②。

第一阶段：无差别的社会反应阶段（出生～6周）。这个时期的婴儿对所有人的反应几乎都是一样的，喜欢听到所有人的声音、注视所有人的脸，看到人的脸或听到人的声音都会微笑，对任何人（包括陌生人）的关注都感到快乐。同时，所有的人对婴儿的影响也是一样的，他们与婴儿的接触（如抱他、对他说话）都能使婴儿感到愉快、满足。这个年龄的婴儿能嗅出母亲的味道，辨出母亲的声音，但尚未对她表现出依恋，也并不介意被陌生人抱起。

第二阶段：产生依恋阶段（6周～7、8个月）。该阶段婴儿的显著特点是对熟人和陌生人的反应有了区别。这时，儿童对母亲略微偏爱，对母亲和他所熟悉的人及陌生人的反应是不同的：婴儿在母亲面前表现出更多的微笑、“咿呀”、接近；在其他熟悉的人如其他家庭成员面前，这些反应则要相对少一些；对陌生人这些反应就更少。但此时的婴儿仍不会介意与父母分开。

第三阶段：明确的依恋阶段（7、8个月～2岁）。从7、8个月起，婴儿出现了明显的对母亲的依恋，形成了专门的对母亲的情感联结，也表现出明显的分离焦虑：对母亲更加关切，与她在一起时特别高兴，而当她离开时则表现出不安甚至哭喊。只要母亲在他身边，婴儿就能安心地探索周围环境，好像母亲是其安全的基地。同时，婴儿对陌生人的态度变化很大，见到陌生人，大多不再微笑，而是紧张、恐惧甚至哭泣、大喊大叫。

第四阶段：互惠关系形成阶段（2岁后）。2岁以后，婴儿能认识并理解母亲的情感，并知道交往时应考虑她的需要和兴趣，据此调整自己的情绪和行为反应。这时，婴儿把母亲作为一个交往的伙伴，并认识到她有自己的需要和愿望，交往时双方都应考虑对方的需要，并适当调整自己的目标。这时与母亲的空间上的邻近性逐渐变得不那么重要。比如，当母亲需要干别的事情、要离开一段距离时，婴儿会表现出能理解，而不是大声哭闹，他可以自己快乐地玩耍或通过言语、目光与母亲交谈，相信一会儿母亲肯定会回来。这个阶段的儿童，以母亲为主要依恋对象的同时，“脚踩多条船”——和多个家人、朋友建立起了多元依恋。

（二）依恋的类型

婴儿对母亲依恋的性质并非相同。安斯沃思等通过观察儿童在各种场合的表现来

① 张文新．儿童社会性发展[M]．北京：北京师范大学出版社，1999：184．

② 劳拉·E．贝克．儿童发展[M]．吴颖，等译．5版．南京：凤凰出版传媒集团，江苏教育出版社，2002：584-585；约翰·W．桑特洛克．儿童发展[M]．桑标，王荣，邓欣媚，等译．11版．上海：上海人民出版社，2009：358；陈帼眉，邹晓燕．幼儿心理学[M]．北京：北京师范大学出版社，1999：156．

确定依恋类型，如父母在场时、父母暂时离开时、陌生人出现时以及与父母重聚时，认为婴儿依恋存在3种类型。

1. 安全型依恋

具有这种依恋类型的幼儿，当他们的父母在场时会自由探索周围环境；父母离开时表现出明显的不安；重聚时，温暖地回应父母；父母在场时对陌生人自然大方。多半孩子的依恋属于安全型。

2. 抗拒型依恋

这类幼儿常会缠住父母，探索行为少；父母离开时心情很压抑；重聚时还在生父母的气，拒绝身体接触；对陌生人紧张戒备。这类婴儿占10%～15%。

3. 回避型依恋

这类幼儿不太关注父母是否在场，表现有点无所谓，对陌生人也不在意。实际上这类婴儿对母亲并未形成特别密切的感情联结，所以，有人也把这类婴儿称作无依恋儿童。这类儿童约占20%。

在上述3种依恋类型中，安全型依恋为良好、积极的依恋，而回避型、抗拒型依恋又称为不安全型依恋，是消极、不良的依恋。

依恋对儿童发展有深刻长远的影响：安全依恋促进儿童的探索行为，好奇心和认知能力也得到激发；能提高儿童的问题解决能力，能为游戏活动设置更复杂的规则。安全型依恋的儿童长大以后有更熟练的社会技能，更好的同伴关系，更少的问题行为。研究也发现，安全依恋的儿童长大以后婚姻更加稳定，家庭和谐度更好。

相反，非安全依恋的儿童智力测验表现不佳，有更多的敌意和攻击行为，容易被同伴排斥，长大后遭遇更多的健康问题和心理障碍。特别是，依恋被剥夺的儿童常常表现为身体发育不良，行为被动，情感冷漠，缺少积极努力的意愿。

【经典实验】

依恋的内部工作模式

研究者让两组儿童同时观看完同一部电影后回忆，结果如图10-1所示，安全依恋型儿童回忆起了更多积极事件，如收到生日礼物，而非安全型儿童则回忆起了更多消极事件，如打翻了果汁。显然，积极的内部工作模式激发了儿童对生活的积极期望，而消极的内部工作模式激发了其悲观记忆和消极的生活预期。正是在依恋中形成的内部工作模式，决定了儿童对未来生活的反应风格和基本预期，对儿童发展有着深远的影响。

（资料来源：鲁道夫·谢弗．儿童心理学[M]．王莉，译．北京：电子工业出版社，2005.）

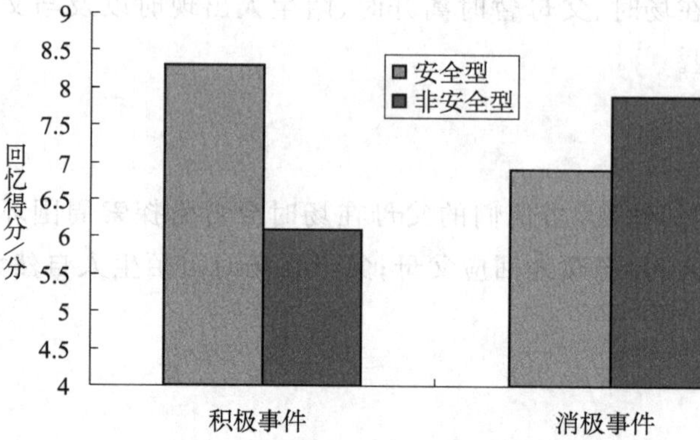

图 10-1　内部工作模式对儿童的影响

（三）依恋的影响因素

依恋主要受到关系双方(儿童和依恋对象)的影响。母亲的照料质量决定了依恋的类型,而儿童自身的气质则决定了不安全依恋的特殊表现形式。此外,反映气质的早期行为倾向可以被良好适当的照料方式所改变。

1. 儿童自身的影响

气质赋予儿童行为以特定的反应性与活动水平,进而影响父母对儿童的评价以及父母的抚养难度。对于困难型儿童和敏感-退缩型儿童,其母亲的抚养困难程度,明显地高于容易照看型气质的儿童的母亲。此外,早产、发育迟滞、慢性疾病、畸形的儿童,在外貌和行为上都区别于那些正常发展的儿童。他们可能由于缺少积极的焦虑信号,缺少警觉性,存在喂养困难等,比健康儿童更有可能形成不安全依恋。

2. 依恋对象的影响

依恋并不仅仅是母亲使婴儿的需要(包括食物、水、温暖、舒适、解除痛苦等)得到满足,婴儿与母亲在一起的时间多少也不能单纯地决定婴儿依恋的性质。依恋是在婴儿与母亲的相互交往和感情交流中逐渐形成的。在这一社会性交往过程中,母亲对婴儿所发出信号的敏感性和其对婴儿是否关心是最重要的方面。

【经典实验】

恒河猴的依恋

1959 年,科学家哈洛(Harlow)和齐默曼(Zimmerman)将新生的恒河猴与猴妈妈分开,让它与一个绒布妈妈和一个能提供奶水的金属妈妈一起生活(见图 10-2)。

长达半年的实验结果却非常令人惊讶:小猴喜欢的是绒布妈妈!由金属妈妈喂养的婴猴,只在进食时和金属母亲待在一起,一旦受到惊吓就会直奔绒布母亲。该研究说明,接触舒适对于猴子形成依恋比喂养或减轻饥饿更为重要。

（资料来源：David R. Shaffer，Katherine Kipp. 发展心理学——儿童与青少年[M]. 邹泓，等译. 8版. 北京：中国轻工业出版社，2009.）

安斯沃思根据敏感—不敏感、接受—拒绝、合作—干涉和易接受—冷漠4个维度来评定母亲的照看方式，结果发现安全型依恋的儿童，其母亲的照看方式在以上四个维度上的分数都高。其中，母亲对儿童的敏感性是影响儿童依恋形成的关键因素。敏感的母亲对儿童是易接近的、接受的、合作的。来自于照看者关心的、温馨的、适时的抚养，有助于婴儿形成安全型依恋。如果母亲采取拒绝态度或不敏感，教养行为又不适当，婴儿则会形成不安全型依恋。如果母亲能非常关心婴儿所处的状态，注意听取婴儿的信号，并能正确地理解，作出及时、恰当、抚爱的反应。婴儿就能发展为对母亲的信任和亲近，形成安全型依恋。安斯沃思及其同事的研究表明，对婴儿的需要信号高度敏感的母亲，其婴儿都属于安全型依恋，而在12个对婴儿需要不敏感的母亲那里，有10个婴儿属于回避型或反抗型，即不安全型依恋，只有2个婴儿属于安全型依恋。

如图10-3所示，对1000多对母婴的研究发现，母亲问题——如心理障碍、少女妈妈、虐待孩子，都会引起高度的非安全依恋；而孩子的问题——如发育迟滞、生理疾病、气质困难以及心理障碍，对依恋质量的影响微乎其微。亲子双方，依恋质量的真正主宰是养育者，父亲或者母亲。当发现儿童在社会互动中矛盾、冷漠时，调整父母的养育方式是改善依恋质量的重点。

图10-2　恒河猴的依恋

（图片来源：百度图片. http://image.baidu.com.）

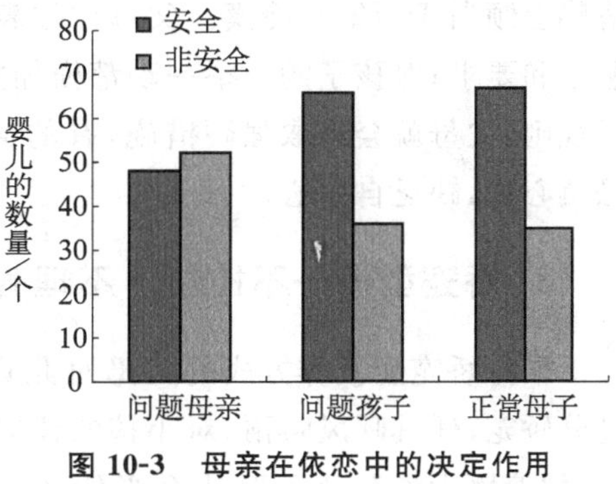

图10-3　母亲在依恋中的决定作用

亲子共同构成的家庭环境也会对儿童的依恋产生影响，参见本节第二部分内容。基于上述影响因素的作用，改善依恋质量需注意以下几个方面：父母要及时反省检查自己的养育方式，提高对儿童的敏感性和关注度；对儿童发出的信号作出及时正确的反馈；对于气质困难的儿童需要有足够的耐心，与儿童建立默契的互动和交流，对儿童的活动给予情感支持；尽可能参与和引导儿童的活动；与配偶保持积极沟通，在生活中相互支持。

二、家庭对学前儿童发展的影响

父母的力量可以“潜移默化”地“渗透”到儿童生活的全部，父母对儿童发展的影响全面、深刻而长远。家庭主要通过教养方式、家庭结构、家庭功能三要素，以及家庭的社会经济地位等对儿童发展产生影响。

（一）教养方式

我国学者刘金花认为，评定父母教养方式的维度有两个：控制（对孩子是否提出成熟的要求）和爱（即是否关心、信任和理解孩子）。根据这两个维度，可以把父母的教养方式分成以下 4 种类型。

1. 权威型——控制＋爱

秉持权威型教养方式的父母对儿童的态度积极肯定，热情地对儿童的要求、愿望和行为进行反应，尊重孩子的意见和观点，鼓励他们表达自己的想法并参与讨论；父母对孩子的要求比较明确，对他们的不良行为表示不快时，会严格按规则说服教育；对其良好行为，则表现出真心的支持和肯定。这种高控制、情感上易接受的、温暖式的教养方式，对儿童个性的发展有积极的影响，易使孩子形成亲切温和、情绪稳定和深思熟虑的性格，或者形成独立、直爽、积极协作的性格。

2. 专制型——控制＋不爱

秉持专制型教养方式的父母对儿童控制有余，爱心不足。父母虽然高度控制，但在情感上倾向于拒绝和冷漠。父母往往表现出缺乏热情的情感反应，很少考虑儿童自身的愿望和要求；对孩子的一举一动都横加限制，要求孩子无条件地遵循有关的规则，如果违反规则，父母就会采取强硬措施，有的甚至动用暴力。这种方式下教养的儿童往往会有恐惧心理，缺乏自信心。

3. 娇宠型——不控制＋不理智的爱

秉持娇宠型教养方式的父母对儿童爱得不理智，控制不足。父母对孩子百般疼爱，过分娇宠，任其呼风唤雨，对小孩的任何要求不假思索地答应。例如，家长带孩子去买东西时“慷慨大方”，孩子要什么买什么。这样的教养方式导致孩子的行为和性格发生扭曲，使孩子形成了较强的冲动性和攻击性的心理行为，缺乏独立性和责任感，懒惰、自私、任性、撒娇、为所欲为，形成一系列不适合社会要求的行为习惯和性格特征。

4. 冷漠型——不控制＋不爱

冷漠型教养方式的父母对孩子既缺乏爱的情感和积极反应，又缺少行为的要求和控制，亲子间交往甚少，父母对孩子缺乏基本的关注与了解，对孩子的一切行为举止采取不加干涉的态度，给孩子一种被忽视的感觉。这种教养方式下的儿童容易形成较强的冲动性、攻击性、不顺从、自傲、自狂、目中无人、自以为是的心理，使他们在青少年时期很容易产生不良行为问题。

家长应该时时检视自己对待及回应孩子的方式，观察孩子的日常行为是否也已经受到自己不合适的教养方式所影响，以下是一些养育孩子的建议。①以身作则；②双亲教养态度一致；③给孩子肯定；④接纳其差异性；⑤让孩子有自主权；⑥亲子协商规范与约束；⑦犯错时要纠正；⑧家长时常自省；⑨营造民主温馨的家庭气氛。

讨论与分享

家庭教养方式

回想自己的家庭生活经历，判断与总结自己父母的教养方式属于哪种类型？与同学讨论教养方式对儿童发展有怎样的影响？并讨论如何因势利导地对家长展开教育和引导？

（二）家庭结构与家庭功能

需要强调的是，家庭功能远远比家庭结构重要，虽然家庭功能在一定程度上依附于家庭结构，但不是简单的一一对应关系。

1. 父亲的角色

中国传统的家庭结构是“男主外、女主内”，母亲是儿童的主要照顾者，父亲是儿童生活中被忽视的另一半。大量研究资料表明，由于男性和女性在思维方式、气质类型、社会认知、对子女的教养方式的不同，父亲角色对儿童的成长起着重要的、不可替代的作用。儿童在痛苦的时候期望母亲的安慰，而在需要快乐时则会想到父亲的游戏（见图 10-4），这是常人能看到的差异。父亲在幼儿发展中的作用主要体现在以下方面：①影响儿童性别角色的发展；②影响儿童智力发展；③影响儿童语言发展；④影响儿童交往能力的发展。

图 10-4　父亲带女儿一起踏青

2. 离异家庭

父母离异通常会在儿童生活中引发一系列变迁和压力事件。例如，一方父母的突然离去、家庭经济状况恶化、母亲的心理压力和情绪困扰加剧、与一方的祖父母及扩展家庭的联系减少、搬家以及转学等。这些生活变迁和压力性事件会对儿童的亲子关系、同伴关系、学习能力、社交能力等造成挑战。

此外，如果在父母离异后的转折期无法适应生活中的挑战并顺利完成其发展阶段的任务，当这些儿童进入青春期和成年期后，他们将比同龄人有更大的概率产生更严重的心理适应问题，包括各种心理疾病、酗酒、吸毒、过早性行为，以及学业、就业困难等。

而近年来大量的研究发现，离异家庭的儿童也并不必然存在严重的适应性问题。一项 20 年的纵向研究发现，约 75%经历儿时父母离异的年轻人适应良好①。

为了预防离异家庭儿童心理健康问题的产生，美国亚利桑那州立大学的心理学家 Wolchik 等人于 20 世纪 80 年代中期开发了一套针对离异母亲的培训课程——新起点项目（New Beginnings Programs，NBP）。在长期的临床实证追踪研究中，NBP 已经显示了它在预防离异家庭儿童心理健康问题方面的积极作用。

NBP 的整个干预过程以团体辅导的形式对离异母亲进行为期 10 周的培训（每次 1.75 个小时）及两次个别辅导（每次 1 个小时）。小组成员由 8～10 名有孩子监护权的离异母亲组成，由研究生水平的咨询师担任小组辅导员，辅导员每次对离异母亲进行培训前都要接受高强度的培训。每次培训一般包括以下流程：讨论和分享上周家庭实践的经历→辅导员介绍新技能（使用图示、录像等方式）并做示范→组员分成小组做角色扮演并进行技能练习→集体讨论、交流想法→布置下周家庭实践作业（具体内容见表 10-1）。

表 10-1　离异母亲的培训课程——新起点项目（NBP）内容概览

主　　题	时　间	内　　容
关系建立技能	第一周	NBP 简介，了解儿童在父母离异后可能出现的问题，以及家庭快乐时光
	第二周	将消极循环转变为积极循环，亲子一对一时间，以及抓住孩子闪亮的瞬间
倾听技能	第三周	为什么母亲学会倾听对孩子很重要，以及倾听第一步：让孩子倾诉
	个体辅导	讨论母亲在运用技能中遇到的具体困难和挑战，并商量对策
	第四周	倾听孩子第二步：先思考，再给予孩子反馈
	第五周	倾听孩子第三步：给予孩子有效的反馈
避免父母冲突	第六周	让孩子避免经历父母冲突
	个体辅导	消除父亲与孩子关系中的障碍
管教方法	第七周	如何有效地管教孩子的第一步：给孩子设定清晰、现实的行为目标
	第八周	有效管教第二步：给孩子制订行为改变计划
	第九周	有效管教第三步：观察行为改变计划如何起作用，如何根据需要进行修改
回顾	第十周	母亲已经达到了哪些目标，以及如何使得家庭中的积极变化持续下去

（资料来源：李晓巍，等．新起点项目：一项预防离异家庭儿童心理健康问题的家长干预技术[J]．中国特殊教育，2012(2).）

对离异家庭儿童来说，幼儿教师可以通过“对儿童的直接帮助”“对父母提供帮助”和“开展相关活动”来开展工作。

① 林洵怡，桑标．离异家庭儿童发展性研究综述[J]．心理科学，2008，31(1)：163-165.

第二节　不能没有你——学前儿童同伴关系的发展

在学前儿童社会化的进程中，同伴关系是另一项重要的社会关系。同伴关系也是儿童社会化的一个重要途径，在儿童青少年发展和社会适应中发挥着重要的作用。

一、什么是同伴关系

（一）同伴关系的性质

同伴是指儿童与之相处的具有相同社会认知能力的人。同伴关系，是指年龄相同或相近儿童之间的一种共同活动并相互协作的关系，是一种人际关系。

处于成长过程中的儿童，在与周围人们的交往中，逐渐形成了两种不同性质的关系：垂直关系和水平关系。这两种人际关系对儿童的社会化有着不同的意义。

垂直关系是指那些比儿童拥有更多知识和更大权利的成人（主要包括父母和教师）与儿童之间形成的关系。垂直关系的主要功能是为儿童提供安全和保护，也可以使儿童学习知识和技能。水平关系，是指儿童与具有相同社会权利的同伴之间形成的一种关系。该关系具有平等互惠的性质。水平关系是儿童获得平等条件下的社会生活能力的平台。

（二）儿童在同伴群体中的角色

友谊是两个人之间的事情，同伴接受性是群体水平上的事情。研究者用社会测量法[①]对儿童在群体水平上的受欢迎程度进行了分析，发现同伴群体中有五种角色[②]。

1. 受欢迎的儿童

受欢迎的儿童得到较多的正提名和较少的负提名。他们情绪稳定，反应敏捷，活动的强度和速度适中，在交往中积极主动。这些儿童喜欢与人交往，而且善于交往，且经常表现出友好、积极的交往行为，因而受到大多数同伴的喜爱。

2. 被排斥的儿童

被拒绝的儿童得到较少的正提名，却有较多的负提名。这些儿童情绪不稳定，爱冲

① 在一个班级内，请儿童提名“你最喜欢和谁玩？”和“你最不喜欢和谁玩？”可据此分析班内每个孩子的受欢迎程度。或者，观察儿童在游乐场和谁玩，每个孩子被同伴找的频率。

② 邹泓．同伴关系的发展功能及影响因素[J]．心理发展与教育，1998(2)：39-44.

动，其活动的强度大，速度较快，特别好动，较外向，注意力易分散，坚持性差。他们喜欢和小伙伴们交往，却不会交往。在与同伴的交往中活跃、主动，但经常采取不友好的交往方式，如抢玩具、随意改变游戏规则、推打小朋友等，因而常被同伴排斥、拒绝。

3. 被忽视的儿童

被忽视的儿童只得到很少的正提名和负提名。与其他儿童不同的是，这些儿童不大喜欢与他人交往，他们平时很安静，常常独处或独自活动，在交往中表现出退缩或畏缩，很少表现出主动、友好的行为，也很少表现出不友好、攻击性行为。因而既没有多少同伴喜欢他们，也没有什么同伴会很讨厌他们。

4. 矛盾儿童

矛盾儿童的正提名和负提名均较多。指的是那些被某些同伴喜爱，同时又被另一些同伴讨厌的儿童，也称“有争议的儿童”。这些儿童一方面能力较强，性格较活跃，能领导大家进行游戏，在某个团体中有一定的权威地位；另一方面有时候会压制同伴，行为有时会具有破坏性，从而引起一些同伴的反感。

5. 一般儿童

一般儿童得到平均的正提名与负提名，他们在同伴提名中没有获得极端的分数（最喜欢或最不喜欢）。这些儿童在同伴群体中处于中间的位置，既不是特别主动、友好，也不是特别被动、惹人讨厌；同伴们大多不是特别喜爱、接纳他们，也不会特别拒绝、忽视他们。

（三）同伴关系的功能

1. 同伴关系是发展社会能力的重要背景

皮亚杰指出，同伴关系中产生的合作与感情共鸣使儿童开阔了社会视野。年幼儿童是以自我为中心的，既不愿也不能意识到同伴的观点、意图、感情。然而随着游戏开始，建立平等互惠的同伴关系，同时也体验冲突、谈判或协商的机会出现。

2. 同伴关系是满足社交需要、获得社会支持和安全感的重要源泉

归属和爱以及尊重的需要是人类的基本需要。Weiss(1974)提出的社会需求理论假设，个体在同伴关系中寻求社会支持，不同类型的关系提供不同的社会支持功能，满足不同的社会需求，如爱、亲密、增进自我价值等。儿童在亲密的友谊关系中和一般同伴群体中所寻求的社会需要是不同的。爱、亲密和可靠的同盟更多是由亲密的朋友关系中获得；工具性或指导性帮助、抚慰、陪伴和增进自我价值既可以从朋友关系中，也可以从同伴群体中获得；而归属感或包容感主要从一般的同伴群体中获得。

3. 同伴交往经验有利于自我概念和人格的发展

儿童具有被自己所关注，被同伴赞赏的本能倾向。当儿童没有受到或没有受到太多他人关注时，可能会对自己的价值产生疑问。同伴为个体逐渐理解合作与竞争的社会规则和服从与支配的社会角色构建了基本框架。同伴关系作为一种平等关系，它不同于其他社会经验，这是个体第一次“通过他人的眼睛看自己”并体验到与另一个人真正的亲密。如图 10-5 所示为两位幼儿正在按照设计图合作搭建木房子。

图 10-5　两位幼儿正在按照设计图合作搭建房子

二、学前儿童同伴关系的发展

在婴幼儿成长的头三年里，儿童虽然主要与其父母交往，但事实上也已开始了同伴间的相互交往；随着儿童认知能力的增长、活动范围的扩大，其与同伴交往的时间和数量越来越多，同伴交往在其生活中所占的地位越来越大，并对儿童的个性、社会性发展起着日益重要的影响。

（一）0～3 岁儿童同伴交往的发展

大量的观察和研究表明，婴儿从出生半年后即开始出现真正意义上的同伴社交行为。婴儿早期同伴交往经历以下三个发展阶段①。

1. 客体为中心阶段

在以客体为中心阶段，婴儿的交往更多地集中在玩具或物品上，而不是对方本身。6～8 个月的婴儿通常还互不理睬，只有短暂的接触，如看一看、笑一笑或抓抓同伴。在第一年，大部分社交行为是单方面的发起，一个婴儿的社交行为往往不能引发另一个婴儿的反应。

2. 简单交往阶段

在简单交往阶段，儿童已能对同伴的行为做出反应，经常企图去控制另一个儿童的行为。在简单交往阶段，儿童的行为有了应答的性质，是“社交指向行为”。如微笑和大笑、发声和说话、给或拿玩具、身体接触（如抚摸、轻拍同伴的身体，推，拉等）以及较大的运动（如走到同伴旁边，开始跑开）等。

3. 互补性交往阶段

在互补性交往阶段，儿童同伴间的行为趋于互补，出现了更多更复杂的社交行为，相

① 邹泓．同伴关系的发展功能及影响因素[J]．心理发展与教育，1998(2)：39-44.

互间模仿已较普遍，儿童不仅能较好地控制自己的行动，而且还可以与同伴开展需要合作的游戏。这个时期儿童交往最主要的特征是同伴之间社会性游戏的数量有了明显的增长。

【有趣的现象】

“相爱相杀”的同胞关系

你知道有一种关系“相亲相爱又相爱相杀”，那就是同胞关系（见图 10-6），是指在核心家庭中两个或两个以上兄弟姐妹，在频繁的语言和非语言的交往互动中形成的心理关系，是最亲密、持续时间最久的关系，同胞关系具有同伴交往的“互惠性”和亲子交往的“补充性”。在儿童早期，同胞关系对个体的心理、行为调节以及家庭和谐有着深远影响；在儿童期和青少年期，积极的同胞关系将同胞作为同伴、知己和榜样；在成年期，它作为支持的来源。而消极的同胞关系则容易使儿童形成内化或外化的行为问题。

（资料来源：陈鑫．3～6 岁儿童同胞关系影响因素研究[D]．北京：首都师范大学，2018.）

图 10-6　兄妹

（二）3～6 岁儿童同伴关系的发展

幼儿的同伴关系发展具有年龄特点，我国研究者发现如下趋势[①]。

（1）小班阶段，幼儿彼此间不熟悉，以平行游戏和联合游戏为主，因此交往面小，受忽视的人多，有些儿童的交往较多，成为班级里的焦点人物，如受欢迎的幼儿和矛盾型的幼儿。这些都说明了小班幼儿的同伴关系刚刚开始，同伴群体角色还未完全分化，大部分幼儿还生活在自我的世界里，对他人关注不够。

（2）中班阶段，幼儿彼此间已经熟悉，交往面增大，幼儿在游戏中开始注意到同伴，同伴之间开始出现协同游戏或者合作游戏；交往增多的同时冲突也增多。各同伴群体角色之间社会影响力的差距最小。各同伴群体角色之间的社会偏好和人数比例分布比小班逐步加大，这说明中班幼儿的同伴关系处于混沌期，同伴群体角色开始分化，同伴之间的喜好和拒绝雏形已现。

（3）大班阶段，幼儿已经形成了稳定的同伴之间的喜好和拒绝。各同伴群体角色之间的人数比例分布差距最大，偏好和社会影响力与中班相似，趋于稳定状态，同伴群体角色分化已经定型。

① 邢莉莉．3～5 岁幼儿对“朋友”的理解研究[D]．武汉：华中师范大学，2011.

在教育部《3～6 岁儿童学习与发展指南》社会领域的发展目标中，第二项即“能与同伴友好相处”，具体内容如表 10-2 所示。

表 10-2　“能与同伴友好相处”的年龄阶段目标

3～4 岁	4～5 岁	5～6 岁
1. 想加入同伴的游戏时，能友好地提出请求 2. 在成人指导下，不争抢、不独霸玩具 3. 与同伴发生冲突时，能听从成人的劝解	1. 会运用介绍自己、交换玩具等简单技巧加入同伴游戏 2. 对大家都喜欢的东西能轮流分享 3. 与同伴发生冲突时，能在他人帮助下和平解决 4. 活动时愿意接受同伴的意见和建议 5. 不欺负弱小	1. 能想办法吸引同伴和自己一起游戏 2. 活动时能与同伴分工合作，遇到困难能一起克服 3. 与同伴发生冲突时能自己协商解决 4. 知道别人的想法有时和自己不一样，能倾听和接受别人的意见，不能接受时会说明理由 5. 不欺负别人，也不允许别人欺负自己

（资料来源：教育部关于印发《3～6 岁儿童学习与发展指南》的通知．教育门户网站．http//www.moe.cn/publicfes/htmifiles/moe/s3327/201210/xxgk_143254.html.）

邢莉莉(2011)对我国 3～5 岁幼儿友谊认知的理解进行了研究，其发展趋势如表 10-3 和表 10-4 所示。

表 10-3　幼儿对朋友内涵理解的发展

年龄	朋友的内涵	例　　子
3 岁	朋友是某个或某些具体人物	子桐(3 岁女孩)：是马玉和豆豆，他们是我的朋友 易杰(3 岁男孩)：就是牛
4 岁	朋友是在一起玩的玩伴	伟佳(4 岁女孩)：就是好朋友，一起做游戏 艺阳(4 岁男孩)：我知道，朋友就是在一起玩的
5 岁	朋友是互相帮助的人	玉洁(5 岁女孩)：可以互相帮助的人 儒建(5 岁男孩)：就是不互相打架，而且还互相帮助

（资料来源：邢莉莉．3～5 岁幼儿对“朋友”的理解研究[D]．武汉：华中师范大学，2011.）

表 10-4　不同年龄幼儿对“朋友为什么重要”理解的发展

年龄	朋友的内涵	物质方面	精神方面
3 岁	倾向理解朋友的物质满足	侧重提供美食	侧重被接纳
4 岁	物质和精神满足基本持平	侧重玩具分享	侧重获得快乐和避免孤单
5 岁	倾向理解朋友的精神满足	侧重赠送礼物	侧重获得快乐、关心，避免孤单

（资料来源：邢莉莉．3～5 岁幼儿对“朋友”的理解研究[D]．武汉：华中师范大学，2011.）

讨论与分享

同伴群体角色

回想你的童年时期，你会用什么样的同伴群体角色来描述自己？你认为在成长中，你的同伴角色对你而言重要吗？

第三节　学前儿童道德与社会行为发展

道德发展与社会行为的发展是学前儿童社会化过程中两个密不可分的领域。道德发展即个体随着年龄的增长，逐渐掌握是非判断标准以及按该标准去表现道德行为的历程①。

一、学前儿童道德发展的基本理论

（一）皮亚杰的道德发展理论

皮亚杰通过临床访谈发现，儿童的道德认识是从他律道德向自律道德转化的过程。

皮亚杰根据儿童对规则的理解和使用，对过失和说谎的认识以及对公正的认识的考察和研究，把儿童道德认知发展划分为以下几个阶段②。

【经典实验】

皮亚杰的对偶故事

皮亚杰通过对偶故事研究儿童的道德判断。在故事中，人物的行为意图与行为后果是冲突的。

故事列举：

(1) 一个叫约翰的小男孩在他的房间里玩，家里人叫他去吃饭，他走进餐厅。但在门背后有一把椅子，椅子上有一个放着15个杯子的托盘。约翰并不知道门背后有这些东西。他推门进去，门撞倒了托盘，结果15个杯子都撞碎了。

(2) 从前有一个叫亨利的小男孩。一天，他母亲外出了，他像从碗橱里拿出一些果酱。他爬到一把椅子上，并伸手去拿。由于放果酱的地方太高，他的手臂够不着。在试图取果酱时，他碰倒了一个杯子，结果杯子掉下来打碎了。

儿童听懂故事后，皮亚杰问两个问题：

(1) 这两个孩子的过错是否相同？

(2) 这两个孩子中，哪一个更坏一些？为什么？

研究发现，年幼儿童注重事情的结果，而不关注行为的动机。皮亚杰称这种现象为“道德实在论”。

---

① 张文新．儿童社会性发展[M]．北京：北京师范大学出版社，1999：280.

② 张文新．儿童社会性发展[M]．北京：北京师范大学出版社，1999：284.

1. 前道德阶段(4～5 岁以前)

这一年龄时期的儿童正处于前运算思维时期,思维模式是以自我为中心的。他们按照自己的想象理解规则,行为直接受行动结果支配,道德认知不守恒。例如,同样的行动规则,若是出自父母就愿意遵守,若是出自兄弟姐妹的就不遵守。该阶段儿童并不真正理解规则的含义,分不清公正、义务和服从;他们的行为既不是道德的,也不是非道德的。

2. 他律道德阶段(4、5 岁～8、9 岁)

他律道德阶段也称为道德现实主义阶段。这是比较低级的道德思维阶段,具有以下几个特点:①单方面地尊重权威,有一种遵守成人标准和服从成人规则的义务感。其基本特征是,一是绝对遵从父母、权威者或年龄较大的人;二是对规则本身的尊重和顺从,即把人们规定的规则,看作是固定的,不可变更的。②从行为的物质后果来判断一种行为的好坏,而不是根据主观动机来判断。例如,认为打碎的杯子数量多的行为比打碎杯子数量少的行为更坏,而不考虑有意还是无意打碎杯子。③看待行为有绝对化的倾向。道德实在论的儿童在评定行为是非时,总是抱极端的态度,或者完全正确,或者完全错误,还以为别人也这样看,不能把自己置于别人的地位看问题。④赞成因果惩罚,并认为受惩罚的行为本身就说明是坏的,还把道德法则与自然规律相混淆,认为不端的行为会受到自然力量的惩罚。例如,对一个 7 岁的孩子说,有个小男孩到商店偷了糖逃走了,过马路时被汽车撞倒,问孩子"汽车为什么会撞倒男孩子",回答是因为他偷了糖。

3. 自律道德阶段(9～10 岁及以后)

这个时期的儿童开始进入道德主观论阶段,这个阶段的道德具有以下几个特点:①认识到规则是由人们根据相互之间的协作而创造的,因而它是可以依照人们的愿望加以改变的;②判断行为时,不只考虑行为的后果,还考虑行为的动机;③与权威和同伴处于相互尊重的关系,儿童能较高地评价自己的观点和能力,并能较现实地判断他人;④能把自己置于别人的地位,判断不再绝对化,能看到可能存在的几种观点;⑤提出的惩罚较温和,更为直接地针对所犯的错误,带有补偿性,而且把错误看作是对过失者的一种教训。

(二) 柯尔伯格的道德发展理论

和皮亚杰一样,柯尔伯格也强调道德推理呈现阶段性发展。他经过在 20 年中使用的对儿童的独特访谈法而得出观点。在与儿童的面谈中,他会呈现给儿童一系列主人公面临道德两难困境的故事。基于面谈者对道德两难困境给出的答案,柯尔伯格概括出个体道德思维的三个水平,每个水平又以两个发展阶段为特征(见表 10 5)。

表 10-5　柯尔伯格的道德发展三水平六阶段理论

水平 1:前习俗水平（没有内化）	水平 2:习俗水平（中等内化）	水平 3:后习俗水平（完全内化）
阶段 1:他律道德 儿童遵守规则，因为成人让他们遵守，道德决策基于害怕惩罚	阶段 3:相互的人际预期、关系和人际遵从 个体把对其他人的信任、同情和忠诚作为道德判断的基础	阶段 5:社会契约或效用和个人权力 个人认为价值、权力和原则要受法律保护或超越法律
阶段 2:个人主义、目的和交换 个人追求自己的兴趣，并认为其他人也有相同的想法，认为平等交换是正确的行为	阶段 4:社会系统道德 道德判断基于理解社会秩序、法律、公正和责任	阶段 6:普遍的伦理原则 个体已经形成了基于普遍人权的道德判断。当面对法律和良心的两难困境时，要遵从个人个性化的良心

（资料来源：约翰·W. 桑特洛克．儿童发展[M]. 桑标，王荣，邓欣娟，等译．11 版．上海：上海人民出版社，2009.）

【道德两难故事】

海因兹偷药

在欧洲，一个妇女身患癌症，濒临死亡。医生认为有一种药或许能够救她。那是同一镇上的一个药剂师最新发现的一种形态的镭。药的造价很昂贵，药剂师要以 10 倍于造价的钱卖药。他花 200 美元制造镭，而一小剂的药却要价 2000 美元。患者妇女的丈夫海因兹向所有认识的人借钱，但是他只能筹集药价的一半即 1000 美元。他向药剂师说明了妻子即将死去，请他卖得便宜点或者让他迟点付账。但是药剂师却说："不，我发现了这个药，我就是要用它来赚钱。"所以，海因兹很失望，偷偷潜入药店偷走了能给妻子治病的药。

（资料来源：约翰·W. 桑特洛克．儿童发展[M]. 桑标，王荣，邓欣娟，等译．11 版．上海：上海人民出版社，2009.）

二、学前儿童社会行为的发展

（一）学前儿童的亲社会行为

1. 什么是亲社会行为

广义的亲社会行为是指帮助、安慰、分享、合作、同情等有利于社会和他人的行为。马森和艾森伯格将亲社会行为定义为"帮助或使另一个人或一群人受益而行为者又不期待获得外部奖酬的行为，这类行为经常需要行为者一方付出一些代价、作出自我牺牲或冒一些风险”[①]。

个体社会化的最重要的结果之一即在于个体最终能够掌握是非对错的标准，并按照内化的道德标准去行动(见图 10-7)，因而从这个意义上说，个体道德与亲社会行为的发展状况是个体社会化过程成败最重要的一个指标。

图 10-7 4 岁幼儿为姥姥捶背

2. 学前儿童亲社会行为的发展

学前儿童亲社会行为的发展表现出如下主要特点[②]。

(1) 亲社会行为倾向在儿童出生后第一年就可以看到，如对他人的困境做出哭泣反应。将玩具出示或递给母亲、父亲或陌生人的行为在 1 岁半的幼儿中也很常见，并且这种分享活动并不要求鼓励和奖赏。

(2) 分享行为是学前儿童亲社会行为发展的主要方面，幼儿分享行为的发展具有如下特点：①均分观念占主导地位，5～6 岁时随着分享水平的提高，学前儿童表现出更多的慷慨行为；②学前儿童的分享水平受分享物品数量的影响。学前儿童的利他观念并不稳定，当分享物品与分享人数相等时，几乎所有儿童都作出均分反应；③分享对象不同时，学前儿童的分享反应也不同，当分享对象是家长，且物品少的时候，幼儿慷慨反应较对同伴的多；④对于食物而言，学前儿童的均分反应多，而慷慨行为少，对于玩具，则慷慨反应稍多。

艾森伯格等通过一项对 4～5 岁学前儿童的追踪研究，发现学前期所观察到的儿童亲社会行为(分享、帮助、提供抚慰)跟小学时期及 20 多岁时的亲社会行为相关。也就是说，这项研究结果表明了亲社会行为从学前期到成人早期的过程中是相当稳定的[③]。

① 张文新．儿童社会性发展[M]．北京：北京师范大学出版社，1999：280.

② 陈帼眉，邹晓燕．幼儿心理学[M]．北京：北京师范大学出版社，1999：164.

③ 约翰·W. 桑特洛克．儿童发展[M]．桑标，王荣，邓欣媚，等译．11 版．上海：上海人民出版社，2009：379.

（二）学前儿童的攻击性行为

1. 什么是攻击性行为

反社会行为也称消极的社会行为，是指可能对他人或群体造成损害的行为和倾向。其中最具代表性的、在学前儿童中最突出的即攻击性行为，也称侵犯性行为[①]。攻击性行为一般包括敌意的攻击行为和工具性的攻击行为。敌意的攻击行为指以伤害他人，使别人痛苦为目的的侵犯性行为，如嘲笑、殴打等；工具性的攻击行为则是指为了实现某种目的而以攻击行为作为手段，如为了从其他小朋友手中获得一个喜欢的玩具，幼儿可能会伸手去拉拽那个拿着玩具的小朋友。

2. 学前儿童攻击性行为的特点

对于学前儿童而言，其攻击性行为主要表现出如下特点[②]。①学前儿童的攻击性行为频繁，主要表现为为了玩具和其他物品而争吵、打架。行为更多是直接争夺或破坏玩具或物品。②学前儿童更多依靠肢体的攻击，而不是言语的攻击。③学前儿童的攻击性行为存在着明显的性别差异。男孩比女孩更多地怂恿和卷入攻击性事件。男孩比女孩也更容易在受到攻击以后发动报复行为，并且，碰到对方是男孩时，也比对方是女孩时更容易发生攻击性行为。

【经典实验】

攻击性行为的社会学习

班杜拉为了研究儿童如何习得攻击行为，将一群4岁左右的孩子随机分为三组，分别观看三部不同的短片；第一组看到的是一群孩子殴打玩具娃娃后受到奖赏的场面；第二组看到的是殴打玩具娃娃的孩子受到惩罚的场面；第三组看到的是殴打玩具娃娃的孩子既不受惩罚也不受奖赏的场面。

看完不同电影的孩子分别单独进入一间与影片情境类似的玩具室，并观察他们对玩具娃娃的行为。结果发现，第一组攻击行为最多，第三组次之，第二组最少。由此可知，攻击性行为是后天习得的。

（资料来源：李娟娟．心理学入门——匪夷所思的98个心理学实验[M]．北京：中国法制出版社，2016.）

① 陈帼眉，冯晓霞，庞丽娟．学前儿童发展心理学[M]．北京：北京师范大学出版社，1995：308.

② 陈帼眉．幼儿心理学[M]．北京：北京师范大学出版社，1999：164-165.

三、学前儿童社会交往技能的发展

幼儿社会交往技能的两个核心是社会认知和自我控制。随着社会认识能力和自我控制能力的发展，儿童逐渐地掌握社会规范，学会正确地去处理各种人际关系，客观地适应社会生活，实现从所谓"自然人"向社会人过渡的社会化进程。

(一) 社会认知——学前儿童观点采择能力的发展

社会认知是指儿童对社会性客体及其之间的关系，如人(他人和自我)、人际关系、社会群体、社会角色、社会规范和社会生活事件的认知，以及对这种认知与人的社会行为之间的关系的理解和推断[①]，它对儿童社会化有关键性的影响。

观点采择能力作为儿童社会认知发展的核心在儿童社会化进程中更起到了不容忽视的作用。通过观点采择，不仅可以预测儿童在自我、同伴、友谊、社会态度等方面的认知发展水平，还能将儿童社会认知发展的不同方面紧密联系，推动儿童的社会化进程。

儿童观点采择能力的发展涉及两个基本条件，一是认识上的去自我中心，即能够认识到对于同一问题，不同的人可能有不同的看法或观点；二是在此基础上对他人观点的推断能力。

【经典概念】

观点采择

观点采择(perspective-taking)，是指个体把自己的观点和他人的观点区分并协调起来的能力，也经常被形象地比喻为"从他人眼中看世界"或者是"站在他人的角度看问题"。

心理学家塞尔曼通过两难故事测试观察儿童观点采择能力的发展。故事内容如下。

霍莉是一个8岁的女孩。她喜欢爬树。在邻居所有的孩子中她最会爬树。一天，当她从一棵高树上往下爬时，从离地面不高的树枝上掉了下来，但没有摔伤。她的爸爸看到后很担心，要求霍莉以后再也不爬树。霍莉答应了。后来有一天，霍莉和她的朋友们遇到了肖恩。肖恩的猫卡在了树上下不来了，必须立即想办法把猫拿下来，不然猫就会从树上摔下来。只有霍莉一个人能够爬上树把猫拿下来，但她记起曾答应爸爸再也不爬树了。

听完这个故事后，询问儿童对以下问题的答案。

问题1：霍莉知道肖恩感到怎样吗？

问题2：如果霍莉的爸爸发现她又爬树了，他会感到怎样？

问题3：如果霍莉的爸爸发现她又爬树，她认为她爸爸会怎样做？

问题4：如果你是霍莉，你会怎样做？

---

① 田瑞清，庞丽娟．儿童社会认知发展的特点[J]．心理学，2002:4.

结果发现，儿童观点采择能力的发展经过五个阶段[①]。

第一阶段：自我中心或未分化的观点（3～6岁）。儿童通常认为霍莉会去救那只小猫。当被问及“霍莉的爸爸对霍莉违反诺言会怎样做”时，该阶段儿童认为他会“很高兴，因为他喜欢猫”。换言之，儿童自己喜欢猫，就假定霍莉和她的爸爸也喜欢猫。他们认识不到，别人可能会有与自己不同的观点。

第二阶段：社会信息的观点采择（6～8岁）。当问儿童“霍莉的爸爸是否因霍莉又爬树而生气”时，儿童会回答：“如果他不知道霍莉为什么爬树，他会生气。但是，如果她知道了霍莉为什么爬树，他会认为霍莉爬树是有很好的理由”。

第三阶段：自我反省的观点采择（8～10岁）。如果问儿童“霍莉会不会去爬树”，儿童会说：“是的，她爸爸会理解她为什么爬树的”。这就是说儿童注意的是霍莉爸爸对霍莉观点的考虑。

第四阶段：相互的观点采择（10～12岁）。在这一阶段，儿童会采择一个与此事无关的第三者的观点来描述“霍莉两难故事”的结果，并表明霍莉和她的爸爸都会考虑对方怎么想的。例如，一个儿童这样说：“霍莉想去救猫，因为她喜欢猫，但是她知道她爸爸不让她爬树。霍莉的爸爸知道他曾告诉过霍莉不能爬树，但他不知道猫被卡住了。不管怎样，他可能会惩罚以坚持他的规则。”

第五阶段：社会和习俗系统的观点采择（12～15岁以上）。这一阶段的青少年会认为霍莉的爸爸会生气并因霍莉爬树而惩罚她，因为父亲通常要惩罚不听话的孩子。

可见，随着儿童认知能力的发展，其观点采择能力也随之发展，儿童逐渐能对他人的观点进行判断乃至采纳。在不断的交往中，儿童的社会经验日益丰富，逻辑思维能力逐渐得以提高，当他面临错综复杂的情境时，他不仅能同时考虑自我、他人的观点，还能将与此事有关联的众人的观点纳入自己的认识结构中，去理顺各种观点之间扑朔迷离的复杂关系。

（二）自我控制——学前儿童延迟满足能力的发展

自我控制能力（简称自控能力）是自我意识的重要成分，它是个人对自身的心理和行为的主动掌握，是个体自觉地选择目标，在没有外界监督的情况下，适当地控制、调节自己的行为保证目标实现的一种综合能力。自我控制能力的发展，直接影响幼儿的社会交往。幼儿期是自我控制能力发展的关键期。

【经典实验】

延迟满足

研究者观察儿童在三个任务上的表现。第一个为电话任务，要求孩子不去碰他们伸手就能拿到的一个有趣的玩具电话，等到下一个游戏时再玩；第二个称为葡萄干一杯子任务，将孩子喜欢吃的葡萄干（或其他孩子喜欢吃的食物）放在一个杯子下面，要求孩子在实验者

① 方富熹．中澳两国儿童社会观点采择能力发展的比较研究[J]．心理学报，1990(4)：345-355.

允许之前不去碰那个杯子；第三个任务称为礼物任务，要求孩子在实验者完成一项工作之前不要打开装着礼物的包裹。在这三项任务中，以孩子所能坚持的时间长短来记分。

结果发现，延迟满足能力随着年龄逐步增长。

（资料来源：劳拉·E. 贝克．儿童发展[M]. 吴颖，等译．5版．南京：凤凰出版传媒集团，江苏教育出版社，2002.）

幼儿自我控制由自制能力、坚持性、自觉性和自我延迟满足组成。其中，自我延迟满足不仅是幼儿自我控制的核心成分和重要技能，也是社会化和情绪调节的重要成分，更是伴随人一生的积极的人格力量。

自我延迟满足是指一种为了更有价值的长远结果而放弃即时满足的选择取向，以及在等待中展示的自我控制能力①。在自我延迟满足的过程中，幼儿自己做选择并在延迟的过程中不断控制、调节自己的情绪，抵抗诱惑。

我国研究表明，幼儿自我控制能力的发展随着年龄的增长呈上升趋势。2岁儿童已经具备一定的自我控制能力，但水平较低，且具有明显冲动性；主要依靠外界压力实现（如家长的要求）。随着年龄的增长。儿童对自己行为的控制力以及根据外界要求调节自己行为的能力都有显著提高，3～4岁期间发展较快；儿童获得一种“心理理论”的质的飞跃期是4岁。4～5岁是儿童的自我控制迅速发展时期。另外，大脑皮质的抑制机能逐渐完善，有助于儿童自我控制能力在这一时期飞速发展。儿童延迟性自我控制行为存在着明显的性别差异，女孩的延迟性自我控制行为显著高于男孩。

四、学前儿童的道德习得及培养

儿童如何学会正确地做事？社会学习理论者认为儿童的道德习得与奖赏、惩罚、榜样和社会认知训练有关。在家庭中，说服诱导的方式更容易促进儿童道德发展。

（一）道德的社会学习模式

1. 榜样是前提因素

班杜拉认为儿童主要是通过两种学习来获得道德知识和道德行为：一种是通过直接经验获得行为反应模式的过程，班杜拉把这种行为习得过程称为“通过反应的结果所进行的学习”，即我们所说的直接经验的学习；另一种是通过观察榜样的行为而习得行为的过程，班杜拉将它称为“通过榜样所进行的学习”，即我们所说的间接经验的学习或观察学习。因为儿童的直接经验有限，所以观察学习非常重要。

2. 强化是决定因素

榜样模仿中的实际操作是受动机强化与自我调节因素影响的。如果对一个榜样的

① 陈伟民，桑标．儿童自我控制研究述评[J]. 心理科学进展，2011，10(1)：65-70.

模仿受到别人的鼓励和赞扬，就起到积极的动机强化作用，反之，就会放弃模仿。

外部强化的作用比较明显，教师常通过运用表扬与批评、奖励与惩罚、等级评定、分数计量等强化手段来强化儿童的学习行为和控制儿童的群体行为。替代强化指通过观察别人而使自己在某些方面受到强化。例如，当看到别人的良好行为受到赞扬与肯定，儿童自己就加强产生同样行为的倾向；反之，当看到别人的行为受到批评或处罚等，自己就避免产生类似行为。所以替代强化实际上是指直接强化作用于榜样，榜样起到替代作用而对学习者行为构成强化。

自我强化则是指行为按自己设定的标准行动时，行为者以自我支配的方式来增强和维持自己行为的过程。它是通过成人向儿童提供行为标准，对达到标准的行为给予表扬，对未达到标准的行为予以批评的方式，使儿童掌握教育者所提出的行为标准，从而用自我肯定或否定的方式对自己的行为做出反应。之后，儿童就会形成自我评价的标准，并用它来调节自己以后的行为。

班杜拉提醒教育工作者，要善于运用外部强化并尽其所能地将它转化为儿童的自我内部强化，从而提高其品德水平。

（二）道德教育的家庭选择

研究者对家庭教育中常用的道德教育方式及其效果进行了观察，有三种典型的教育方式及其对应的教育效果。

(1) 取消关爱：成人为了控制儿童的不良行为而停止关注、关爱或支持的教育方式。

(2) 权利压制：成人依靠权利(如取消特权、体罚等)控制儿童不良行为。

(3) 说服诱导：成人强调儿童行为对他人造成的影响，向儿童解释其行为错误的原因以及为什么应该改变，以此控制儿童的不良行为。

结果发现，对2～5岁儿童来说，说服诱导能促进儿童道德发展与成熟。基于讲道理的方法为什么有效？是因为它能促进儿童的同情心和移情能力，促进儿童对父母要求和意愿的服从。相反权利压制或取消关爱很容易使儿童走到对立面，抗拒及不懂得关心他人。

儿童能接受的“惩罚”是什么样的？研究者发现，儿童最认同“说服诱导”的教育，“权利压制”居于第二位，而最不喜欢的是“取消关爱”。

讨论与分享

皮亚杰的对偶故事和柯尔伯格的道德两难困境

皮亚杰的道德发展阶段论与你的经验是否相符？你如何评价皮亚杰的道德对偶故事法？你又会是如何看待海因兹偷药的对与错呢？

【幼儿园实例评析】

回到座位上坐好

哆哆的妈妈给他叠了个纸飞机，早晨来园后，哆哆就拿着纸飞机在教室里跑，而且引来了许多小朋友想和他一起玩。大家都争着、抢着想要哆哆的飞机,可哆哆不肯让给其他的小朋友玩,只听见几个小朋友哭闹了起来,其中也包括纸飞机的主人哆哆。

这时,老师走了过来,他从哆哆手中取过纸飞机,大家的视线都集中在老师的手上。接着,老师说:"小朋友们,谁想玩哆哆的小飞机,现在马上回到座位上坐好,看看谁的动作最快。"

小朋友们都以最快的速度回到座位上,哆哆也眼泪汪汪地注视着老师,这时,老师把哆哆叫了过来,让哆哆抓住老师的衣角,跟在老师后面。老师把纸飞机举过头顶,对小朋友们说:"现在啊,老师要带领几名有礼貌、讲规矩的小朋友一同来乘坐哆哆的飞机,现在就请哆哆指出表现好的小朋友。"

说着,老师一手举着纸飞机,一手领着哆哆还有哆哆选出来小朋友连成一线小跑,其他没有坐小飞机的小朋友都整齐安静地坐着,等待着坐哆哆的小飞机。

(资料来源:徐慧. 幼儿教育心理实践活动案例[M]. 北京:高等教育出版社,2009.)

案例评析

案例中的小朋友们看到感兴趣的纸飞机,都按捺不住争先恐后地抢着想玩,甚至包括哆哆在内的几个小朋友都哭了。争抢玩具的行为在幼儿当中很常见,也经常是老师需要面对和解决的棘手问题。本案例中的老师及时关注和介入,并且采取了合理的教育对策,建立必要的规则,采取延迟幼儿需要的满足等方式,有效改变地了争抢小飞机的混乱局面,对培养幼儿的规则意识、自控能力及轮流、分享等亲社会行为习惯均有积极促进作用。

【延伸阅读】

人生时时有依恋

婴儿和照看者的依恋关系已经广为人知且深入人心,但鲍尔比相信"从摇篮到坟墓"的全部人生阶段都具有依恋性。

20 世纪 80 年代 Hazan 和 Shaver(1987)对恋爱关系背景中的依恋进行了考察,结果发现,成人伴侣间出现的情感纽带,以及在婴儿和其照看者之间出现的情感纽带,都是依恋行为系统这一同样的动机系统所导致的。婴儿—照看者和成人的恋爱伴侣具有一些共同的特征。①都会在另一方在身边和能够响应自己时感到安全。②都有亲密、私人性质的身体接触。③当不能亲近另一方时都感到不安全。④都与另一方分享自己的发现。⑤都会抚弄另一方的面部,并都显示出相互间的迷恋和专注。⑥都会进行"身体交谈"。

基于这些类似,Hazan 和 Shaver 得出结论说,成人恋爱关系与婴儿—照看者关系一样,也是依恋,并且,浪漫的爱是依恋行为系统和动机系统的特征,这些系统产生出照顾行为和与两性相关的现象。

研究者的实证是这样开展的,要求被研究对象阅读下列三段内容,并指出那段内容最好地描述了他们在亲密关系中的所思、所感和所为。

(1) 与别人亲密令我感到有些不舒服;我发现自己难以完全信任他们、难以让自己依赖他们。当别人与我太亲密时我会紧张,别人想让我更加亲密,这使我感到不舒服。

(2) 我发现与别人亲密并不难,并能安心地依赖了别人和让别人依赖我。我不担心被别人抛弃，也不担心别人与我关系太亲密。

(3) 我发现别人不乐意像我希望的那样与我亲密。我经常担心自己的伴侣并不真爱我或不想与我在一起。我想与伴侣关系非常亲密，而这有时会吓跑别人。

基于这种三分类测量的结果，Hazan 和 Shaver 发现，成人类型的分布情况类似于婴儿。换句话说，在成人中，约 60% 认为自己是安全型(B 段)、约 20% 把自己描述为回避型(A 段)、另有约 20% 把自己描述为焦虑—抗拒型(C 段)。

上述发现至关重要，因为近几年来对婴儿在陌生情境中的行为模式的统计学分析揭示出两个功能类似的维度：一个描述儿童的焦虑和抗拒的可变性，另一个描述儿童向父母寻求安全和支持意愿的可变性。这些维度在功能上类似于在成人中发现的两个维度，这似乎表明，在人生中的不同时期，存在着相似的依恋模式。

（资料来源：百度百科．http://baike. baidu. com.）

【课程思政目标】

当今社会，人与人之间的联系越来越密切，人们需要相互合作，处理人际关系，解决人际冲突。社会交往是个人与社会建立联系，培养健全人格的重要途径。学前期是幼儿社会交往发展的重要时期，许多幼儿缺乏交往技能，不会处理社会关系，在一定程度上影响了幼儿的认知、情感、个性和日常生活，甚至会影响他们将来的发展。因此，成人应在社会交往方面给予幼儿及时正确的指导，培养幼儿良好的社会关系，促进其人格的健康发展。道德发展和社会行为的发展是学前儿童社会化过程中两个密不可分的领域，在社会性交往中重视亲社会行为的养成，萌发幼儿对社会道德规范的初步认识。国无德不兴，人无德不立，育人的根本在于立德。成人应促进幼儿的道德发展，对幼儿品德进行教育，全面贯彻党的教育方针，落实立德树人的根本任务。

【复习要点】

◆ 你会解释吗？

社会性发展　亲子关系　依恋　同伴关系　社会认知　观点采择　延迟满足　替代强化　亲社会行为　反社会行为

◆ 你能回答吗？

1. 通过这一章的学习，你知道了儿童依恋是如何发展的吗？
2. 什么是依恋的内部工作模式？这一模式具有哪些主要特征？
3. 你认为与亲子关系相比，同伴关系对学前儿童的身心发展有什么意义？
4. 你知道学前儿童的亲社会行为和攻击性行为的发展分别有哪些主要特点吗？
5. 儿童观点采择能力的发展经历了怎样的历程？
6. 你能否简要说明并对比皮亚杰和柯尔伯格道德发展理论的主要观点？

参考文献

[1] 边玉芳,等．儿童心理学[M]. 杭州:浙江教育出版社,2009.

[2] 陈帼眉,冯晓霞,庞丽娟．学前儿童发展心理学[M]. 北京:北京师范大学出版社,2013.

[3] 陈帼眉.学前心理学[M].北京:北京师范大学出版社,2000.

[4] 陈帼眉,冯晓霞,庞丽娟．学前儿童发展心理学[M]. 北京:北京师范大学出版社,1995.

[5] 陈帼眉,邹晓燕．幼儿心理学[M]. 北京: 北京师范大学出版社,1999.

[6] 陈柳月．汉语婴儿早期词汇发展及评估[D]. 杭州:浙江大学,2013.

[7] 陈琦,刘儒德．当代教育心理学[M]. 北京:北京师范大学出版社,1997.

[8] 陈伟民,桑标．儿童自我控制研究述评[J]. 心理科学进展,2002,10(1):65-70.

[9] 陈英和,仲宁宁,姚端维．3～5 岁儿童情绪能力的年龄特征、发展趋势和性别差异的研究[C]. 2005 中国儿童情绪能力发展论坛,2005(4).

[10] 戴本博,张法琨．外国教育史[M]. 北京: 人民教育出版社,1990.

[11] 丁海东,朱德琴．学前儿童游戏发展的三种认知水平[J]. 教育导刊(下半月),2002(10):6-10.

[12] 丁祖荫.幼儿心理学[M]. 北京:人民教育出版社,2011.

[13] 董奇,陶沙．动作与心理发展[M]. 北京:北京师范大学出版社,2004.

[14] 杜丹,苏彦捷．性别刻板印象及刻板信息对 3～9 岁儿童玩具选择的影响[J]. 心理学探新,2005(4):56-61.

[15] 方富熹．中澳两国儿童社会观点采择能力发展的比较研究[J]. 心理学报,1990(4):345-355.

[16] 冯天荃,刘国雄,龚少英．3～5 岁幼儿对社会规则的认知发展研究[J]. 教育研究与实验,2010(1):79-83.

[17] 冯夏婷．透视幼儿心理世界[M]. 北京:中国轻工业出版社,2014.

[18] 傅丽萍,丁芳．恐惧信息与儿童心理发展[J]. 中国教育学刊,2004(11):5-8.

[19] 胡晓萍,岳训涛．幼儿园角色游戏中的性别认同与双性化教育[J]. 教育导刊,2012(8):31-34.

[20] 黄希庭．人格心理学[M]. 杭州:浙江教育出版社,2002.

[21] 宫亚男．学前儿童性别角色教育特点研究[D]. 长春:东北师范大学,2008.

[22] 郭本禹．外国心理学经典人物及其理论[M]. 合肥:安徽人民出版社,2005.

[23] 霍力岩,沙莉．重新审视多元智力——理论与实践的再思考[M]. 北京:北京师范大学出版社,2007.

[24] 姬腾飞．从小汉斯案例看父亲对男孩性别认同的作用[J]. 知识经济,2012(16):55.

[25] 李红．幼儿心理学[M]. 北京:人民教育出版社,2007.

[26] 李红,何磊.儿童早期的动作发展对认知发展的作用[J].心理科学进展,2003,11(3):315-320.

[27] 李惠桐,李圣丽．三岁前儿童动作发展的教养[M]. 天津:天津科学技术出版社,1988.

[28] 李佳,苏彦捷．儿童心理理论能力中的情绪理解[J]. 心理科学进展,2004,12(1):37-44.

[29] 李佳礼．对 2～3 岁儿童自言自语的研究[D]. 长春:东北师范大学,2009.

[30] 李生兰．学前教育学(修订版)[M]. 上海:华东师范大学出版社,2006.

[31] 李香，李珊泽．论象征性游戏对幼儿主体性发展的价值[J]．重庆文理学院学报：社会科学版，2012(5).

[32] 李晓巍，周晴，邹泓，胡辰．新起点项目：一项预防离异家庭儿童心理健康问题的家长干预技术[J]．中国特殊教育，2012(2)：57-62.

[33] 李燕，赵燕．学前儿童发展心理学[M]．上海：华东师范大学出版社，2008.

[34] 林彬．儿童观点采择能力的发展及其对儿童社会化影响问题初探[J]．黔东南民族师专学报，2001(19)：50-52.

[35] 林崇德．发展心理学[M]．北京：人民教育出版社，1995.

[36] 林崇德．学龄前儿童数概念与运算能力发展[J]．北京师范大学学报，1980(2)：67-77.

[37] 林洵怡，桑标．离异家庭儿童发展性研究综述[J]．心理科学，2008，31(1)：163-165.

[38] 刘春琼．论双性化人格教育的教师准备[J]．上海教育科研，2011(9)：15-18.

[39] 刘昊，张凤．幼儿的认知与学习[M]．合肥：安徽教育出版社，2015.

[40] 刘金花．儿童发展心理学[M]．上海：华东师范大学出版社，2001.

[41] 刘金梁．3～6岁儿童气质对合作行为的影响[D]．呼和浩特：内蒙古师范大学，2008.

[42] 刘文．3～9岁儿童气质发展及其与个性相关因素关系的研究[D]．大连：辽宁师范大学，2002.

[43] 刘焱．儿童游戏通论[M]．北京：北京师范大学出版社，2008.

[44] 刘焱，李霞，朱丽梅．幼儿园表演游戏现状的调查与研究[J]．学前教育研究，2003(3)：32-36.

[45] 刘焱，朱丽梅，李霞．幼儿园表演游戏的特点、指导原则与教学潜能[J]．学前教育研究，2003(6)：17-20.

[46] 马明伟．个体早期动作发展研究评述[J]．心理科学，2010，33(2)：387-389.

[47] 孟昭兰．情绪心理学[M]．北京：北京大学出版社，2005.

[48] 孟昭兰．婴儿心理学[M]．北京：北京大学出版社，1997.

[49] 莫书亮，陶莉莉，贾蒙蒙，周宗奎．3～5岁儿童的攻击——破坏行为与心理理论、气质的关系[J]．心理研究，2012，5(1)：28-32.

[50] 潘月娟．0～6岁孩子的口头语言发展历程[J]．家庭教育，2003(3).

[51] 庞丽娟，李辉．婴儿心理学[M]．杭州：浙江教育出版社，1993.

[52] 彭聃龄．普通心理学[M]．北京：北京师范大学出版社，2004.

[53] 秦金亮．儿童发展概论[M]．北京：高等教育出版社，2008.

[54] 邱学青．学前儿童游戏[M]．4版．南京：江苏教育出版社，2008.

[55] 桑标．当代儿童发展心理学[M]．上海：上海教育出版社，2003.

[56] 桑标，陈琳，李燕燕．幼儿心理解密[M]．上海：上海教育出版社，2005.

[57] 沈理笑，张劲松，刘学政，等．学习困难儿童气质与智力的研究[J]．临床儿科杂志，2005，23(4)：236-238.

[58] 宋新燕，孟祥之．婴儿语音感知发展及其机制[J]．心理科学进展，2012，20(6)：843-852.

[59] 孙喜纯．离异家庭儿童成长环境中的保护性因素研究[D]．长春：东北师范大学，2005.

[60] 田瑞清，庞丽娟．儿童社会认知发展的特点[J]．心理科学，2002，25(2)：144-147.

[61] 万晶晶，周宗奎．国外儿童同伴关系研究进展[J]．心理发展与教育，2002(3)：91-95.

[62] 王沛，高瑛．儿童同伴群体活动中的性别排斥[J]．心理学报，2004，36(3)：340-346.

[63] 王萍，高宏伟．家庭中的感觉统合训练[M]．北京：清华大学出版社，2011.

[64] 王烨芳．学前儿童行为观察与分析[M]．南京：江苏教育出版社，2012.

[65] 王振宇．幼儿心理学(新编)[M]．北京：人民教育出版社，2009.
[66] 王振宇．学前儿童发展心理学[M]．北京：人民教育出版社，2004.
[67] 王振宇．儿童心理学[M]．南京：江苏教育出版社，2000.
[68] 王争艳，刘迎泽，杨叶．依恋内部工作模式的研究概述及探讨[J]．心理科学进展，2005，13(5)：629-639.
[69] 王舟．幼儿园对离异家庭儿童实施补偿教育的现状及思考[D]．兰州：西北师范大学，2002.
[70] 解亚宁．儿童心理行为及其发育障碍[J]．中国实用儿科杂志，2003(10)：636-639.
[71] 邢莉莉．3～5岁幼儿对"朋友"的理解研究[D]．上海：华东师范大学，2011.
[72] 徐慧．幼儿教育心理实践活动案例[M]．北京：高等教育出版社，2009.
[73] 徐美琴，何洁．儿童情绪理解发展的研究述评[J]．心理科学进展，2006，14(2)：223-228.
[74] 许玭．学前儿童性别刻板印象发展及其对儿童性别观念教育的启示[D]．上海：上海师范大学，2008.
[75] 杨凤，樊烨，周兢．3～6岁儿童在合作装扮游戏中语言运用的性别差异[J]．幼儿教育(教育科学)，2010(6)：38-43.
[76] 杨先明．0～5岁汉语儿童语言发展的认知研究[D]．武汉：武汉大学，2010.
[77] 杨小东，方格．学前儿童对事实、信念、愿望和情绪间关系的认知[J]．心理学报，2005，37(5)：606-612.
[78] 叶子，庞丽娟．论儿童亲子关系、同伴关系和师生关系的相互关系[J]．心理发展与教育，1999(4)：50-57.
[79] 维果茨基教育论著选[M]．余震球选译．北京：人民教育出版社，2005.
[80] 袁振国．教育研究方法[M]．北京：高等教育出版社，2000.
[81] 战欣．儿童性别刻板印象的发展及其对社会判断影响[D]．济南：山东师范大学，2006.
[82] 张付庆，钱文．3～6岁儿童性别恒常性发展与性别角色偏好的实验研究[J]．幼儿教育(教育科学)，2008(6)：44-48.
[83] 张建端，张静，徐翠青，等．武汉市1150例学龄前儿童气质特点分析[J]．中国临床心理学杂志，2004(4)：391-393.
[84] 张金荣．3～12岁儿童人格的结构评定及其发展特点的追踪研究[D]．大连：辽宁师范大学，2011.
[85] 张丽华．3～9岁儿童自尊结构、发展特点及其相关影响因素的研究[D]．大连：辽宁师范大学，2004.
[86] 张林．青少年自尊结构、发展特点及其影响因素的研究[D]．长春：东北师范大学，2004.
[87] 张明红．学前儿童语言教育[M]．上海：华东师范大学出版社，2006.
[88] 张明浩．婴儿气质相关的遗传和环境因素研究[D]．南京：东南大学，2010.
[89] 张萍，梁宗保，陈会昌，张光珍．2～11岁儿童自我控制发展的稳定性与变化及其性别差异[J]．心理发展与教育，2012，28(5)：31-40.
[90] 张文新．儿童社会性发展[M]．北京：北京师范大学出版社，1999.
[91] 张文新．论观点采择及其研究中存在的若干问题[J]．华东师范大学学报教科版，1998(4)：58-63.
[92] 张振成．教师实施情绪教育应有的素养及策略[J]．台湾教育，2001(21)：58-61.
[93] 张宇．幼儿园幼儿故事书中的性别刻板印象分析[D]．西宁：青海师范大学，2010.
[94] 郑雪．幼儿心理教育手册[M]．广州：暨南大学出版社，2000.
[95] 朱良，陈思群．幼儿教育案例选[M]．杭州：浙江大学出版社，2004.

[96] 朱智贤．儿童心理学[M]．北京：人民教育出版社，2003.
[97] 卓美红．2～9 岁儿童情绪理解能力的发展研究[D]．杭州：浙江大学，2008.
[98] 邹泓．同伴关系的发展功能及影响因素[J]．心理发展与教育，1998(2)：39-44.
[99] 邹华，等．4～5 岁儿童气质与行为问题的相关研究[J]．中国儿童保健杂志，2010(7)：593-595.
[100] 黛安娜·帕帕拉，萨莉·奥尔兹，露丝·费尔德曼．发展心理学：从生命早期到青春期(上册)[M]．李西营，等译．10 版．北京：人民邮电出版社，2013.
[101] 黛安娜·帕帕拉，等．孩子的世界：从婴儿期到青春期[M]．郝嘉佳，等译．11 版．北京：人民邮电出版社，2013.
[102] 黛安娜·帕帕拉，萨莉·奥尔兹，露丝·费尔德曼．儿童心理百科：孩子的世界(0～3 岁)[M]．陈福美，郭素然，郝嘉佳，等译．11 版．北京：人民邮电出版社，2011.
[103] 戴蒙．儿童心理学手册(第三卷上)[M]．林崇德，董奇，译．6 版．上海：华东师范大学出版社，2009.
[104] David R. Shaffer，Katherine Kipp. 发展心理学[M]．邹泓，等译．北京：中国轻工业出版社，2011.
[105] 丹尼斯．心理学导论：思想与行为的认识之路[M]．郑钢，译．北京：中国轻工业出版社，2004.
[106] Greg Payne，耿培新，梁国立．人类动作发展概论[M]．北京：人民教育出版社，2008.
[107] 哈罗(Harrow，A. J.)，辛普森(Simpson，E. J.)．教育目标分类学(第三分册——动作技能领域)[M]．施良方，唐晓杰，译．上海：华东师范大学出版社，1989.
[108] J. 皮亚杰，G. 亨里克，E. 阿希尔．态射与范畴：比较与转换[M]．刘明波，张兵，孙志凤，译．上海：华东师范大学出版社，2005.
[109] J. 皮亚杰，R. 加西亚．走向一种意义的逻辑[M]．李其维，译．上海：华东师范大学出版社，2005.
[110] J. 皮亚杰．关于矛盾的研究[M]．吴国宏，钱文，译．上海：华东师范大学出版社，2005.
[111] J. 皮亚杰．可能性与必然性[M]．熊哲宏，译．上海：华东师范大学出版社，2005.
[112] J. 皮亚杰．儿童的道德判断[M]．傅统先，陆有铨，译．济南：山东教育出版社，1984.
[113] 杰克·肖可夫，黛博拉·菲利普斯．从神经细胞到社会成员：儿童早期发展的科学[M]．方俊明，李伟亚，译．南京：南京师范大学出版社，2007.
[114] 卡萝尔·韦德，卡萝尔·塔佛瑞斯．心理学的邀请[M]．白学军，等译．北京：北京大学出版社，2006.
[115] 肯尼斯·S. 博登斯，布鲁斯·B. 阿博特．研究设计与方法[M]．袁军，等译．6 版．上海：上海人民出版社，2008.
[116] 劳拉·E. 贝克．婴儿、儿童和青少年[M]．桑标，等译．5 版．上海：上海人民出版社，2008.
[117] 劳拉·E. 贝克．儿童发展[M]．吴颖，等译．5 版．南京：凤凰出版传媒集团，江苏教育出版社，2002.
[118] 勒夫朗索瓦．孩子们——儿童心理发展[M]．王全志，等译．北京：北京大学出版社，2007.
[119] 杰奎琳·勒纳，艾米·奥伯茨．发展心理学新进展[M]．北京：北京师范大学出版社，2007.
[120] 鲁道夫·谢弗．儿童心理学[M]．王莉，译．北京：电子工业出版社，2005.
[121] 罗伯特·S. 费尔德曼．发展心理学：探索人生发展的轨迹[M]．苏彦捷，等译．北京：机械工业出版社，2011.
[122] R. J. 斯滕伯格．超越 IQ——人类智力的三元理论[M]．俞晓琳，等译．上海：华东师范大学出版社，2000.

[123] Robert S. Feldman. 发展心理学:探索人生发展的轨迹[M]. 苏彦捷,等译．北京:机械工业出版社,2013.

[124] 斯托曼．情绪心理学——从日常生活到理论[M]. 5 版．王力,等译．北京:轻工业出版社,2006.

[125] 谢弗,等．发展心理学——儿童与青少年[M]. 邹泓,译．8 版．北京:中国轻工业出版社,2009.

[126] 约翰·W. 桑特洛克．儿童发展[M]. 11 版．桑标,王荣,邓欣媚,等译．上海:上海人民出版社,2009.

[127] Howard Gardner. Intelligence Reframed: Multiple Intelligence for the 21st Century[M]. New York: Basic Books 1999.

[128] Scherer,K. R. What are emotions And how can they be measured[M]. Social Science Information, 2005(44):693-727.

【第一章小组案例讨论：娇蛮的婷婷】

通过本章的学习，相信你一定对学前儿童的心理发展有了更多了解。面对幼儿园中的情况和问题，想必也有一些自己初步的分析、思考和应对策略了，下面就请你和邻近的同学（建议每组 3～5 名同学）一起讨论和分析以下案例吧。

小组讨论记录表

<table>
<tr><td>日期：</td><td>班级：</td><td>成员：</td></tr>
<tr><td>主持人*：</td><td>记录员：</td><td>观察员：</td></tr>
<tr><td colspan="3">案例线索：
婷婷上中班了，可在每个周一入园时，还要紧紧搂着妈妈半天不撒手，妈妈哄了又哄才不舍离去。婷婷稍微有点不舒服就请假不来幼儿园，在集体活动中，婷婷也表现得只考虑自己而不考虑别人，自私、任性，喜欢独占玩具，还会抢别的小朋友正在玩的玩具，更不懂得合作。而且她 4 岁了还不会用勺子独立进餐，真是让老师头疼。
想一想：
婷婷为什么会这样？如果你是她的老师，你会怎么做？</td></tr>
<tr><td colspan="3">讨论内容摘要：</td></tr>
<tr><td colspan="3">讨论过程评价：</td></tr>
</table>

* 主持人：主持本小组在规定时间内、围绕主题、参考给出的讨论线索，进行充分、有效的讨论与分享；记录员：记录小组成员在讨论过程中的主要观点和论述；观察员：观察并评价每个成员在本次讨论中的参与情况及本小组讨论效果。

【第二章小组案例讨论:不爱喝水的鹏鹏】

通过本章的学习,相信你一定对学前儿童的心理发展有了更多了解和新知。面对幼儿园中的情况和问题,想必也有一些自己初步的分析、思考和应对策略了,下面就请你和邻近的同学(建议每组 3~5 名同学)一起讨论和分析以下案例吧!

小组讨论记录表

日期:	班级:	成员:
主持人*:	记录员:	观察员:
案例线索: 　　鹏鹏不爱喝水,每次小朋友们去喝水的时候,他都不喝,继续做自己的事情,老师几次提醒后他才喝上几口。有时候天气干燥,鹏鹏的小嘴上都起了白白的干皮。不喝水怎么行? 想一想: 　　如果你是鹏鹏的老师,你能想出什么好办法,引导鹏鹏自觉主动地多喝水呢?		
讨论内容摘要:		
讨论过程评价:		

* 主持人:主持本小组在规定时间内、围绕主题、参考给出的讨论线索,进行充分、有效的讨论与分享;记录员:记录小组成员在讨论过程中的主要观点和论述;观察员:观察并评价每个成员在本次讨论中的参与情况及本小组讨论效果。

【第三章小组案例讨论：老师，您看我画得棒不棒】

通过本章的学习，相信你一定对学前儿童的心理发展有了更多了解和新知。面对幼儿园中的情况和问题，想必也有一些自己初步的分析、思考和应对策略了，下面就请你和邻近的同学(建议每组 3～5 名同学)一起讨论和分析以下案例吧！

小组讨论记录表

<table>
<tr><td>日期：</td><td>班级：</td><td>成员：</td></tr>
<tr><td>主持人*：</td><td>记录员：</td><td>观察员：</td></tr>
<tr><td colspan="3">案例线索：
东东 3 岁了，他很喜欢画画。这天的绘画活动里，他拿着画笔在兴致勃勃地画他们家的猫。他先在画纸中间画了一只大大的猫，眼睛圆圆的，身上的毛一根一根竖起来，四条腿并排在身子下面。画完猫，他想起猫常常在他家院子里的苹果树下睡觉，他又在猫的左边画了一棵苹果树，树上结着许多红苹果，这些苹果形状都一样，而且全露在树的外面。后来，他又在猫的右边画了他家的房子。画完了！东东高兴地递给小刘老师看：“老师，您看我画得棒不棒?”，小刘老师拿起这幅画仔细欣赏——猫、树、房子都在一条线上，而且差不多大……
想一想：
东东的画体现出幼儿感知觉发展中的哪些特点？如果你是小刘老师，看过这幅画后，你会怎样对东东说呢？</td></tr>
<tr><td colspan="3">讨论内容摘要：</td></tr>
<tr><td colspan="3">讨论过程评价：</td></tr>
</table>

* 主持人：主持本小组在规定时间内、围绕主题、参考给出的讨论线索，进行充分、有效的讨论与分享；记录员：记录小组成员在讨论过程中的主要观点和论述；观察员：观察并评价每个成员在本次讨论中的参与情况及本小组讨论效果。

【第四章小组案例讨论：小朋友们怎么不爱听我的故事呀】

通过本章的学习，相信你一定对学前儿童的心理发展有了更多了解和新知。面对幼儿园中的情况和问题，想必也有一些自己初步的分析、思考和应对策略了，下面就请你和邻近的同学(建议每组 3～5 名同学)一起讨论和分析以下案例吧！

小组讨论记录表

<table>
<tr><td>日期：</td><td>班级：</td><td>成员：</td></tr>
<tr><td>主持人*：</td><td>记录员：</td><td>观察员：</td></tr>
<tr><td colspan="3">案例线索：
一次，实习生何梅给中(1)班的小朋友们讲《神笔马良》的故事，她手里拿着《神笔马良》图画书，每翻开一页，都把图画面对着孩子们，希望他们能看到上面的图画。一开始，孩子们伸着脖子努力地看书，听得也挺认真，她还尝试着提些问题，和小朋友们互动一下。可是讲着讲着，就陆续有小朋友“开小差儿”了。最后，让何梅没想到的尴尬场景出现了——还没讲完，已经有两个调皮的男孩扭打在一起了……她心里琢磨着：这故事多有意思呀！他们怎么不爱听呀？这时，她看了看表，时间过得真快，讲了快半个小时了。
想一想：
在你看来，小朋友们后来不爱听何梅讲故事了，可能是哪些原因导致的？</td></tr>
<tr><td colspan="3">讨论内容摘要：</td></tr>
<tr><td colspan="3">讨论过程评价：</td></tr>
</table>

* 主持人：主持本小组在规定时间内、围绕主题、参考给出的讨论线索，进行充分、有效的讨论与分享；记录员：记录小组成员在讨论过程中的主要观点和论述；观察员：观察并评价每个成员在本次讨论中的参与情况及本小组讨论效果。

【第五章小组案例讨论：我们再来演一遍吧】

通过本章的学习，相信你一定对学前儿童的心理发展有了更多了解和新知。面对幼儿园中的情况和问题，想必也有一些自己初步的分析、思考和应对策略了，下面就请你和邻近的同学(建议每组 3～5 名同学)一起讨论和分析以下案例吧！

小组讨论记录表

日期：	班级：	成员：
主持人*：	记录员：	观察员：

案例线索：我们再来演一遍吧

6 岁的菲菲经常要求爸爸妈妈跟她“演戏”，而且是一遍一遍地重复表演，弄得爸爸妈妈不知该如何是好。一天早上，菲菲在睡梦中被爸爸叫醒，但菲菲不愿起床，于是爸爸拿着企鹅手偶跟菲菲讲话：“你看我是谁啊？我是从南极赶过来看你起床的企鹅玲玲，听说在北京有一个特别可爱、特别坚强的菲菲，我很想认识她，能帮我介绍一下吗？”菲菲听了玲玲的一番话高兴地睁开了眼睛，说：“可以啊。”并开心地要求爸爸再来一遍。为了哄她开心，爸爸努力地重复着第一次编的话。好不容易编完了第二遍，菲菲还不肯罢休，还要再演一遍……

想一想：

菲菲为什么会有这种表现？如果你是菲菲的父母或老师，你会和她一起一遍一遍地重复演吗？为什么？

讨论内容摘要：

讨论过程评价：

* 主持人：主持本小组在规定时间内、围绕主题、参考给出的讨论线索，进行充分、有效的讨论与分享；记录员：记录小组成员在讨论过程中的主要观点和论述；观察员：观察并评价每个成员在本次讨论中的参与情况及本小组讨论效果。

【第六章小组案例讨论：我给小鱼喝点水】

通过本章的学习，相信你一定对学前儿童的心理发展有了更多了解和新知。面对幼儿园中的情况和问题，想必也有一些自己初步的分析、思考和应对策略了，下面就请你和邻近的同学（建议每组 3～5 名同学）一起讨论和分析以下案例吧！

小组讨论记录表

<table>
<tr><td>日期：</td><td>班级：</td><td>成员：</td></tr>
<tr><td>主持人*：</td><td>记录员：</td><td>观察员：</td></tr>
<tr><td colspan="3">案例线索：
星期天，妈妈带着兰兰来到姥姥姥爷家看望老人。吃过午饭，大人们一边看电视一边开心地聊天，兰兰一个人在姥爷的书房里围着鱼缸看来看去。可是，过了一会儿，只见兰兰面带愁容地跑到姥爷跟前：“姥爷，不好了，小鱼怎么不会游了，肚皮还往上翻了！您快看看来吧！”姥爷赶紧跟兰兰来到了书房。一看鱼缸，好几条鱼都翻肚儿了。“兰兰，你怎么发现金鱼变成这样了？”姥爷连忙问兰兰。“我……我刚才看小鱼们都浮到水面上，小嘴一张一张的，我想它们一定是渴了，我就给它们倒了点水喝。”“倒的什么水呀？”姥爷似乎察觉到了有点不对劲。“饮水机里面的，热乎的。幼儿园老师告诉我们要喝热水，热乎一点的水对身体好！”兰兰认真地回答着。“哎呀！”姥爷赶紧把剩下的几条还活着的鱼都捞了出来……
想一想：
兰兰为什么会这么做？反映出幼儿思维的什么典型特征？如果你是兰兰的姥爷，接下来你会怎样做？</td></tr>
<tr><td colspan="3">讨论内容摘要：</td></tr>
<tr><td colspan="3">讨论过程评价：</td></tr>
</table>

* 主持人：主持本小组在规定时间内、围绕主题、参考给出的讨论线索，进行充分、有效的讨论与分享；记录员：记录小组成员在讨论过程中的主要观点和论述；观察员：观察并评价每个成员在本次讨论中的参与情况及本小组讨论效果。

【第七章小组案例讨论：不会说话的涵涵】

通过本章的学习，相信你一定对学前儿童的心理发展有了更多了解和新知。面对幼儿园中的情况和问题，想必也有一些自己初步的分析、思考和应对策略了，下面就请你和邻近的同学（建议每组 3～5 名同学）一起讨论和分析以下案例吧！

小组讨论记录表

<table>
<tr><td>日期：</td><td>班级：</td><td>成员：</td></tr>
<tr><td>主持人*：</td><td>记录员：</td><td>观察员：</td></tr>
<tr><td colspan="3">案例线索：
新学期开始了，闫老师担任小 1 班的主班老师。她发现班上有个叫涵涵的小姑娘，入园 2 周多了，从来不说一句话，不和小朋友交谈，老师问她话她也好像似懂非懂。闫老师特意请来家长了解情况，她发现涵涵的父母也性格内向，不爱讲话。涵涵的妈妈还告诉老师，涵涵是个早产儿，妈妈怀孕期间还吃了不少中草药。在家里，涵涵也不说话，遇事就哭。
想一想：
涵涵为什么会这样？你推测可能是哪些因素导致的？如果你是闫老师，接下来会怎么做？</td></tr>
<tr><td colspan="3">讨论内容摘要：</td></tr>
<tr><td colspan="3">讨论过程评价：</td></tr>
</table>

* 主持人：主持本小组在规定时间内、围绕主题、参考给出的讨论线索，进行充分、有效的讨论与分享；记录员：记录小组成员在讨论过程中的主要观点和论述；观察员：观察并评价每个成员在本次讨论中的参与情况及本小组讨论效果。

【第八章小组案例讨论：我要大发雷霆】

通过本章的学习，相信你一定对学前儿童的心理发展有了更多了解和新知。面对幼儿园中的情况和问题，想必也有一些自己初步的分析、思考和应对策略了，下面就请你和邻近的同学(建议每组 3～5 名同学)一起讨论和分析以下案例吧！

小组讨论记录表

日期：	班级：	成员：
主持人*：	记录员：	观察员：
案例线索： 纪录片《小人国》里有这样一段生动的场景——两个小朋友佳佳和欢欢发生了争执，一起来到了老师的办公室里“解决问题”。佳佳不理欢欢，欢欢也不理佳佳，僵持着。老师问：“是怎么回事?”佳佳说：“我不说。”并猛地一下子把身体扭向了椅子，背对着老师，看起来一肚子气的样子。欢欢说：“我大发雷霆。我就要大发雷霆!”刚刚说完，就呜呜地哭了起来。还边哭边说：“佳佳扯了我的袖子，他们总是欺负我，我总是受欺负，我今天终于要大发雷霆了！我要大发雷霆!” 想一想： 佳佳的“不说”伴随着怎样的情绪？欢欢的情绪表现出怎样的特征？听了佳佳和欢欢的对话，如果你是老师，会如何平复两个小朋友的情绪？		
讨论内容摘要：		
讨论过程评价：		

* 主持人：主持本小组在规定时间内、围绕主题、参考给出的讨论线索，进行充分、有效的讨论与分享；记录员：记录小组成员在讨论过程中的主要观点和论述；观察员：观察并评价每个成员在本次讨论中的参与情况及本小组讨论效果。

【第九章小组案例讨论：君君、牛牛和琪琪】

通过本章的学习，相信你一定对学前儿童的心理发展有了更多了解和新知。面对幼儿园中的情况和问题，想必也有一些自己初步的分析、思考和应对策略了，下面就请你和邻近的同学（建议每组 3～5 名同学）一起讨论和分析以下案例吧！

小组讨论记录表

日期：	班级：	成员：
主持人*：	记录员：	观察员：
案例线索： 君君刚上幼儿园，很快就融入了新的环境中，即使不高兴也很少哭闹。在老师的耐心教导下，君君已逐渐养成了按时起居、生活有规律的好习惯。中班的牛牛爱哭闹，睡觉不准时，大便无规律，经常让父母忙得一塌糊涂。随着年龄增长，牛牛的脾气也越来越大，经常闹情绪，而且固执、难哄。琪琪已经上大班了。她经常和别的同学闹矛盾，而且总是觉得自己委屈，一个人待在座位上生闷气，什么活动都不参加。每次妈妈知道情况后，都非常着急，回家后就狠狠批评她，没想到她的这种问题越演越烈，甚至开始讨厌上幼儿园。 想一想： 君君、牛牛和琪琪分别属于哪种气质类型？你认为他们的气质类型各自有哪些优缺点？		
讨论内容摘要：		
讨论过程评价：		

* 主持人：主持本小组在规定时间内、围绕主题、参考给出的讨论线索，进行充分、有效的讨论与分享；记录员：记录小组成员在讨论过程中的主要观点和论述；观察员：观察并评价每个成员在本次讨论中的参与情况及本小组讨论效果。

【第十章小组案例讨论：乱吐口水的小玉】

通过本章的学习，相信你一定对学前儿童的心理发展有了更多了解和新知。面对幼儿园中的情况和问题，想必也有一些自己初步的分析、思考和应对策略了，下面就请你和邻近的同学（建议每组 3～5 名同学）一起讨论和分析以下案例吧！

小组讨论记录表

日期：	班级：	成员：
主持人*：	记录员：	观察员：
案例线索： 小玉上大班，她长得很漂亮，在幼儿园里表现也很棒。但最近王老师发现了一个问题，小玉睡觉时经常把口水吐到睡在她旁边的很文静的乐乐枕头上，然后还威胁她不准告老师。乐乐就是被小玉威胁了好几次，实在无法忍受才告诉老师，并且说班上还有几个孩子也都受到了小玉的欺负。 想一想： 小玉为什么会这样做？王老师应该怎样处理这个问题？		
讨论内容摘要：		
讨论过程评价：		

* 主持人：主持本小组在规定时间内、围绕主题、参考给出的讨论线索，进行充分、有效的讨论与分享；记录员：记录小组成员在讨论过程中的主要观点和论述；观察员：观察并评价每个成员在本次讨论中的参与情况及本小组讨论效果。